狼毒

繁殖特性与生态学研究

Reproduction and Ecology of *Stellera chamaejasme*

◎张 勃 等 著

中国农业科学技术出版社

图书在版编目（CIP）数据

狼毒繁殖特性与生态学研究 / 张勃等著. --北京：中国农业科学技术出版社，2022. 9

ISBN 978-7-5116-5887-6

Ⅰ. ①狼…　Ⅱ. ①张…　Ⅲ. ①狼毒－繁殖－研究 ②狼毒－植物生态学－研究　Ⅳ. ①S567.9

中国版本图书馆CIP数据核字（2022）第 157012 号

责任编辑　李　华
责任校对　李向荣　贾若妍
责任印制　姜义伟　王思文

出 版 者　中国农业科学技术出版社
北京市中关村南大街 12 号　　邮编：100081
电　　话　（010）82109708（编辑室）　（010）82109702（发行部）
（010）82109709（读者服务部）
网　　址　https: // castp.caas.cn
经 销 者　各地新华书店
印 刷 者　北京建宏印刷有限公司
开　　本　170 mm × 240 mm　1/16
印　　张　14.5　　彩插 4 面
字　　数　257 千字
版　　次　2022 年 9 月第 1 版　　2022 年 9 月第 1 次印刷
定　　价　85.00 元

《狼毒繁殖特性与生态学研究》

著者名单

主　著　张　勃

副主著　张文柳

参　著（按姓氏笔画排序）

方强恩　孙淑范　李佳欣

前　言

草原是地球上主要的植被类型之一，约占地球陆地总面积的1/3。天然草原不仅提供了人类社会经济发展所需的大量植物资源和畜牧产品，还发挥着重要的生态安全屏障功能，对维持自然生态系统格局和功能稳定具有特殊的生态意义。近年来，受全球气候变化影响，加之人类活动（如过度放牧、开发等）干扰，我国天然草原发生了大面积不同程度的退化。自我国生态文明建设战略实施以来，草原定位已从生产为主转变为生态为主。为了进一步加强草原保护工作，国家出台了《关于加强草原保护修复的若干意见》，提出到2035年退化草原要得到有效治理和修复，到21世纪中叶我国草原生态系统实现良性循环，形成人与自然和谐共生的新格局。

毒草化是目前我国草原退化的主要表征之一，被认为是继荒漠化后的第二大草原灾害。狼毒是分布在我国天然草原典型的有毒植物，被视为草原退化的“警示灯”。近年来，狼毒在我国草原地区，尤其在西部草原核心区迅速扩散蔓延，形成了以狼毒为优势种的大面积“狼毒型”退化草地。狼毒的大量入侵，造成了天然草原优良牧草减少、生产力显著下降，同时直接威胁到家畜的采食安全，对草地畜牧业生产和草原生态系统平衡造成了严重威胁。因此，科学防控包括狼毒在内的有毒植物在天然草原的扩张，不仅是我国畜牧业经济健康发展的需要，也是草原生态保护战略实施的重要内容，关系到我国生态、经济和社会的可持续发展。

狼毒在天然草原的扩张已引起我国社会和学界的广泛关注。为了了解“狼毒型”草原退化的生态学过程，揭示狼毒种群在退化草地的入侵和扩散机制，包括草业科学、生态学以及生物多样性保护等相关领域的广大学者，围绕其种群生态、繁殖特性和生态功能等方面开展了大量研究。其中，狼毒的繁殖和种苗定居过程是其生活史中最为关键的两个阶段，决定了狼毒种群的维持、更新和扩散以及其进化适应。近年来，著者围绕狼毒生活史的这两个重要阶段，针对其繁育系统特征、传粉生态、功能性状的选择与适应、种苗定居的生境选择等方面开展了较为系统的研究，并取得了一些新进展。目前，狼毒生态学方面的研究还包括其种子生态、种群分布格局特征、系统发育和谱系地理、狼毒的化感作用及其生态影响等。基于以上各方面的研究进展，著者认为，对当前狼毒生物和生态学方面的知识成果进行总结极为重要，能为科学防控退化草地狼毒的扩散蔓延、助推草原生态保护修复工作提供理论支撑。因此，为了系统梳理狼毒在种群生物学和生态学方面的研究进展，特撰写此书。希望该专著的出版，能为草原生态保护管理人员开展相关工作提供理论依据和实践指导，也能为专家学者进一步开展狼毒生态学相关研究提供参考。

本书重点就狼毒的繁殖特性和种群生态学相关研究进行了总结和阐述，最后基于狼毒种群的繁殖和演化特点，著者针对不同类型退化草地狼毒的生态防控阐述了一己之见。本书内容共分9章，张勃负责本书主要内容的撰写和统稿工作，撰写内容包括第1章、第3章、第4章、第5章、第6章、第8章和第9章，总撰写字数15.1万字。张文柳负责本书第2章、第3章、第7章和第8章内容的撰写，总撰写字数10.1万字。方强恩参与了本书第1章的撰写和部分内容的校稿工作。李佳欣和孙淑范主要参与第4章和第5章内容的撰写，同时负责本书引用数据和图表的制作工作。本书主要内容相关研究工作由著者研究团队共同努力、协作完成，同时也凝聚了其他很多相关研究工作者的劳动成果和智慧。研究团队成员骆望龙、夏建强、汪睿和李彦宝等在前期工作中付出了辛勤劳动，在此表示诚挚的感谢！

本书的撰写和出版得到了国家自然科学基金项目（编号：31960349；41461014）和甘肃省草学优势学科开放课题——学科建设专项基金项目（GAU-XKJS-2018-001）的资助。

本书撰写过程中，著者尽了最大努力来保证内容的专业性和科学性，但由于水平有限，书中难免会存在疏漏和错误，恳请相关专家和读者批评指正。

著　者

2022年6月

目　录

1 狼毒的概述

狼毒（*Stellera chamaejasme* L.）又名断肠草（内蒙古）、燕子花（河北）、馒头花（青海）等，是瑞香科狼毒属多年生草本植物（张泽荣，1999）。狼毒是分布在我国草原地区典型的有毒植物，被视为草地退化的指示性物种。近几年，受全球气候变化和人为干扰等因素影响，狼毒在我国天然草地，尤其在西部甘肃、青海和新疆等地草原核心区肆意蔓延，对草地畜牧业和草原生态系统平衡造成严重威胁。

狼毒种群的扩散严重影响草地质量，同时对草食家畜有毒害作用，因此一直是草地群落中最不受欢迎的植物物种之一。但是，狼毒也具有积极的生态和应用价值。一方面，狼毒的扩张被认为是草地退化的结果，而非主要原因；而且，狼毒在草地群落的逆向演替过程中能发挥积极的生态功能。另一方面，狼毒全株有毒，在植物化学、医药开发、工业和农业生产等领域，具有广泛的开发和利用价值。

1.1 狼毒植物学特征

狼毒成年植株高一般为20～50cm，地上茎直立，不分枝，密丛，株丛圆球形（彩图1-1A）。茎秆绿色，或带紫色，光滑无毛，中上部草质，基部较硬，近乎木质化，常着生棕色鳞片。叶片螺旋状互生，稀对生，节间短，叶片排列较密，薄纸质，老时略带革质，披针形或长圆状披针形，长12～28mm，宽3～10mm，先端渐尖或急尖，基部圆形或楔形，表面绿色，背面淡绿色至灰绿色，边缘全缘，两面无毛。羽状叶脉，中脉在叶背面隆起，在叶表面扁平；侧脉有4～6对，明显可见。叶柄极短，长约1mm，基部具有关节（彩图1-1E、F、G）。

狼毒花小而娇艳，花苞未开放时紫红色或黄色，盛开后常呈白色，有芳香味。花序球形，顶生呈头状，小花多数，花梗极短（彩图1-1B、C、D）。

花萼花冠状，无花瓣，萼筒细长，长9～11mm，具明显纵脉，基部略膨大，无毛，裂片5，卵状长圆形，顶端圆形，常具紫红色的网状脉纹。萼筒中上部在果实成熟时会横向断开，下部膨胀，包围子房。雄蕊10枚，包藏在花萼筒内，2轮排列，下轮着生于花萼筒中部以上，上轮着生于花萼筒喉部，花药微伸出，花丝极短，花药黄色，长椭圆形。有花盘，线状膜质，生于子房一侧，长约1.8mm，宽约0.2mm，顶端微2裂。子房椭圆形，长约2mm，直径1.2mm，上部被淡黄色丝状柔毛，花柱短，柱头球形。小坚果圆锥形，长5mm，直径约2mm，上部或顶部有灰白色柔毛，被宿存的花萼筒所包围。种皮膜质，淡紫色。花期4—6月，果期7—9月。

狼毒主根肥大，纺锤形、圆锥形或长圆柱形，稍扭曲，长7～30cm，直径可达7cm（彩图1-1H）。根头部有多个直立或者斜向上的短根状茎。根外表棕色至棕褐色，有纵向皱纹及横生的细长皮孔，有时残留细根。根内部黄白色。狼毒根系吸水能力很强，能够适应极端干旱和寒冷的气候。

1.2 狼毒分布与地理起源

1.2.1 狼毒分布

狼毒主要分布在东北亚地区的温带草原，分布国家包括俄罗斯、蒙古国、中国和尼泊尔等（Grey-Wilson，1995；Wang & Gilbert，2007）。在我国境内，狼毒分布在北方各省（区）及西南地区（张泽荣，1999）（表1-1）。中国东北部主要分布在内蒙古和河北两省（区），西北部主要分布在甘肃和青海，新疆也有小面积分布；西南部主要分布在包括云南、四川以及西藏在内的整个青藏高原地区。

狼毒常分布在海拔2 600～4 200m干燥而向阳的高山草甸、草原或河滩台地，草原是其分布的最主要生态系统类型。统计数据显示，我国仅青海省狼毒的分布面积就高达140万km^2，甘肃为46.6万km^2，内蒙古为13.3万km^2，新疆为3.2万km^2（表1-1）。董瑞等（2022）研究表明，青藏高原地区，狼毒的潜在分布面积为137.1万km^2，约占青藏高原面积的37.3%。在该地区，限制狼毒分布的主要生态因子包括海拔、最干季降水量、温度年较差、最冷月最低温度、平均气温日较差等。通过模型预测发现，受全球气候变化影响，青藏高原地区狼毒的高适宜、适宜和低适宜生境分布面积，在未来60年（2022—2080年）均呈减少趋势，不适宜生境面积呈增加趋势；然而，在21世纪末（2081—2100年），狼毒的高适宜生境和适宜生境分布面积均呈增加趋势，而低适宜生境和不适宜生境分布面积均呈减少趋势（董瑞等，2022）。

表1-1 我国天然草原瑞香狼毒的主要分布区和面积（赵宝玉等，2015）

省区	可利用草原面积（万hm^2）	狼毒分布面积（万hm^2）	狼毒占可利用草原面积（%）	优势种群分布地区
青海	3 153.07	140.00	4.44	黄南州、海北州、海南州、玉树州、海西州
甘肃	1 607.16	46.60	2.90	张掖地区、武威地区、酒泉地区、甘南州
内蒙古	6 359.10	13.30	0.21	呼伦贝尔、锡林郭勒、赤峰乌兰察布、鄂尔多斯
新疆	4 800.68	3.23	0.07	伊犁州
西藏	7 084.68	—	—	日喀则地区、那曲地区、山南地区、拉萨、昌都地区
四川	1 962.03	—	—	甘孜州、阿坝州、凉山州
河北	471.21	—	—	坝上草原

1.2.2 地理起源

系统学研究表明，狼毒与广泛分布于亚洲北部、东南亚直至夏威夷群岛的瑞香科荛花属（*Wikstroemia*）植物具有较近的亲缘关系（Van der Bank et al.，2002；张永洪，2007）。经系统发育分析和分子钟估测，狼毒的单系起源时间大约发生在距今659万年的中新世晚期，因这一时期正好与700万年左右青藏高原的快速隆升相吻合，因此推测狼毒的起源和分化与青藏高原隆起密切相关。青藏高原东南部横断山区可能是狼毒在第四纪冰期时期的避难所，抑或是该植物的多样性分化中心（Zhang et al.，2010）。

Zhang et al.（2010）研究认为，狼毒种内的分化大约发生在210万年，这一阶段青藏高原抬升，加之冰期气候变化引起这一地区地貌和生态环境异化，为该植物的多样性分化提供了地理生态条件。在冰期时期，狼毒的祖先类群向南扩散进入云贵高原中部，最南端至云南昆明一带。随冰期消退，狼毒种群向北扩散至青藏高原以及我国北方广袤的草原地区，向西扩散至尼泊尔境内。从狼毒的不同花色看，红白色花特征是狼毒的祖征，在辐射演化过程中逐渐形成了黄白花、纯红色花和纯黄色花特征类型。

1.3 狼毒与草地退化

草原是地球上广泛分布的一种植被类型，草原面积占地球陆地总表面积的30%～40%（Guo et al.，2019）。我国是草原资源大国，天然草原面积约占世界草原面积的13%（陈百明，2001；赵同谦等，2004）。根据第一次草地普查数据，我国草地总面积为4亿hm^2，占国土总面积的41.7%；近期国土三调数据显示，草地总面积为2.6亿hm^2，占我国陆地面积的27.5%（韩国栋，2021）。草地作为我国陆地面积最大的生态系统类型，不仅提供了人类社会经济发展中所需的大量畜牧产品和植物资源、还对维持我国自然生态系统格局、功能和过程具有特殊生态意义，尤其对高寒和干旱等生境严酷地区的生态系统稳定和经济健康发展起到关键性作用。近年来，由于全球气候变暖，加之过度放牧等人类活动干扰对草原生态系统造成了极大压力，使之呈现出明显的退化趋势（Dong et al.，2015；Shen et al.，2016）。调查发现，被誉为“世界第三极”以及作为我国重要生态安全屏障的青藏高原，近年来受气候和人类干扰的综合影响，其50.4%的草地处于退化状态，约16.5%的草地处于严重退化状态（赵成章，2004；鲍根生，2019）。

毒草化是继荒漠化后的草原第二大严重灾害，是草原退化的主要表征之一。据不完全统计，我国天然草地毒草危害面积约$3.33\times10^7hm^2$，主要分布于我国西部省（区）（赵宝玉等，2011）。狼毒是分布在东北亚温带草原地区典型的有毒植物，近几年在我国天然草地尤其是西部甘肃、青海和新疆等地草原核心区肆意蔓延，造成严重危害（王欢等，2015；Zhao et al.，2010），其具体的分布区和危害面积，见表1-1。据统计，内蒙古的阿鲁科尔沁旗，狼毒分布面积达13万hm^2；青海省的狼毒发生面积达140万hm^2，在黄南州、玉树州、海北州、海南州、海西州、海东市等地区均有分布，其危害面积46万hm^2左右，占毒草危害面积的1/4以上（纪亚君，2003）；甘肃肃南、肃北和甘南州地区，草原狼毒分布面积达47万hm^2；新疆地区，狼毒主要分布在伊犁河谷和塔城地区天然草地（严杜建等，2015）；其中，伊犁州天然草原的狼毒危害较为严重，其分布面积达3.23万hm^2（赵宝玉，2008；2015）。

长期以来，人们将草原有毒植物视为草原害草主要有两方面原因。一方面，这些植物有毒，可以对家畜造成严重伤害，例如狼毒，家畜误食后可致生理代谢紊乱、心悸、痉挛甚至死亡；另一方面，这些有毒植物能在退化草地滋生蔓延，逐渐发展成为优势物种，导致优良牧草占比大幅下降，严重影响草地产草量和畜牧业生产。狼毒具有繁殖能力强、耐受极端环境（如寒冷和干旱）以及草食家畜拒食等入侵退化草地的生物和生态学优势，因此极易在退化草地扩散蔓延。高寒草地退化后，草地原生植被消减，会形成大面积裸露秃斑（或称为黑土滩）；随后，包括狼毒在内的各类毒杂草入侵定居，并在部分重度退化草地发展成为主要建群种，草地植被演变为由毒杂草聚生的、独特的退化草地景观。其中，以狼毒为优势种的草地，即狼毒型退化草地多呈现出斑块状集群分布的群落景观，其发生规律如图1-1所示。

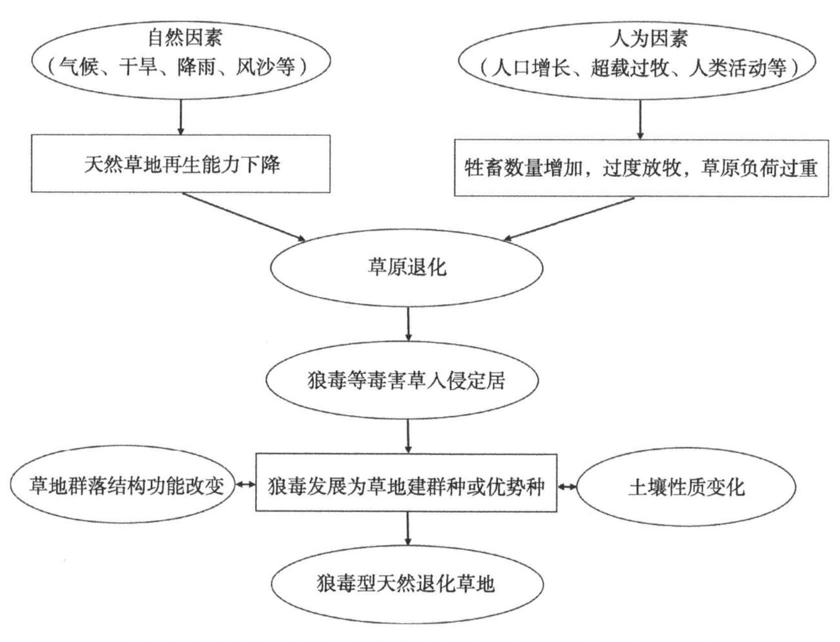

图1-1 天然草原退化与狼毒型草地发生规律示意图（参考赵宝玉等，2015）

狼毒作为草原退化的指示性植物，在退化草地大面积出现是草地群落逆向演替的结果。狼毒型退化草地的典型特征是狼毒在草地群落呈斑块状集群分布，而原生植被在斑块边缘零星分布（赵成章等，2011）。鲍根生等（2019）认为，狼毒型退化草地的形成主要有以下3个方面的原因。首先，过度放牧让草食家畜对可食牧草高频采食，导致牧草的自然更新能力降低，进而造成地表植被结构破坏、盖度降低，增加了草原裸地面积和土壤侵蚀强度（Yates，2000；李斌，2010）；同时，家畜对狼毒的厌食行为为狼毒种群的发展和扩张提供了机会（高福元等，2011）。其次，草食家畜对地表的反复踩踏使草地土壤变得紧实，土壤水分渗透率降低，加之高寒地区土壤因经历反复冻融过程，致使草地植被呈破碎化分布（李森等，2005）。在此环境下，狼毒因具有较深的根系结构可以保持和吸收土壤水分，从而减轻或避免了草地破碎化过程对其造成的影响。最后，狼毒的生物学特征，例如超强的再生和耐极端逆境能力、较高的种子繁殖率、持久的土壤种子库、粗壮根系对土壤水分高效的吸收和利用效率以及自身对草食家畜毒害的防御特性等，保证了狼毒种群在退化草地的成功入侵和扩散（王欢等，2015）。夏建强等（2021）通过研究狼毒在高寒退化草地定居的生境选择发现，高寒草地凋落物的存在或土壤种子埋植较深均不利于狼毒种苗定居。据此认为，草地裸露或促使土壤种子浅表化的扰动均可促进狼毒种苗的定居和种群建立，是导致退化草地狼毒种群扩散的主要生态因素。另外，有研究发现，狼毒定居后能形成株丛或斑块“肥岛”；反过来，“肥岛”的形成有利于狼毒根系进一步扩展及其对土壤养分的利用，而根系活动又能维持“肥岛”的功能和发育。如此，狼毒株丛与“肥岛”之间相互促进，推动了狼毒种群的大面积扩张（张静，2012）。

1.4 狼毒的生态功能

长期以来，狼毒因为在天然草地肆意蔓延，对草地畜牧业生产造成严重损失，同时对草地生态系统平衡造成了很大威胁，因此成为草地群落中最不受欢迎的毒杂草植物的典型代表。作为草原退化的指示性物种，狼毒种群的发展是造成草地群落结构改变的主要因素之一，其生态功能随群落环境变化不尽相同（王福山，2016；郭丽珠，2018）。狼毒除了能通过化感作用对草地群落其他植物类群产生抑制效应（Liu et al.，2019）外，还可能对草地生态系统功能及其稳定性产生积极影响。

首先，有研究表明，狼毒在退化草地定居能改变土壤微环境，产生明显的“肥岛效应”。Sun et al.（2009）在青藏高原两种不同生境类型的高寒草甸群落比较研究了狼毒定居斑块内与斑块间土壤养分环境的差异性，结果见表1-2。结果表明，在有狼毒的草地群落中可产生更多凋落物，因其凋落物组织氮含量高、木质素含量低，能显著增加草地表层（0～15cm）土壤的有机质（或有机碳）、总氮含量以及氮转化效率，同时也能影响土壤的微生物环境，显著提高土壤中的微生物生物量。类似地，鲍根生等（2019）通过研究退化草地狼毒斑块内与斑块间草地群落特征的差异性发现，在狼毒定居斑块内，草地土壤含水量、土壤有机质、全氮、铵态氮和速效磷等养分含量均显著高于斑块间土壤。王根绪等（2002）也发现，在相同条件下，以有毒植物为优势种的中度退化草地，其土壤含水量比裸地高59%以上，重度退化草地的土壤含水量也比裸地高23%左右。Cheng et al.（2022）通过比较狼毒不同入侵程度草地土壤理化性质发现，狼毒入侵能明显改善土壤营养状况，其有机质、总氮、碱解氮、速效钾和速效磷含量总体上高于没有狼毒入侵的草地土壤。其中，在狼毒盖度为25%的初始入侵阶段的草地，土壤的总氮、碱解氮、速效钾、速效磷含量最高。

其次，狼毒在维持退化草地生物多样性以及生态系统稳定性方面具有积极作用。研究显示，在狼毒型退化草地，狼毒定居斑块内和斑块间的群落特征存在显著差异，如群落盖度、生物量以及植物多样性等。Cheng et al.（2014）通过研究青藏高原高寒退化草甸的植物多样性分布特征发现，狼毒的存在能为邻近其他植物提供“避护所”，阻止周围植物被牲畜采食，借此能维持和提高草地群落的物种多样性水平。该研究结果表明，放牧草地的群落总盖度与狼毒种群盖度（或密度）之间存在显著的正相关关系（图1-2），即狼毒种群密度越高，草地群落盖度也会更高；在有狼毒定居的草地斑块，其物种丰富度水平显著高于非狼毒定居区，植物物种数量高出非狼毒定居斑块17个百分点；禾草类生物量以及群落总地上生物量均显著高于非狼毒定居区域（图1-3）。另外，在有狼毒定居的斑块内，能进行有性繁殖的植物物种和个体数量均显著高于非狼毒定居斑块（图1-4）。同样，

表1-2　两个不同地境高寒草甸群落中狼毒定居与非定居区表层土壤（0～15cm）养分含量和氮转化速率比较（Sun et al.，2009）

不同群落/斑块	pH值	有机碳（g/kg）	全氮（g/kg）	全磷（g/kg）	铵态氮（g/kg）	硝态氮（g/kg）	无机磷（g/kg）	氮转化速率	
								净矿化作用［mgN/（kg·d）］	净硝化作用［mgN/（kg·d）］
山谷平地群落									
定居区（斑块内）	6.67^a	33.15^b	2.89^b	0.50^b	2.38^a	5.02^b	3.69^b	0.25^b	0.14^b
非定居区（斑块间）	5.99^b	46.64^a	3.85^a	0.70^a	2.70^a	10.69^a	4.13^a	0.34^a	0.22^a
阳坡群落									
定居区（斑块内）	7.00^a	49.57^b	4.62^b	0.68^a	3.98^a	6.26^b	6.44^a	0.22^b	0.13^b
非定居区（斑块间）	6.45^b	62.91^a	5.55^a	0.71^a	4.05^a	11.89^a	4.81^b	0.34^a	0.23^a

注：表中数据为平均值，样本量n=15；数据上标不同小写字母表示同一群落狼毒定居斑块内和斑块间存在显著差异。

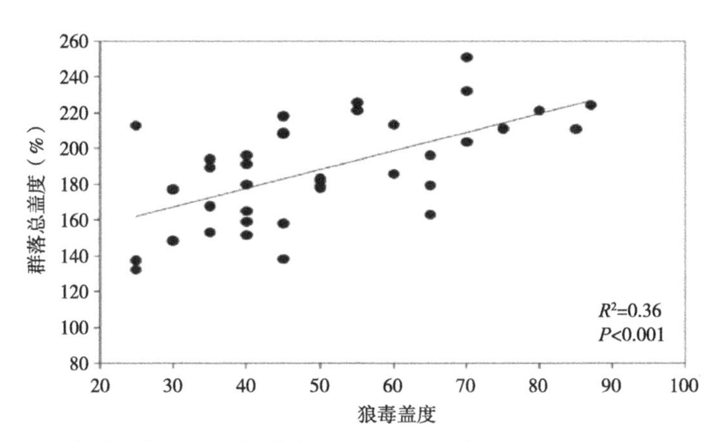

图1-2　放牧草地群落总盖度与狼毒盖度之间的回归关系（Cheng et al.，2014）

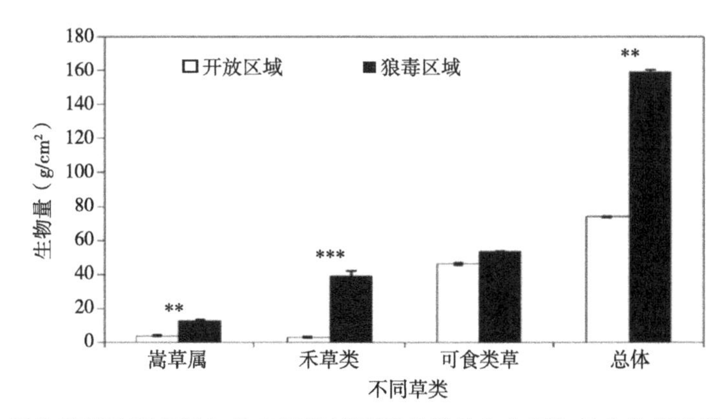

图1-3　放牧草地狼毒定居与非定居区域不同草类的生物量和总生物量比较（Cheng et al.，2014）

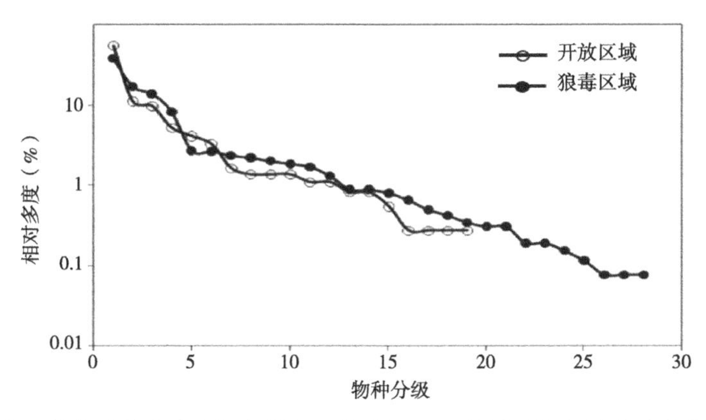

图1-4　放牧草地群落狼毒定居与非定居区域处于有性繁殖阶段物种的多度分级曲线（Cheng et al.，2014）

索长花等（2021）通过探究草地群落结构对狼毒防除的响应发现，防除狼毒后能提高草地植物的总地上生物量，即草地初级生产力，但同时在一定程度上降低了草地植物多样性水平，进一步证实了狼毒定居对维持退化草地群落物种多样性水平的重要功能。因此，从生物多样性维持的角度看，狼毒种群本身也是退化草地植物多样性的重要组成部分，在草地生态系统中能发挥重要功能。有学者提出，草地退化后被大量有毒植物入侵，是草地植被结构对草地退化进程的一种反馈方式（鲍根生，2019），也就是草地生态系统受到外界压力胁迫后所做出的一种自我调节，使其保持一定的自然恢复力，以此维持草原生态系统相对稳定。

狼毒经过与草地群落其他物种的长期竞争，形成了极强的抗旱、再生能力以及生态适应性（李晓惠等，2019），可作为防风固沙和草原植被修复的先锋植物。草地退化后，植被盖度显著降低，水分匮缺导致的干旱成为草原植被恢复关键的限制因子。狼毒生命力顽强，其根系粗壮发达，具有强大的营养吸收和水分利用效率（Guo et al.，2019），因而能在退化草地快速入侵和扩散。孙建等（2014）研究发现，狼毒根系表现出很强的向水性，它能促使该植物将有限的同化物分配到可吸收水量最多的地方，呈现出对干旱生境的适应性。另外，尚占环等（2008）研究发现，毒杂草能凭借其较强的适应能力，在青藏高原“黑土滩”退化草甸中入侵和扩散，显著减少退化草地的裸露面积。总之，狼毒凭借其抗逆性强和耐贫瘠等特性，能在极度恶劣的生境条件，特别是在干草原和荒漠草原中定居和繁衍，对于防止退化草地荒漠化、促进草原植被恢复、维持退化草地生物多样性和生态系统相对稳定等方面能发挥积极的生态功能。

1.5 狼毒的开发应用

狼毒植株全身有毒，其中以根部的毒性最大。狼毒的根粗大、圆柱形、质韧不易折断，断面有白色茸毛纤维（刘文程和王臣，2010），在实践中应用非常广泛。狼毒在医学上用作传统中药，也可分离其化学成分用作临床。近年来，随着生物化学和分子生物学的发展，研究者在狼毒的植物化学、医药开发、有机农药以及工业原料开发等领域取得了一系列研究进展。

1.5.1 医药开发

狼毒在医药领域的开发应用，见图1-5。狼毒是传统有毒中药，临床使用已有悠久的历史。狼毒作为药用，首载于《神农百草经》，据《中药大辞典》记载，该植物为传统中药，宜春季采挖入药。其性味苦干、有毒，入肝、肺、脾三经，有杀菌、杀虫、散结、逐水祛痰、破积杀虫等功效。民间主要用于治疗淋巴结核、神经性皮炎等，但因其毒性大，并不常用。现代医学研究表明，狼毒中含有多种具有药理活性的化学成分（武静和李京忠，2020）。截至目前，狼毒中分离鉴定出的植物化学成分主要包括黄酮类、香豆素类、二萜类、木脂素等化合物（图1-5）。

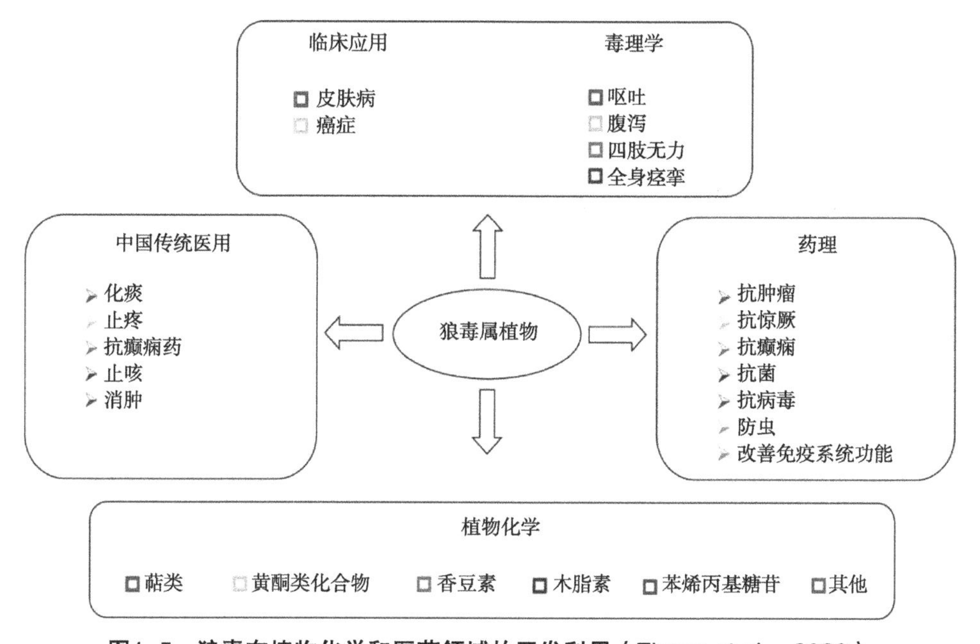

图1-5　狼毒在植物化学和医药领域的开发利用（Zhang et al.，2020）

狼毒中分离出的黄酮类化合物，主要是双二氢黄酮和狼毒色原酮等双黄酮类化合物。此类化合物对称性好，生物活性丰富，在抗肿瘤、抗炎、抗菌、抗惊厥、抗癫痫等方面具有良好活性（冯伟星等，2019），双二氢黄酮类化合物——狼毒宁B可治疗缺血性脑卒中（刘淑娜，2018）。狼毒中的香豆素类成分，大都是伞形酮衍生物，这类化合物在诱导皮肤愈合及抗炎方面具有显著活性（冯伟星等，2019）。其中，瑞香素具有抗炎作用，伞形花内酯具有抗惊厥作用（王欢等，2015）。狼毒中通过甲醇提取物分离得到的二萜化合物尼地吗啉，对染有白血病或实体肿瘤的小白鼠具有延长生命的疗效，且具有显著的抗HIV活性（张暖等，2020）。新瑞香素能抑制MT-4细胞感染，具有较强的抗HIV活性。狼毒中的木脂素类化合物，在抗肿瘤细胞体外试验中表现出显著活性（冯伟星等，2019）。狼毒的化学成分虽然具有抗肿瘤或治疗多种疾病的功效，但不能忽视狼毒对人体可能具有的潜在遗传毒性风险（张三润等，2014）。

1.5.2 工业原料

狼毒根茎和根皮的纤维柔软而细长，尤其是根皮纤维的细胞结构中有网状初生壁，具有极佳的韧性，是生产纸张的上佳原料。藏族同胞经常使用的“藏经”纸，其主要原料就是狼毒。因为狼毒具有很强的毒性，制纸过程中虽然经过漂洗等工序，但其纸张仍然具有一定的毒性，从而使其具有防虫蛀、防鼠咬、不易撕破、不易变色等优点。同时，狼毒根茎中含有丰富的淀粉，利用狼毒根茎可以通过发酵来制作工业乙醇，是非常好的天然工业原料（武静和李京忠，2020）。

1.5.3 植物农药

狼毒全株有毒，且以根的毒性最大，因此作为植物源农药使用，具有很大的应用前景和经济价值。研究发现，狼毒作为农药，具有杀虫效果好、见效快、生产成本低廉等优点，而且对农作物的生长发育基本无害，在其使用过程中对人体的危害也较低（武静和李京忠，2020）。

研究表明，不同溶剂和浓度的狼毒提取物对山楂叶螨具有极好的触杀效果，其中通过氯仿、石油醚所提取的杀虫效果更为显著。狼毒根乙醇提取物（SCEE）对菜粉蝶幼虫、亚洲玉米螟幼虫、桃蚜和舞毒蛾具有较好的防控效果（刘文程和王臣，2010）。通过丙酮、乙醇和甲醇3种溶剂的狼毒提取物，对番茄灰霉病菌、辣椒丝核菌、黄瓜枯萎病菌、番茄早疫病菌、黄瓜黑星病等病菌的菌丝生长具有显著的抑制活性。新狼毒素B和狼毒色原酮，是采用生物活性跟踪法首次从狼毒根中分离出的2个具广谱杀菌活性的化合物。生物检测结果表明，这两个化合物在质量浓度为2.2g/L时，对苹果干腐病菌、小麦赤霉病菌、番茄早疫病菌、南瓜枯萎病菌、玉米大斑病菌、烟草赤星病菌和辣椒疫霉病菌均有一定的抑制作用（刘文程和王臣，2010）。

除了狼毒的根提取物，狼毒肉质纤维根晒干制粉后，在耕地时混撒入土壤，可有效防控多种病虫害（刘文程，2010）。因此，将狼毒开发成新型的植物源杀虫剂，能有效防控草原或农作物病虫害，同时可减少化学农药使用，因此在今后的农业生产实践和生态保护等方面必将发挥重要作用。

1.5.4 其他应用

狼毒在天然草地滋生蔓延，其生物量占据了草地地上生物量的很大比重。据称，狼毒茎叶枯黄后或通过青贮脱毒处理，可降低其毒性（武静和李京忠，2020），因此可作为一些大型草食牲畜的添加辅料，在一定程度上能缓解牧草资源紧缺的问题。另外，狼毒的生长分布范围较广，其花型独特、花色艳丽，不同龄级的植株形态差异较大，具有极高的观赏价值，因此可作为庭院、盆栽观赏植物。同时，狼毒花具有生长速度快、花枝挺直、瓶插时间长等优点，因此可以作为鲜切花，具有很好的商业开发前景。

参考文献

鲍根生，王玉琴，宋梅玲，等，2019. 狼毒斑块对狼毒型退化草地植被和土壤理化性质影响的研究[J]. 草业学报，28（3）：51-61.

陈百明，张凤荣，2001. 中国土地可持续利用指标体系的理论与方法[J]. 自然资源学报，16（3）：197-203.

董瑞，楚彬，花蕊，等，2022. 未来气候情景下青藏高原瑞香狼毒（*Stellera chamaejasme*）的地理分布预测[J]. 中国草地学报，44（4）：10-20.

冯伟星，卢轩，许可桐，等，2019. 天然草地瑞香狼毒的药用成分及化感作用研究进展[J]. 动物医学进展，40（12）：84-88.

高福元，赵成章，石福习，等，2011. 祁连山北坡高寒草地狼毒种群格局[J]. 生态学杂志，30（6）：1312-1316.

郭丽珠，王堃，2018. 瑞香狼毒生物学生态学研究进展[J]. 草地学报，26（3）：525-532.

韩国栋，2021. 中国草地资源[J]. 草原与草业，33（4）：2.

李斌，张金屯，2010. 不同植被盖度下的黄土高原土壤侵蚀特征分析[J]. 中国生态农业学报，18（2）：241-344.

李森，高尚玉，杨萍，等，2005. 青藏高原冻融荒漠化的若干问题——以藏西一藏北荒漠化区为例[J]. 冰川冻土（4）：476-485.

李晓惠，项勋，唐晓萍，等，2019. 瑞香狼毒研究进展[J]. 动物医学进展，40（4）：96-99.

刘淑娜，2018. 瑞香狼毒的化学成分和生物活性研究[D]. 北京：北京中医药大学.

刘文程，王臣，2010. 瑞香狼毒的化学成分、生物活性及应用研究进展[J]. 现代药物与临床，25（1）：26-30.

尚占环，龙瑞军，马玉寿，等，2008. 青藏高原“黑土滩”次生毒杂草群落成体植株与幼苗空间异质性及相似性分析[J]. 植物生态学报（5）：1157-1165.

孙建，王小丹，程根伟，等，2014. 狼毒根系的向水性及其对河流侵蚀的响应[J]. 山地学报，32（4）：444-452.

索长花，宋梅玲，王玉琴，等，2021. 防除狼毒后狼毒型退化草地群落结构变化特征[J]. 青海畜牧兽医杂志，51（3）：28-33，14.

王福山，何永涛，石培礼，等，2016. 狼毒对西藏高原高寒草甸退化的指示作用[J]. 应用与环境生物学报，22（4）：567-572.

王根绪，程国栋，沈永平，等，2002. 土地覆盖变化对高山草甸土壤特性的影响[J]. 科学通报，47（23）：1771-2777.

王欢，马青成，耿朋帅，等，2015. 天然草地瑞香狼毒研究进展[J]. 动物医学进展，36（12）：154-160.

武静，李京忠，2020. 青海省瑞香狼毒的防控措施及开发利用[J]. 安徽农学通报，26（7）：129-131.

夏建强，张勃，李佳欣，等，2021. 高寒草地凋落物覆盖对狼毒生长微环境及种苗定居的影响[J]. 草地学报，29（9）：1909-1915.

严杜建，周启武，路浩，等，2015. 新疆天然草地毒草灾害分布与防控对策[J]. 中国农业科学，48（3）：565-582.

张静，2012. 高寒草甸退化草地毒杂草（狼毒）对土壤肥力的影响[D]. 西宁：青海大学.

张暖，赫军，丁康，等，2020. 瑞香狼毒化学成分研究[J]. 中国药学杂志，55（10）：799-805.

张三润，周好乐，郑明霞，等，2014. 瑞香狼毒对健康人体外外周血淋巴细胞微核率的影响[J]. 中国医药科学，4（16）：40-41，46.

张永洪，2007. 瑞香狼毒的繁育系统、分子进化及地理分布格局形成的研究[D]. 昆明：中国科学院昆明植物研究所.

张泽荣，1999. 狼毒属. 中国植物志[M]. 第52卷第一分册. 北京：科学出版社：397-399.

赵宝玉，刘忠艳，万学攀，等，2008. 中国西部草地毒草危害及治理对策[J]. 中国农业科学（10）：3094-3103.

赵宝玉，尉亚辉，魏朔南，等，2015. 我国天然草原毒害草灾害与防控策略[C]. 2015中国草原论坛论文集：217-232.

赵成章，樊胜岳，殷翠琴，等，2004. 毒杂草型退化草地植被群落特征的研究[J]. 中国沙漠（4）：129-134.

赵同谦，欧阳志云，郑华，等，2004. 中国森林生态系统服务功能及其价值评价[J]. 自然资源学报，19（4）：480-491.

CHENG J，JIN H，ZHANG J，et al.，2022. Effects of allelochemicals，soil enzyme activities，and environmental factors on rhizosphere soil microbial community of *Stellera chamaejasme* L. along a growth-coverage gradient[J]. Microorganisms，10（1）：158.

CHENG W，SUN G，DU L F，et al.，2014. Unpalatable weed *Stellera chamaejasme* L. provides biotic refuge for neighboring species and conserves plant diversity in overgrazing alpine meadows on the Tibetan Plateau in China[J]. Journal of Mountain Science，11：746-754.

COLIN J Y，DAVID A N，RICHARD J H，2000. Grazing effects on plant cover，soil and microclimate in fragmented woodlands in south-western Australia：implications for restoration[J]. Austral Ecology，25（1）：36-47.

DONG S K，WANG X X，LIU S L，et al.，2015. Reproductive responses of alpine plants to grassland degradation and artificial restoration in the Qinghai-Tibetan Plateau[J]. Grass and Forage Science，70（2）：229-238.

GREY-WILSON C，1995. Stellera chamaejasme：an overview[J]. New Plantsman，2：43–49.

GUO L Z，LI J H，HE W，et al.，2019. High nutrient uptake efficiency and high water use efficiency facilitate the spread of *Stellera chamaejasme* L. in degraded grasslands[J]. BMC Ecology，19：50.

LIU Y J，MENG Z J，DANG X H，et al.，2019. Allelopathic effects of Stellera chamaejasme on seed germination and seedling growth of alfalfa and two forage grasses[J]. Acta Prataculturae Sinica，28（8）：130–138.

SHEN X，LIU B，LU X，2016. Effects of land use/land cover on diurnal temperature range in the temperate grassland region of China[J]. Science of the Total Environment，575：1211–1218.

SUN G，LUO P，WU N，et al.，2009. *Stellera chamaejasme* L. increases soil N availability，turnover rates and microbial biomass in an alpine meadow ecosystem on the eastern Tibetan Plateau of China[J]. Soil Biology & Biochemistry，41（1）：86–91.

VAN DER BANK M，FAY M F，et al.，2002. Molecular phylogenetics of Thymelaeaceae with particular reference to African and Australian genera[J]. Taxon，51（2）：329–339.

WANG Y，GILBERT M G，2007. *Stellera* Linnaeus[M]// Wu Z Y，Raven P H（Eds.），Flora of China. Beijing：Science Press：250.

ZHANG N，HE J，XIA C Y，et al.，2021. Ethnopharmacology，phytochemistry，pharmacology，clinical applications and toxicology of the genus *Stellera* Linn.：a review[J]. Journal of Ethnopharmacology，264（5）：112915.

ZHANG Y H，VOLIS S，SUN H，2010. Chloroplast phylogeny and phylogeography of *Stellera chamaejasme* on the Qinghai-Tibet Plateau and in adjacent regions[J]. Molecular Phylogenetics and Evolution，57（3）：1162–1172.

ZHAO B Y，LIU Z Y，LU H，et al.，2010. Damage and control of poisonous weeds in western grassland of China[J]. Agricultural Sciences in China，9（10）：1512–1521.

2 狼毒的种子生态

种子是裸子植物和被子植物特有的繁殖体，是植物生活史中的一个重要阶段。植物种子生态学的核心内容包括土壤种子库储存与周转、种子休眠与萌发以及种子传播3个方面（Huang et al.，2012）。

世界上几乎所有的草原有毒植物都是种子植物（Davis et al.，2009；2017；Bao et al.，2019）。众所周知，种子是有毒植物种群扩张、再生和恢复的基础。种子库作为繁殖体的储存库，保障了植物种群能够长期生存和持续存在（Kalamees et al.，2012）。因此，了解种子库的规模、分布、动态和寿命，对有毒植物的管控具有重要意义。种子在成熟后离开其母体植物，并根据种子传播性状和外力的相互作用进行分散（Nathan et al.，2002），从而可以在新地点定植并避开捕食者（Aslan et al.，2019）。研究表明，种子传播对幼苗补充的时空特征和植物群落演替具有显著影响（Datta et al.，2017；Lamsal et al.，2018）。因此，探索有毒植物的种子传播介质和传播距离，有助于掌握有毒植物入侵的方式和规模，可为防控措施的实施提供实践指导。发芽和休眠是种子植物生命周期中的两个关键阶段，了解这两个阶段的过程和规律，对阐明有毒植物生存、再生和维持的生态机制尤为重要。这些知识也将为有毒植物防控策略的制定以及防控技术研究等提供科学依据。综上所述，种子生态学研究一方面能够为相关研究者开展有毒植物种群生态学方面的研究提供理论支撑，另一方面还能为草原管理者进行草地利用、管理和保护提供实践指导。

狼毒是广泛分布在我国草原地区典型的有毒植物。该植物完全依靠种子繁殖后代，且产种量大，其种子生态学研究受到越来越多研究者的关注。理论上，狼毒种子生态学是理解和揭示其种群繁殖与扩散机制的切入点，是对狼毒种子的发育、散布与传播、休眠、萌发及其影响因素的深入研究和探讨。实践上，上述各个环节上的研究成果或新发现都可能为退化草地狼毒的有效防控提供重要思路。在本章节中，对狼毒的种子形态、土壤种子库、种子休眠和萌发、种子的传播特性进行了全面的总结，以期为相关研究者和草原管理人员提供狼毒种子生态学相关信息和研究进展，从而对草地狼毒乃至其他有毒植物的防控技术研究与防控实践提供理论指导。

2.1 狼毒种子形态与结构

一般来说，不同种植物产生的种子在形态学上具有较大的差别，如大小、颜色、形状及内部结构等。但是，不同形态种子的基本结构是大致相同的，即主要由胚、胚乳和种皮组成，少数种子还具外胚孔。胚是种子最主要的结构，由胚根、胚芽、胚轴和子叶4部分组成。胚根和胚芽由胚性细胞组成，胚性细胞体积小，但在种子萌发过程中能快速地分裂长大，使胚根和胚芽伸长，最终突破种皮，生长发育成为主根以及茎和叶。种子的子叶在单子叶植物和双子叶植物中具有不同的数量，除此之外不同植物的子叶还具有不同的生理作用，如储存大量养分供种子萌发的过程利用、随种子萌发伸出土壤进行暂时的光合作用为植物生长提供能量以及分泌供消化胚乳中养料的酶。胚乳的作用是储存养分，在种子中占有一定的体积，但有的植物种子在成熟过程中胚乳的养分被子叶吸收，成熟后胚乳仅剩一层干燥的薄层。种子中储存的营养物质主要包括糖类、油脂、蛋白质及少量的无机盐和维生素，但含量在不同植物间存在差异。种皮包裹在种子外面起到保护种子不受机械损伤和不被病虫害入侵的作用，有些还有坚韧厚实的果皮来保护种子。

狼毒种子，严格地说是植物学意义上的果实，呈圆锥形，长径2.5～3.0mm，短径1.0～1.5mm，千粒重2.43～2.57g，含水量15%～18%。狼毒种子是典型的双子叶植物种子，具有完整的胚的结构，被黑色或灰色坚硬果皮所包裹，种皮膜质，为黄白色或淡棕黄色透明状，由5～7层细胞构成。结构上与其他植物没有十分特殊的区别，具有完整的胚的结构。王琳（2016）通过石蜡切片的方法，对内蒙古草原自然种群狼毒种子的形态和结构进行了观察和研究。结果表明，发育完全的狼毒种子包含种皮、子叶、胚根、胚轴、胚芽等结构，种子细胞排列紧密整齐，说明狼毒种子各结构发育完全，储存有较充足的营养物质。子叶中分布着一些排列更为紧密的细长的维管束细胞，这些细胞在种子萌发过程中能将子叶中储存的营养物质分解产物输送

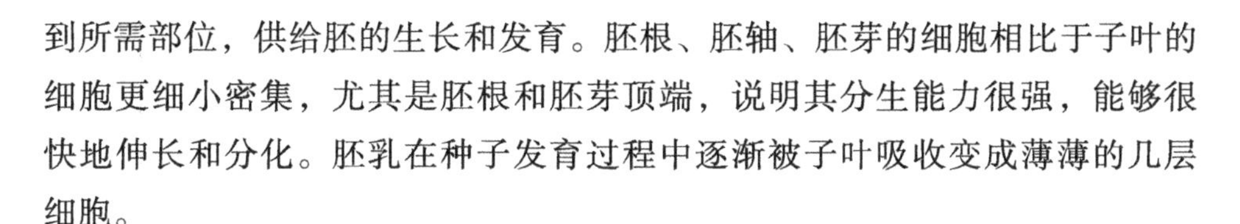

到所需部位，供给胚的生长和发育。胚根、胚轴、胚芽的细胞相比于子叶的细胞更细小密集，尤其是胚根和胚芽顶端，说明其分生能力很强，能够很快地伸长和分化。胚乳在种子发育过程中逐渐被子叶吸收变成薄薄的几层细胞。

王琳（2016）进一步通过过碘酸希夫反应（Periodic acid Schiff reaction，PAS），采用普通石蜡切片染色以及油红O冰冻切片方法观察了狼毒种子中储存的营养物质。结果表明，多糖在狼毒子叶中除维管束外分布较为均匀，每个细胞中均能检验到多糖，但含量相对较少；而子叶中含有较多的油脂，但分布并不十分均匀，有些细胞中含量较多，有些细胞中几乎没有。油脂作为种子的储藏物质，在同等质量或体积下可以比糖类提供数倍的能量，从而为自身萌发提供更多能量。尽管如此，多糖和油脂作为狼毒子叶的主要储藏物质，具体含量的差异还需进一步的试验进行测定。

2.2 狼毒土壤种子库

土壤种子库（Soil seed bank）是指存在于土壤表面或土壤内及混合于凋落物中的全部有活力种子的总和（Simpson et al.，1989）。种子库中的有效种子不仅是植物繁殖更新的关键，还是物种多样性基因的提供者，能够直接参与植物群落演替和种群更新，很大程度上决定着植被演替的进度和方向，对物种多样性的保护和退化生态系统的恢复起着重要作用（Jalili et al.，2003；白文娟等，2012）。因此，土壤种子库研究一直是种群生态学和恢复生态学领域关注的热点，已有研究涉及不同气候区的森林、湿地、沼泽、草原、农田、弃退耕地、沙地和人工林地等不同植被类型的生态系统（沈有信和赵春燕，2009；杨磊等，2010）。

2.2.1 土壤种子库特征

种子库有暂时性种子库和持久性种子库之分，暂时性土壤种子库的种子在散布之初一年内萌发，而持久性种子库的种子可以在土壤中保持一年、几十年甚至上千年之久。土壤种子库具有时空特征，即种子在水平和垂直方向上的散布情况以及种子最初散落到土壤表面以及再次移动的特征。种子库是一个动态变化的过程（图2-1），其输入是由种子雨决定的，即在特定的时间和空间从地上植株上散落的种子量（Harper，1977）。成熟种子的散落受到重力作用或者机械作用的影响，而火、风、水、动物则对种子的长距离传播发挥着重要的作用。种子库的损失途径主要包括4个方面：①种子的自然萌发；②深度掩埋和二次传播；③动物和病原微生物导致的种子死亡；④自然衰老导致种子的生理死亡（Harper，1977）。土壤种子库与地上植被有着密切的关系，一方面，土壤种子库直接来源于地上植被的种子雨，地上植物种子的产量直接影响着土壤种子库的数量动态；另一方面，土壤种子库的种子通过参与群落的自然更新，又影响着地上植物群落结构与组成及物种多样性的维持（刘建立等，2005）。

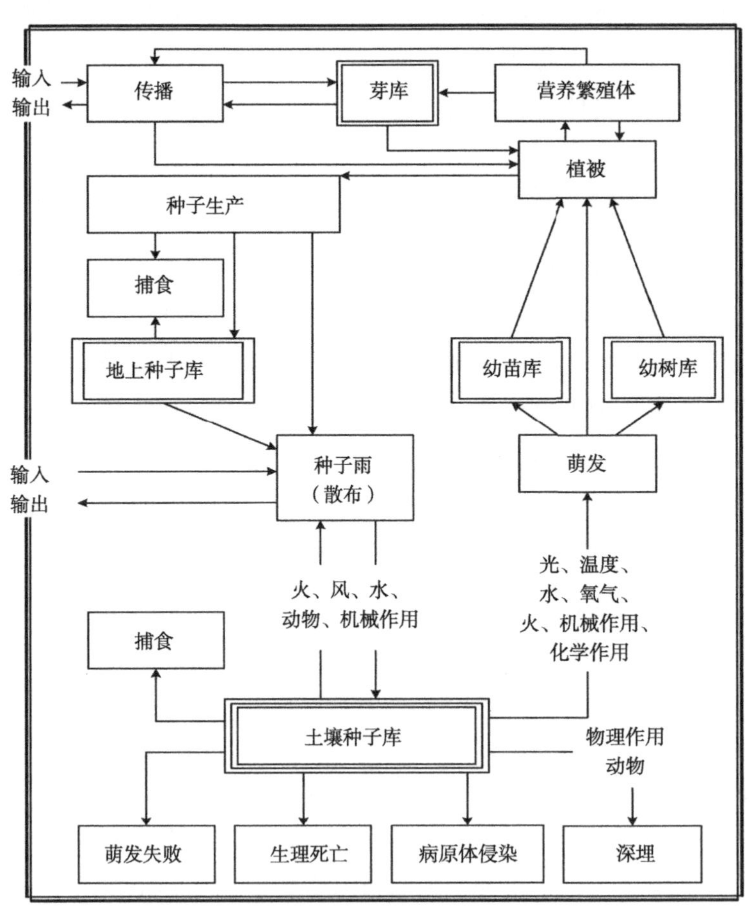

图2-1　种子库与植被动态基本模型（Simpson et al.，1989）

2.2.2 狼毒土壤种子库特征

近年来，对高寒地区草原土壤种子库的研究，主要集中在土壤种子库基本特征以及植物群落、植被退化、放牧、工程措施、鼠兔干扰、自然环境等对种子库的影响方面（赵晓男等，2020）。其中，草地有毒植物种子库的大小、种子萌发率、种子寿命及其与草原管理实践的关系等，因与有毒植物种群的维持、更新及其防控策略与技术密切相关，已成为国内外学者研究的焦点之一。

2.2.2.1 狼毒土壤种子库的季节动态

邢福等（2002）在内蒙古赤峰市阿鲁科尔沁旗草原研究了不同放牧演替阶段草地狼毒的土壤种子库特征。研究选取了重度放牧、过度放牧和极度放牧3种不同的草地类型样地，各样地植被和土壤情况，见表2-1。狼毒土壤种子库取样的规格为20cm×20cm×4cm，每个不同样地随机取样15次（重复）。取样时间为5—10月，每月中旬取样1次。土样采集后，用筛分法分离狼毒种子并计数，剔除破损、虫蛀和霉变的种子，最终获得狼毒土壤种子库存数量，而土壤种子库的总输入量则通过单位面积内狼毒的花序数乘以单花序的平均种子产量计算得来。

表2-1　狼毒样地的植物群落与土壤的基本特征（平均值±SD）（邢福和郭继勋，2001）

样地序号	群落名称	植物种数	总盖度（%）	可食牧草生物量（g/m^3）	狼毒密度（枝/m^2）	土壤有机质（%）	土壤容重（g/m^3）
1	糙隐子草+兴安胡枝子	29	40～60	45.98±10.93	55.69±9.53	1.58±0.04	1.24±0.02
2	狼毒+糙隐子草	25	20～30	15.36±0.73	82.71±15.25	1.52±0.05	1.28±0.03
3	狼毒+冠芒草	18	10～30	13.59±0.50	181.85±26.58	1.44±0.04	1.31±0.02

注：样地1为重度放牧阶段；样地2为过度放牧阶段；样地3为极度放牧阶段。

研究结果表明，3个放牧演替阶段的狼毒土壤种子库总输入量均呈单峰曲线变化趋势。总体上，极度放牧阶段狼毒土壤种子库数量高于其他两个放牧演替阶段，其峰值出现在6月，为62.38粒/m²；过度放牧阶段狼毒土壤种子库的峰值同样出现在6月，但数量仅为33.38粒/m²；重度放牧阶段的狼毒种子库峰值出现在7月中旬，为38粒/m²（图2-2）。

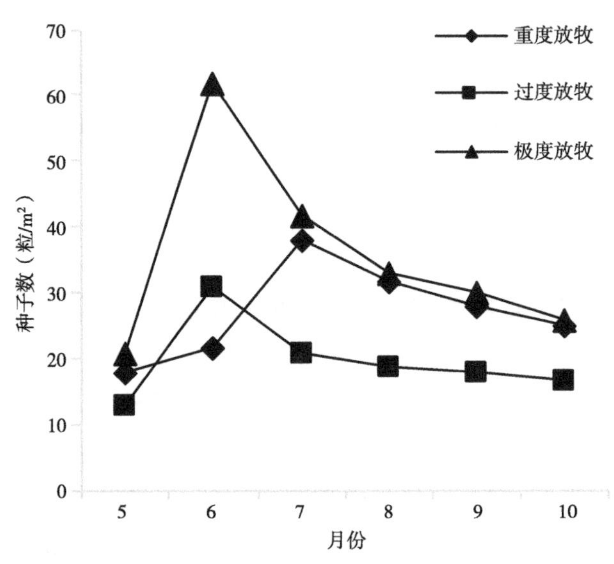

图2-2　3个放牧演替阶段狼毒土壤种子库月动态（邢福，2016）

进一步分析发现，极度放牧阶段狼毒土壤种子库存量，比重度放牧和过度放牧阶段分别高出63.15%和87.88%。季节动态显示，狼毒种子的最小库存量出现在5月（图2-2），在同等条件下相较于上一年度狼毒种子库的库存量，减少幅度为50%～60%。种子库的消减幅度在峰值过后的第一个月最大，在重度放牧、过度放牧和极度放牧草地土壤分别为21.05%、33.33%和30.64%，随后每个月的消减幅度逐渐变小（邢福，2016）。由于在极度放牧草地，狼毒个体密度最大，当年种子雨输入到土壤种子库的种子数量也最多。通过结实量估测，各类型草地单位面积内的狼毒土壤种子库输入量分别是：重度放牧草地（126.12±17.66）粒/m²、过度放牧草地（91.15±14.21）粒/m²、极度放牧草地（399.52±25.41）粒/m²。通过对狼毒种群调查发现，狼毒新生幼苗数量在其种群内较少，因此推测种子萌发通常不是狼毒种子库输出的主要途径。研究中筛分出的狼毒种子，遭虫蛀的比例高达22%，虫蛀种子上带有小孔，并已失去活力，因此推测虫蛀是狼毒种子库的输出途径之一。另外，狼毒样地的放牧家畜为绵羊和山羊，加之沙壤土土质疏松，放牧

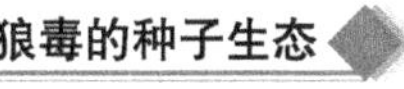

家畜频繁走动、践踏导致种子损坏和深埋，也是狼毒种子库输出的途径（邢福，2016）。

2.2.2.2 狼毒土壤种子库的空间异质性

杜晶等（2015）在祁连山北坡高寒草地狼毒种群，运用野外调查和地统计学方法，研究了狼毒土壤种子库的空间异质性及其与地上植被的关系。研究中，根据草地群落中狼毒的株高和密度，以及群落优势种和物种丰富度等指标设置了4个草地退化梯度：未退化草地（梯度Ⅰ）、轻度退化草地（梯度Ⅱ）、中度退化草地（梯度Ⅲ）和重度退化草地（梯度Ⅳ），放牧率分别为<90%、105%～125%、123%～138%和135%～150%。土壤种子库采用样方取样、土壤筛分和人工挑选的方法。

研究结果表明，狼毒的土壤种子库密度在不同退化梯度草地存在极显著差异（$P<0.01$）。随着草地退化程度加剧，狼毒种群密度和高度呈逐渐增大趋势；相应地，狼毒的土壤种子库密度也随草地退化程度加剧而增大。在未退化草地，狼毒的土壤种子库密度最低，为2 292个/m^2。然而，在重度退化草地最高，为7 172个/m^2（图2-3）。相关分析表明，在不同退化程度的草地，狼毒的种群密度对其土壤种子库密度存在不同程度的影响（图2-4）。在未退化草地和重度退化草地，狼毒土壤种子库密度与其种群密度显著正相关（$P<0.05$），而在轻度退化与中度退化草地，二者之间无显著相关性（$P>0.05$）。

该研究中，狼毒种群的土壤种子库在不同变程范围内表现出显著的空间异质性。随着草地退化程度加剧，狼毒土壤种子库密度增大，其变程也持续增大。根据空间半方差变异函数分析结果可以推断出，放牧等外界干扰活动虽然增强了种子库分布的随机性，但狼毒种群土壤种子库在不同退化梯度的空间异质性，其主要原因来自空间自相关的结构性因素，例如狼毒种群密度、种子散布机制以及植被斑块化格局等因素。这一结果说明，狼毒种群在有性繁殖过程中，能利用自身优势散布和储存种子，使其有利于种子保存和幼苗生长，这也反映出狼毒作为退化草地优势种群具有很强的环境适应性（杜晶等，2015）。

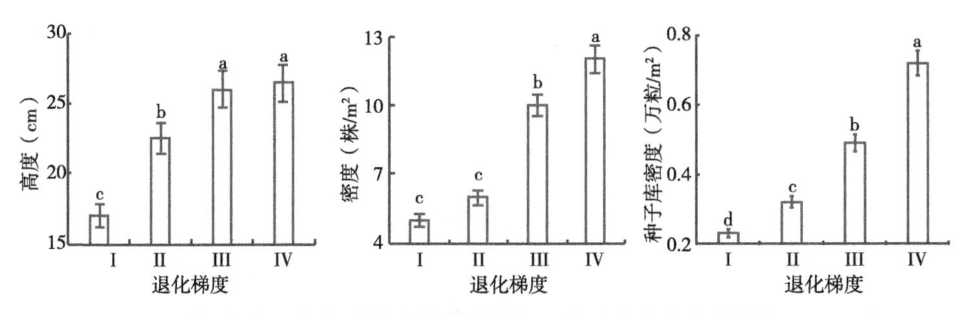

图2-3　不同程度退化草地狼毒的种群特征及种子库密度（杜晶等，2015）

注：Ⅰ为未退化草地；Ⅱ为轻度退化草地；Ⅲ为中度退化草地；Ⅳ为重度退化草地。不同小写字母表示处理间存在显著差异（P<0.05）。

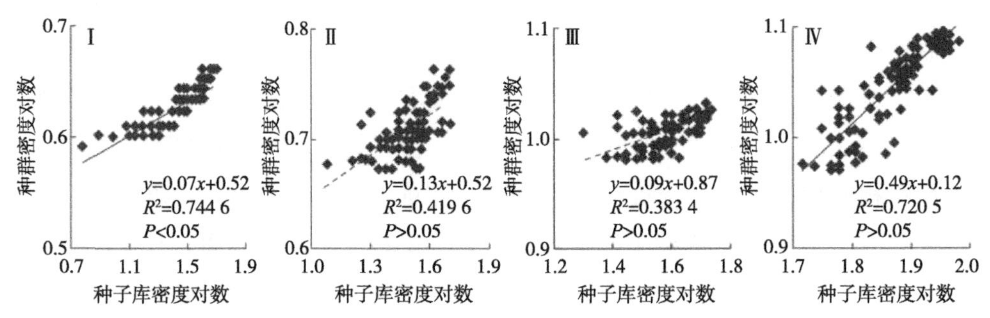

图2-4　狼毒种群土壤种子库密度与地上植被密度的关系（杜晶等，2015）

注：Ⅰ为未退化草地；Ⅱ为轻度退化草地；Ⅲ为中度退化草地；Ⅳ为重度退化草地。

2.3　狼毒种子休眠与萌发

种子休眠与种子萌发是两个紧密相连又相互独立的过程。种子萌发是种子植物个体生长的开始，种子萌发所必需的外界条件是水分、温度和氧气。如果新鲜采集的有活力的种子处于满足其理想的萌发条件下4～6周内仍没有发芽，则认为它们处于休眠状态（Baskin C C & Baskin J M，2004a，2004b）。

生产实践中，掌握种子休眠的内在机制和萌发条件，将有助于人们根据需要控制种子萌发，以此达到调控植物的生活史周期或延长种子储藏时限的目的。因此，探寻打破植物种子休眠、促进或抑制种子萌发的技术手段和方法一直是种子科学研究者热衷的主题。常见的促进植物种子萌发的预处理方法有机械、变温、层积、射线和超声波处理等物理方法以及激素处理等化学

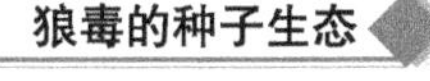

方法（王琳，2016）。

2.3.1 种子休眠的不同类型

在全球范围内，50%～90%的野生植物产生的种子在成熟时处于休眠状态，具体休眠特性取决于环境条件、地理分布、生长形式和遗传等因素（Baskin C C & Baskin J M，2014）。种子休眠主要分为生理休眠（Physiological dormancy）、物理休眠（Physical dormancy）、物理和生理综合性休眠（Combinational dormancy）、形态休眠（Morphological dormancy）和形态生理（Morphophysiological dormancy）五大类型（Kildisheva et al.，2020）。生理休眠是全世界最常见的种子休眠形式，发生在裸子植物和所有被子植物主要的进化（分枝）类群中（Baskin J M & Baskin C C，2003；Finch-Savage & Leubner-Metzger，2006；Willis et al.，2014）。处于生理休眠种子的胚胎发育完全，但生长潜力较低。由于这种低生长潜力，胚胎无法克服周围组织（例如胚乳、种皮或果皮）的机械限制，从而不能感受周围的环境因子并引发其萌发过程。物理休眠种子的果实或种皮的外表面通常被至少一层（通常≤200μM）栅栏或栅栏状细胞覆盖。这些不透水的栅栏层是由具有厚木质化次生壁的硬化细胞组成，这些细胞可以抵抗水渗入种子（Langkamp，1987；Baskin et al.，2000；Gama-Arachchige et al.，2013）。自然界中，同时具有物理和生理综合性休眠特性的种子植物相对较少（Baskin J M & Baskin C C，2003），其种子既有不透水的种皮或果皮，又有生理休眠的胚（Baskin et al.，2000；Baskin C C & Baskin J M，2004b）。形态休眠种子，一般具有发育不全或未分化的胚胎；换言之，其胚胎可能仅有一些基本结构的分化（如胚根和子叶），也有可能是完全未分化。这类形态休眠种子的胚胎也处于生理上的休眠状态，并且需要环境信号来刺激胚胎进一步完成其生长发育（BaskinC C & Baskin J M，2004b；Da Silva et al.，2007）。

2.3.2 狼毒种子萌发及影响因素

在自然条件下，休眠可以帮助植物种子度过不利的特殊时期或生存环境，确保其在环境条件最有利于幼苗建立时萌发。研究并揭示草地有毒植物种子的休眠和萌发条件，对理解其种群更新与扩散机制，进而对草地有毒植物防控、维持草地群落结构稳定和生态系统平衡具有重要意义。

2.3.2.1 温度和光照

邢福等（2003）以采自内蒙古阿鲁科尔沁旗草原的狼毒新鲜种子为材料，在实验室条件下用滤纸萌发法研究了温度和光照对狼毒种子萌发的影响，具体的试验条件和试验结果，如表2-2所示。研究结果表明，在10～30℃、20～30℃两个变温条件下，狼毒种子的萌发率、发芽势和萌发指数均无显著性差异，其中萌发指数几乎相同。除了30℃恒温黑暗处理组，变温处理相比于其他恒温处理组，均能够显著促进狼毒种子的萌发（表2-2）。在恒温条件下，当温度为30℃时，狼毒的种子萌发率、萌发指数可达到23%和3，均显著高于其他恒温处理组相应的指标（$P<0.01$）。在萌发温度为恒温15℃时，狼毒种子的萌发率最低，仅为2%。同时，25℃恒温黑暗处理组与25℃黑暗与光照交替组种子萌发指数均无显著性差异，说明狼毒种子对光照不敏感。该研究总体表明，在室温条件下，狼毒种子的萌发率较低，并且对光照不敏感；狼毒种子适宜萌发温度属于“偏高温”类型，30℃恒温或10～30℃变温条件均能促进其萌发。

表2-2 不同光照和温度对狼毒当年成熟种子萌发的影响（邢福等，2003）

萌发条件		萌发率（%）			发芽势（%）			萌发速率（%）		
温度	光照	平均值	差异显著性		平均值	差异显著性		平均值	差异显著性	
15	Ⅰ	2 ± 0.4	e	D	0 ± 0.4	c	B	0 ± 0.01	b	B
20	Ⅰ	13 ± 0.7	bcd	BC	2 ± 1.0	bc	AB	1 ± 0.1	b	B
25	Ⅰ	13 ± 1.6	bc	BC	4 ± 0.4	abc	AB	1 ± 0.1	b	B
30	Ⅰ	23 ± 1.9	a	A	8 ± 0.9	a	A	3 ± 0.6	a	A
35	Ⅰ	7 ± 1.8	de	C	9 ± 2.3	ab	AB	1 ± 0.3	b	B
25	Ⅱ	12 ± 1.7	cd	BC	5 ± 1.3	abc	AB	1 ± 0.1	b	B
10～30	Ⅱ	22 ± 2.4	a	A	9 ± 2.2	a	A	1 ± 0.1	b	B
20～30	Ⅱ	19 ± 3.4	ab	AB	7 ± 2.7	ab	AB	1 ± 0.2	b	B

注：小写字母显著水平为P=0.05，大写字母显著水平为P=0.01，下同；Ⅰ黑暗，Ⅱ光暗交替。

杨善云等（2004）以自然种群（宁夏固原）采集的狼毒当年成熟种子为材料，将其在0～4℃下保存一年后，研究了不同温度处理对狼毒种子萌发的影响。试验中对储存越冬后的狼毒种子再次进行了4种不同的温度预处理：-18℃保存72h、25℃保存72h、25℃保存72h+36℃保存3h和0～4℃保存。各处理后，将狼毒种子置于25℃恒温培养箱，在黑暗条件下培养测试其萌发情况。结果表明，-18℃的恒温与0～4℃储存的狼毒种子，其发芽率均为20%，25℃的恒温处理的种子发芽率最低，为10%，但各处理间差异不显著（图2-5）。另外，邢福等（2003）对狼毒当年成熟种子进行10℃低温保存1周处理，其萌发率为14%，与未处理种子无显著差异（表2-3）。刘文程（2010）研究发现，对当年采集的狼毒种子在常温下储藏1～2个月，在15～30℃不同温度条件下培养萌发，其发芽率极低，最高为2%（表2-4）。

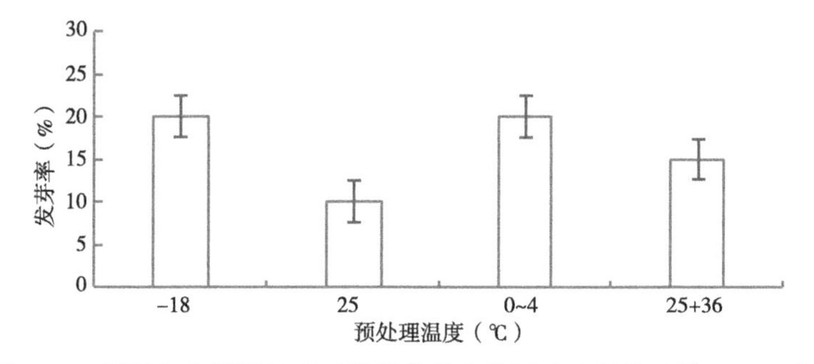

图2-5　恒温和变温预处理对狼毒发芽率的影响（杨善云等，2004）

表2-3　不同预处理对当年采集的狼毒种子（25℃恒温条件）萌发的影响（邢福等，2003）

预处理	萌发率（%）			发芽势（%）			萌发速率（%）		
	平均值	差异显著性		平均值	差异显著性		平均值	差异显著性	
破裂种皮	49 ± 4.0	a	A	48 ± 4.2	a	A	4 ± 0.3	a	A
去除种皮	47 ± 2.2	a	A	45 ± 2.4	a	A	4 ± 0.2	a	A
98%H_2SO_4浸种5min	32 ± 3.6	b	B	27 ± 2.5	b	B	5 ± 0.3	a	A
0.2%KNO_3浸种24h	20 ± 1.6	c	C	8 ± 1.5	c	C	2 ± 0.1	b	B
10℃低温保存1周	14 ± 1.6	c	C	8 ± 0.4	c	C	1 ± 0.1	b	B
对照	13 ± 1.6	c	C	4 ± 0.4	c	C	1 ± 0.1	b	B

表2-4　常温储存和4℃沙藏处理的狼毒种子在不同温度下的萌发表现

萌发条件	常温储存（1.5个月）		低温（4℃）沙藏（1个月）	
温度（℃）	10d萌发势（%）	20d萌发率（%）	10d萌发势（%）	20d萌发率（%）
15	0.7	1.3	4.0	11.3
20	0.7	0.7	8.7	14.7
25	0.7	0.7	3.3	4.0
30	2.0	2.0	2.0	2.0

注：种子为常温下储藏的狼毒当年成熟种子，数据引自刘文程（2010）。

2.3.2.2　土壤（沙）埋藏

邢福等（2003）通过比较狼毒土壤种子库种子与当年成熟种子的萌发特性，探究了土壤埋藏对狼毒种子萌发的影响。结果表明，土壤种子库狼毒种子的萌发率和发芽势均显著高于当年成熟的狼毒种子（图2-6）。土壤种子库种子的萌发率平均为19%，当年成熟种子的萌发率为12%，表明狼毒种子通过在自然界土壤埋藏后，能显著提升其萌发率。同样，刘文程（2010）研究发现，在常温下储存的狼毒种子，经过4℃低温沙藏处理后，其种子萌发势和萌发率也有显著提升。其中，在20℃培养条件下，种子的萌发率最高，为14.7%，种子的胚根长势也更好（表2-4）。

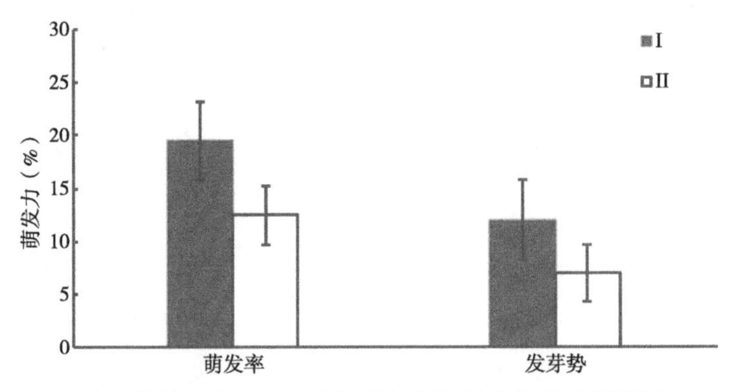

图2-6　狼毒土壤种子库种子与植株成熟种子的萌发力（邢福等，2003）

注：Ⅰ为土壤种子库种子；Ⅱ为采集植株成熟种子。

在自然环境中，埋藏在土壤种子库的种子不仅经历了低温和大幅度的变温作用，还受到雨水的淋溶、浸润作用以及动物践踏等，这些因素将有利于打破种子休眠、解除种皮障碍（Williams & Cronin，1968）。因此，埋藏于土壤种子库的狼毒种子，其萌发力各指标均高于当年采集的成熟种子。土壤种子库的狼毒种子，其组成比较复杂，既有当年新形成的种子，也有历年积累于土壤中的种子。因而，落置在土壤种子库的当年成熟种子也会影响种子库种子的总体发芽率。这与狼毒当年的繁殖适合度（即种子产量）直接相关，但这个比例很难确定（邢福等，2003）。

2.3.2.3　种皮

邢福等（2003）以狼毒当年成熟种子为材料，研究了几种不同预处理方式对其萌发的影响。试验中，各处理的种子均在25℃恒温、光暗交替条件下培养萌发，未经处理的种子作为对照。结果表明，破裂种皮和去除种皮均能显著提高狼毒种子的萌发率。未处理狼毒种子的平均萌发率为13%，破裂种皮和去除种皮处理后，种子萌发率分别为49%和47%，均显著高于对照组（表2-3）。同样，刘文程（2010）通过对常温下储藏的狼毒种子的萌发试验发现，破裂种皮和去除种皮处理均能显著提升种子的萌发率，在两个不同处理下，狼毒种子在20℃培养3d的萌发势分别为20%和30%，培养5d的萌发率分别达到了41%和36%（表2-5）。

表2-5　破除种皮处理对狼毒种子萌发的影响（刘文程，2010）

处理	2d萌发势（%）	3d萌发势（%）	5d萌发率（%）
破裂种皮	13.0	20.0	41.0
去种皮	0	30.0	36.0

注：种子为常温下储藏的种子，萌发培养温度为20℃。

2.3.2.4　物理和化学处理

杨善云等（2004）以采自天然草地（宁夏固原）并在0～4℃下保存一年的狼毒成熟种子为材料，在实验室条件下研究了超声波和紫外线照射处理对狼毒种子萌发的影响。试验中，超声波和紫外线照射分别设10min、20min和30min 3个照射时长，处理后的种子在培养箱25℃恒温、黑暗条件下培养萌发。研究结果表明，与对照种子相比，紫外线照射处理能不同程度地促进狼毒种子的萌发。其中，紫外线照射30min处理，狼毒种子发芽率最高，为40%，其次是紫外线照射20min和照射10min的处理。紫外线照射30min处理，相比对照提高了23%，且差异显著（$P<0.05$）；而紫外线照射20min和照射10min处理与对照之间差异不显著。相反，超声波不同时长的照射处理，均能在一定程度上抑制狼毒种子的萌发，其中超声波处理20min狼毒种子的发芽率最低（图2-7）。

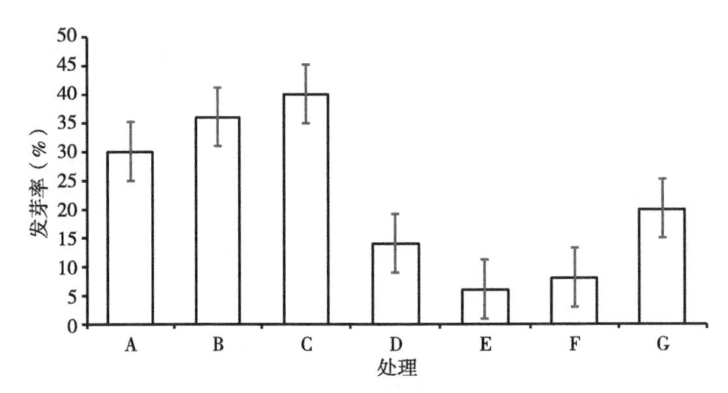

图2-7　紫外线及超声波处理对狼毒种子发芽率的影响（杨善云等，2004）

注：A～C分别为紫外线处理10min、20min和30min；D～F分别为超声波处理10min、20min和30min；G为对照（不经任何处理）。

邢福等（2003）以狼毒当年成熟种子为材料，研究了浓硫酸和硝酸钾浸种预处理对其萌发的影响（表2-3）。处理后的种子在25℃恒温、光暗交替条件下培养萌发，未经任何处理的种子为对照。结果表明，浓硫酸浸种5min处理能显著提高狼毒种子的萌发，其萌发率和发芽势分别为32%和27%，相比对照种子，萌发率提高了1.5倍。KON_3溶液（0.2%）浸种24h处理的狼毒种子，其萌发率也有一定的提高，但与对照差异不显著。

刘文程（2010）研究了赤霉素处理对不同储藏条件下狼毒种子萌发的影响，见表2-6。结果表明，不同浓度赤霉素处理能不同程度地提高狼毒种子的萌发势和萌发率。常温下储存1个半月的狼毒当年成熟种子，用100mg/kg

赤霉素处理24h后，能将其发芽率从0.7%提高到11.6%，用300mg/kg赤霉素处理能将其萌发率提高到12.3%。常温下储存1年的狼毒种子，用100mg/kg、200mg/kg和300mg/kg赤霉素处理24h，其20d的发芽率分别为5.5%、7.8%和11.1%，而未处理种子的发芽率为2.2%。常温下储存2年的狼毒种子，用300mg/kg赤霉素处理24h，其发芽率仅为2.2%，未处理种子的发芽率为0。该研究还发现，通过低温沙藏结合赤霉素处理可以很好地破除狼毒种子的休眠。常温下储存1个半月的狼毒种子，通过4℃沙藏1个月后，再用300mg/kg赤霉素处理24h，其萌发率可达到62%左右（种子活力为86.7%）。

表2-6 不同浓度赤霉素处理对狼毒种子萌发的影响

处理	常温储存种子（1.5个月）		常温储存种子（1年）	
赤霉素浓度（mg/kg）	10d萌发势（%）	20d萌发率（%）	10d萌发势（%）	20d萌发率（%）
对照	0.7	0.7	1.1	2.2
50	2.3	4.6	—	—
100	10.3	11.6	4.4	5.5
200	8.6	8.6	7.8	7.8
300	11.3	12.3	10.0	11.1

注：种子用赤霉素处理时间为24h，处理后置于20℃下培养萌发。数据引自刘文程（2010）。

综上所述，种子来源、种子储藏条件和方式、不同预处理方式以及环境条件等均对狼毒种子的萌发产生显著影响。在不同研究中，狼毒种子的来源不同（如采集地点），其自身的活力也有差异，加之狼毒种子的预处理方式和萌发条件不同，导致在不同研究中狼毒种子的萌发表现不尽一致。研究总体显示，狼毒种子具有休眠特性，其种皮是影响种子萌发的主要障碍，人工破除种皮能显著提高种子萌发率。另外，低温或变温、土壤（或沙）埋藏、赤霉素、浓硫酸以及紫外线等处理都能在一定程度上破除狼毒种子休眠，提高其萌发率。有关狼毒种子的休眠特性，除了种皮机械障碍，可能还存在其他类型的休眠，这需要进一步研究揭示。

2.3.3 狼毒种子萌发及代谢过程

根据植物种子在萌发期间的鲜重变化，种子萌发过程可分为快速吸水期、缓慢吸水期和生长吸水期。植物干种子的含水量仅占种子重量的5%～10%，细胞内容物呈干燥凝胶状，处于该状态下的种子无法进行大多数生命活动。因此，在种子萌发初期，胚和胚乳需要吸收大量的水分以激活代谢系统，即为快速吸水期（Bradford，1995）。随后，种子萌发进入缓慢吸水阶段，该阶段种子鲜重的增长极为缓慢，种子内的新陈代谢更加旺盛，种子内储存的营养物质开始进一步分解。同时，胚细胞的水势降低并进一步吸水，液泡出现并增大，胚轴伸长。最后，种子萌发进入生长吸水期，种子胚轴细胞分裂和分化速度加快，种胚新陈代谢极为旺盛，种子内储藏物质进一步分解，胚芽和胚根内的合成代谢旺盛。在该阶段，种子释放出大量能量以供幼根深入土壤和幼苗破土所需，之后子叶突破种皮开始进行光合作用（胡晋，2006；宋松泉等，2008）。植物种子的萌发代谢过程极为复杂，研究种子萌发的生理代谢规律，有助于理解植物种子的休眠机制和萌发条件，进而能为人工干预植物种子萌发提供理论依据和实践指导。

2.3.3.1 种子萌发过程

王琳（2016）以内蒙古天然草原的自然种群采集的狼毒种子为材料，通过测量种子在萌发期间的重量变化，探究了狼毒种子的萌发过程。结果表明，狼毒种子在萌发的0～12h内处于快速吸水期。这个时期，狼毒种子处于缺水状态，为了激活种子的生命代谢系统，需要快速吸收大量水分，种子的重量也会迅速增加。有研究显示，在快速吸水阶段，种子细胞内的一些大分子（如酶）将恢复结构和功能，子叶或胚乳内储存的淀粉和脂肪也开始分解（Howell et al.，2009）。另外，种子内储藏的一些mRNA和DNA也开始表达产生种子萌发所需的蛋白质（Preston et al.，2007）。萌发12h后，种子重量增长开始变缓，属于缓速吸水期阶段。在该阶段，种子内各部分恢复了正常的生命活动，新陈代谢非常旺盛，不再需要吸收大量的水分。这时种子内储存的多糖等营养物质开始进一步分解成小分子化合物，并运送到胚细胞中。同时，胚细胞中的可溶性糖浓度增加，水势随之降低，细胞中的液泡吸水增大，胚轴开始伸长。萌发72h后，狼毒种子的萌发即进入了生长吸水期阶段。该阶段，种子胚轴细胞进一步快速分裂分化，并伸出种皮，这时的胚细胞代谢也很旺盛，细胞的增殖和生长需要大量水分，种子鲜重迅速增加。之后子叶渐渐突破种皮，可以开始光合作用积攒能量，种子萌发阶段结束。

2.3.3.2 种子萌发代谢

植物种子中储藏有丰富的营养，如糖类、脂肪和蛋白质。这些营养在种子萌发过程中被逐渐分解利用，一方面通过呼吸作用转化成各组织所需的能量，另一方面转化成新细胞的组成元件。王琳（2016）通过测量狼毒种子在萌发不同阶段的淀粉酶活力、脂肪水解酶活力、可溶性糖类以及脂肪酸含量，分析了狼毒种子在萌发过程中代谢物质的变化规律。

（1）淀粉酶活性。狼毒种子在萌发期间，种子内的淀粉酶活性发生了显著变化。其中，α-淀粉酶、β-淀粉酶和总淀粉酶活性的变化趋势基本一致，在种子快速吸水期和缓慢吸水期迅速增高，到第3天时（72h）达到最高，之后缓慢降低。α-淀粉酶在狼毒干种子时期活力极低，在种子萌发期间其活性也远低于β-淀粉酶，由此可以推测，β-淀粉酶在狼毒种子萌发初始阶段的淀粉分解代谢中起着更为重要的作用。随着吸水量增多，种子中储藏的mRNA和刚由DNA转录的mRNA会产生新的淀粉酶，以供给种子萌发旺盛代谢所需的可溶性糖。在缓慢吸水期以及之后的胚轴伸长期，淀粉酶的活力虽然有所下降，但其活力水平依然较高，说明种子在萌发过程中代谢一直比较旺盛，需要大量的能量和小分子（图2-8）。有研究发现，β-淀粉酶和种子萌发的关系较为密切，而α-淀粉酶和幼苗生长有关（Nandi et al.，1995），这也可能是狼毒种子萌发期间α-淀粉酶活性低，而β-淀粉酶活性较高的原因。

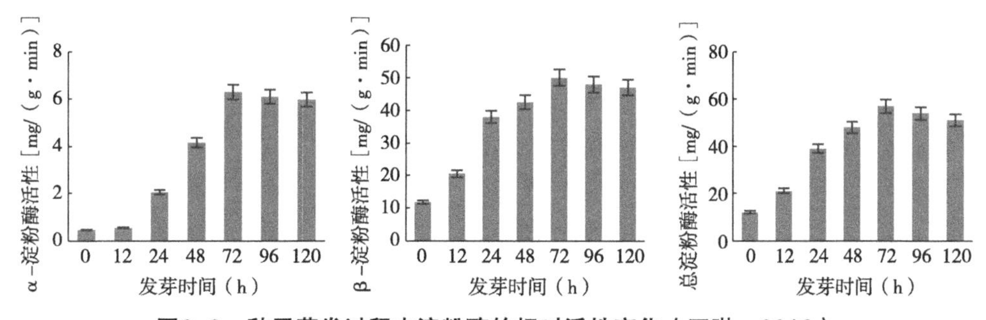

图2-8 种子萌发过程中淀粉酶的相对活性变化（王琳，2016）

（2）可溶性糖含量。狼毒的成熟种子中含有大量的可溶性糖，在其萌发过程中，可溶性糖含量总体呈现出下降趋势。在萌发初期，即快速吸水期种子内的可溶性糖含量显著下降。一方面，种子在萌发初期，可能因为大量吸水导致了可溶性糖含量的相对变少；同时，在该阶段种子萌发需要消耗大量能量，导致可溶性糖含量降低。在萌发开始48h后，种子内的可溶性糖含量变化趋于平缓，在72h时略有升高。一方面种子代谢需要消耗大量可溶性糖作为能源和组成新物质的小分子化合物，另一方面，种子内的储存养分在淀粉酶等酶的作用下不断分解产生新的可溶性糖，使得其含量保持在相对稳定的状态（图2-9）。

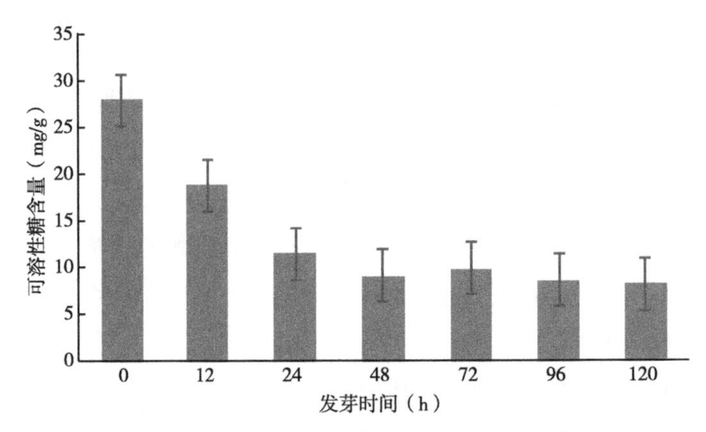

图2-9　种子萌发过程中可溶性糖含量变化（王琳，2016）

（3）脂肪水解酶活性。狼毒种子在萌发过程中，脂肪水解酶活性表现出平缓升高的趋势。随着种子吸水，各种代谢逐渐恢复，种子中储存的和新转录的mRNA也会表达新的脂肪酶，在萌发第4天（96h）达到最高，第5天显著下降（图2-10A）。萌发期间，种子中的油脂在脂肪水解酶的作用下降解成甘油和脂肪酸，为萌发提供大量的能量和碳源（叶霞和李学刚，2004；张蕙心等，2014）。

（4）脂肪酸含量。狼毒种子萌发开始时，脂肪酸含量最高，随萌发时间总体呈现降低趋势。在萌发初期的快速吸水阶段，脂肪酸含量降低最快，随后趋于平缓（图2-10B）。狼毒种子在萌发期间尤其是萌发初期，脂肪酸含量显著降低，其主要原因，一方面是种子萌发时活跃的代谢活动需要消耗

大量脂肪酸为其提供碳源和能量；另一方面，种子在萌发中后期，脂肪酶活性不断提高，能将种子中储存的油脂进一步分解成脂肪酸，使脂肪酸含量保持了相对平衡的稳定状态（王琳，2016）。

总体表明，狼毒种子在其萌发初始阶段，可溶性糖和脂肪酸含量都较高，但是淀粉酶和脂肪酶活性相对较低。随着种子萌发吸水，淀粉酶和脂肪酶活性在萌发中后期开始迅速升高，之后在萌发期间都保持了较高的活力水平，故而能在萌发代谢中分解种子中储藏的多糖和油脂，为代谢活动提供能量及碳源。

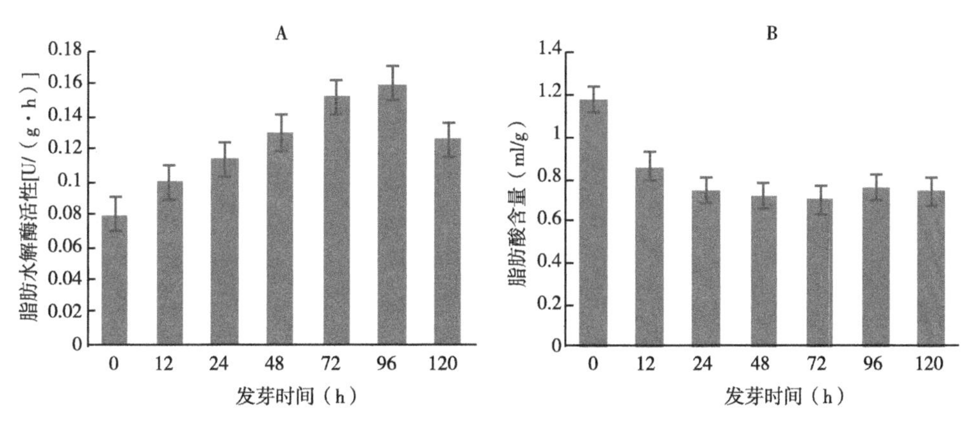

图2-10 狼毒种子萌发过程中脂肪水解酶活性和脂肪酸含量的相对变化（王琳，2016）

2.4 狼毒种子散布

植物的一系列生活史对策是通过种子的形成、散布、储藏及萌发等环节体现出来的。种子散布（Seed dispersal）是指种子通过不同传播方式离开母株，到达一个安全生境的过程，是植物生活史中最重要的生态过程之一（Vander & Longland，2004）。生态学上的“种子”通常是广义的种子，包括种子、果实及营养繁殖器官等，种子的传播方式和传播载体主要包括风力传播、水传播和动物传播等。种子的扩散过程同时受生物因素和环境因素的影响。生物因素包括植株的高度、种子重力、种子传播方式、昆虫动物捕食搬运以及群落因子等（沈泽昊等，2004）；环境因素包括地形、坡形、坡向、坡度、风向、风速和海拔梯度等（邓自发等，2003）。不同植物种子扩散的方式、时间、扩散后距母株的地表距离以及所处的外界环境均不相同。受种子自身重力的影响，大部分植物的种子集中散落在母株附近。在群落中，同种植物的种子因受到密度制约，萌发率大大降低，幼苗死亡率升高，从而有利于不同物种的共存，即维持群落的物种多样性。种子的散布形成了植物种群中新个体的空间格局，这种格局决定了种群幼苗更新的潜在范围、捕食与竞争的地点和时期，并最终形成了群落中植物的新空间格局。如此来看，种子散布是将母株生殖周期末端与它们后代种群连接起来的桥梁，其特点对种群分布格局及种群动态变化都有着重要的意义。

2.4.1 狼毒种子散布试验

邢福等（2004）在内蒙古西辽河平原北部典型草原，通过顺序远离母株的取样调查，定量分析了狼毒植株在不同方向的种子散布格局特征。研究选取了3个中等大小的狼毒株丛，并以其为中心分别在北、东北、东、东南、南、西南、西和西北8个方向上进行取样。取样方法采用邻接格子样方法，取株丛周围半径40cm内不同方向的土样，每个方向取8个5cm（长）×10cm（宽）×4cm（深）方格的土样，随后用筛分法分离并统计狼毒种子。风向和风力的数据来自当地气象站记录的16个方向的数据，经重新分配和整合后累加为8个取样方向的数据。最后，对狼毒株丛周围各个方向散布的种子数量与顺风风向频率数据进行相关性分析。

2.4.2 狼毒种子散布特征

邢福等（2004）的研究表明，在狼毒株丛不同方向上，累积散布的种子总数以西南方向最多，为12.68粒；东北方向最少，仅为4粒。从散布距离看，除了在北方的第8个取样单位上没有种子外，其他7个方向在顺序远离母株的8个取样单位上都有种子分布（表2-7）。在同植株附近，0～30cm半径内的种子数量较多。在8个不同方向上，按照远离母株的顺序，单位面积的狼毒种子散布数量并未表现出一致的规律性。这说明，狼毒种子在株丛各个方向单位面积的散布格局具有很大的随机性，几乎不遵循某种特定的散布模式。

表2-7 狼毒种群不同方向单位面积种子数（x'）和累积面积种子数（$\Sigma x'$）（邢福等，2004）

序号	北		东北		东		东南		南		西南		西		西北		平均	
	x'	$\Sigma x'$	x'	$\Sigma x'$	x'	$\Sigma x'$	x'	$\Sigma x'$	x'	$\Sigma x'$	x'	$\Sigma x'$	x'	$\Sigma x'$	x'	$\Sigma x'$	$x' \pm SE$	$\Sigma x' \pm SE$
1	3.00	3.00	0.67	0.67	0.33	0.33	1.00	1.00	2.33	2.33	0.67	0.67	3.00	3.00	1.00	1.00	1.50 ± 0.39	1.50 ± 0.39
2	2.67	5.67	0.33	1.00	0.67	1.00	1.67	2.67	1.33	3.66	1.33	2.00	2.67	5.67	1.33	2.33	1.50 ± 0.30	3.00 ± 0.66
3	1.00	6.67	0.33	1.33	1.00	2.00	1.33	4.00	1.00	4.66	3.00	5.00	1.00	6.67	0.67	3.00	1.17 ± 0.28	4.17 ± 0.70
4	2.33	9.00	0.67	2.00	0.67	2.67	2.00	6.00	0.67	5.33	1.67	6.67	2.33	9.00	1.67	4.67	1.50 ± 0.26	5.67 ± 0.92
5	0.33	9.33	0.67	2.67	0.67	3.34	1.67	7.67	1.67	7.00	1.67	8.34	0.33	9.33	1.33	6.00	1.04 ± 0.21	6.71 ± 0.90
6	1.33	10.66	0.67	3.34	3.67	7.01	1.33	9.00	1.33	8.33	0.67	9.01	1.33	10.66	0.67	6.67	1.38 ± 0.35	8.09 ± 0.85
7	1.00	11.66	0.33	3.67	0.67	7.68	1.33	10.33	0.67	9.00	1.00	10.01	1.00	11.66	0.67	7.34	0.83 ± 0.11	8.92 ± 0.94
8	0.00	11.66	0.33	4.00	1.33	9.01	1.00	11.33	0.67	9.67	2.67	12.68	0.33	11.99	1.00	8.34	0.92 ± 0.29	9.84 ± 1.00

根据花序数量及单个花序的种子产量估算，研究中所选取的3个相对孤立的狼毒株丛，其种子产量平均为137粒。按实际所测得的种子密度折算，在株丛0～40cm半径的取样圆周内，分布的种子总数为120粒，占单株产种量的87.59%。按实测种子密度进一步推算，在0～50cm半径的圆周内种子数应为188粒，这已经超出了单株种子产量。这意味着狼毒植株的绝大部分种子散布在母株周围40cm以内，基本散布半径小于50cm。狼毒株丛周围的种子，随时间推移可能被传播到更远的距离，其潜在生态位空间不仅局限于50cm范围。

研究中，通过分析狼毒株丛不同方向散布的种子数与落种期内的顺风风向频率和平均风速的相关性发现，各方向散布的狼毒种子总数与顺风风向频率显著正相关（$P<0.05$），但与顺风风向平均风速无显著相关性（表2-8）。该研究样地所在区域，在狼毒落种期间盛行东北风，因此在西南方向散布的种子数最多。狼毒种子散布和风向频率的“蜘蛛网”十分直观地反映了两者的相关性（图2-11）。

表2-8　狼毒种子散布与顺风风向频率及平均风速的相关分析（邢福等，2004）

方向	种子总数	风向频率	平均风速（m/s）± SE
北	8.67	0.17	2.68 ± 0.36
东北	4.00	0.04	2.00 ± 0.51
东	9.00	0.04	2.25 ± 0.48
东南	10.67	0.18	5.25 ± 0.96
南	9.67	0.15	3.36 ± 0.50
西南	13.00	0.27	3.42 ± 0.35
西	12.33	0.21	2.84 ± 0.32
西北	8.33	0.18	3.44 ± 0.42
相关系数（r）	—	0.804^{*}	0.480

注：*表示$P<0.05$。

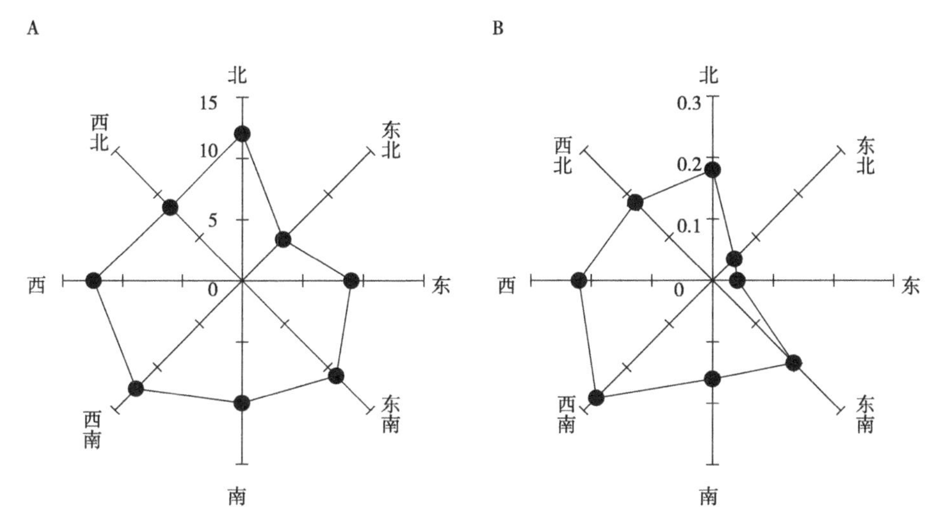

图2-11 风向频率和狼毒母株种子散布的关系（邢福，2016）

注：A为种子散布总数（粒）；B为顺风风向频率。

总体来看，狼毒种子没有适应风力传播的特别结构，其散布主要依靠重力自然沉降，是典型的"近母株"散布模式。研究发现，狼毒株丛能够拦截凋落物和风蚀土壤形成"丘状"突起，可通过降低风速、减缓土壤水分蒸发、减少牧畜践踏、蓄积养分等方式改善微环境。同时，狼毒株丛周围被证实有显著的营养富集效应。因此，狼毒的近母株种子散布模式，可能对其种子保存、萌发以及幼苗的定植较为有利，进而能提高种群的适应性，促进种群的更新和世代延续（邢福等，2004；邢福，2016）。

参考文献

白文娟，章家恩，全国明，2012. 土壤种子库研究的热点问题及发展趋向[J]. 土壤，44（4）：562–569.

邓自发，谢晓玲，王启基，等，2003. 高寒小嵩草草甸种子库和种子雨动态分析[J]. 应用与环境生物学报，9（1）：7–10.

杜晶，赵成章，宋清华，等，2015. 基于地统计学的退化草地狼毒种群土壤种子库空间异质性[J]. 生态学杂志，34（1）：94–99.

胡晋，2006. 种子生物学[M]. 北京：高等教育出版社：1–2.

刘建立，袁玉欣，彭伟秀，等，2005. 河北丰宁坝上孤石牧场土壤种子库与地上植被的关系[J]. 干旱区研究，22（3）：295–300.
刘文程，2010. 瑞香狼毒（*Stellera chamaejasme*）的生物学研究[D]. 哈尔滨：哈尔滨师范大学.
沈有信，赵春燕，2009. 中国土壤种子库研究进展与挑战[J]. 应用生态学报，20（2）：467–473.
沈泽昊，吕楠，赵俊，2004. 山地常绿落叶阔叶混交林种子雨的地形格局[J]. 生态学报，24（9）：1981–1987.
宋松泉，程红众，姜孝成，2008. 种子生物学[M]. 北京：科学出版社：168–199.
王琳，2016. 瑞香狼毒种子萌发条件及代谢分析[D]. 西安：西北大学.
邢福，2016. 草地有毒植物生态学研究[M]. 北京：科学出版社.
邢福，郭继勋，2001. 糙隐子草草原3个放牧演替阶段的种间联结对比分析[J]. 植物生态学报，25（6）：6.
邢福，郭继勋，王艳红，2003. 狼毒种子萌发特性与种群更新机制的研究[J]. 应用生态学报（11）：1851–1854.
邢福，宋日，祁宝林，等，2002. 糙隐子草草原狼毒种群与其他主要植物的种间联结分析[J]. 草业学报，11（4）：6.
邢福，王艳红，郭继勋，2004. 内蒙古退化草原狼毒种子的种群分布格局与散布机制[J]. 生态学报，24（1）：143–148.
杨磊，王彦荣，于进德，2010. 干旱区土壤种子库研究进展[J]. 草业学报，19（2）：227–234.
杨善云，贺江舟，税军峰，等，2004. 几种化学和物理方法处理对狼毒种子发芽率的影响[J]. 干旱地区农业研究，22（1）：66–69.
叶霞，李学刚，2004. 稻谷中游离脂肪酸与脂肪酶活力的相关性[J]. 西南农业大学学报，26（1）：75–80.
张蕙心，司龙亭，唐慧殉，2014. 黄瓜种子萌发中淀粉酶、脂肪酶和过氧化物酶活性变化[J]. 沈阳农业大学学报，45（1）：83–86.
赵晓男，唐进年，樊宝丽，等，2020. 高寒地区不同程度沙化草地土壤种子库特征[J]. 草业科学，37（12）：2431–2443.
ASLAN C，BECKMAN N G，ROGERS H S，et al.，2019. Employing plant

functional groups to advance seed dispersal ecology and conservation[J]. AoB Plants，11（2）：plz006.

BAO G S，SONG M L，WANG Y Q，et al.，2019. Interactive effects of *Epichloë* fungal and host origins on the seed germination of *Achnatherum inebrians*[J]. Symbiosis，79（1）：49–58.

BASKIN C C，BASKIN J M，2004a. Germinating seeds of wildflowers，an ecological perspective[J]. Hort Technology，14（4）：467–473.

BASKIN C C，BASKIN J M，2004b. Determining dormancy-breaking and germination requirements from the fewest seeds[M]// Ex situ plant conservation：supporting species survival in the wild. Covelo，CA，Island Press：162–179.

BASKIN C C，BASKIN J M，2014. Seeds：ecology，biogeography，and evolution of dormancy and germination[M]. San Diego：Elsevier，Academic Press.

BASKIN J M，BASKIN C C，2004b. A classification system for seed dormancy[J]. Seed science research，14（1）：1–16.

BASKIN J M，BASKIN C C，LI X，2000. Taxonomy，anatomy and evolution of physical dormancy in seeds[J]. Plant Species Biology，15（2）：139–152.

BASKIN J M，BASKIN C C，2003. Classification，biogeography，and phylogenetic relationships of seed dormancy[M]//Seed conservation：turning science into practice. The Royal Botanic Gardens，Kew：London：518–544.

BRADFORD K J，2017. Water relations in seed germination[M]. London：Routledge.

DA SILVA E A A，DE MELO D L B，DAVIDE A C，et al.，2007. Germination ecophysiology of *Annona crassiflora* seeds[J]. Annals of botany，99（5）：823–830.

DATTA A，KÜHN I，AHMAD M，et al.，2017. Processes affecting altitudinal distribution of invasive *Ageratina adenophora* in western Himalaya：the role of local adaptation and the importance of different life-cycle stages[J]. PloS one，12（11）：e0187708.

DAVIS T Z，LEE S T，RALPHS M H，et al.，2009. Selected common poisonous plants of the United States' rangelands[J]. Rangelands，31（1）：38–44.

FINCH-SAVAGE W E，LEUBNER-METZGER G，2006. Seed dormancy and the control of germination[J]. New phytologist，171（3）：501–523.

GAMA-ARACHCHIGE N S，BASKIN J M，GENEVE R L，et al.，2013. Identification and characterization of ten new water-gaps in seeds and fruits with physical dormancy and classification of water-gap complexes[J]. Annals of Botany，112（1）：69–84.

HARPER J L，1977. Population biology of plant[M]. Mew York：Academic Press.

HOWELL K A，NARSAI R，CARROLL A，2009. Mapping metabolic and transcript temporal switches during germination in rice highlights specific transcription factors and the role of RNA instability in the germination process[J]. Plant physiology，149（2）：961–980.

HUANG ZY，CAO M，LIU ZM，et al.，2013. Seed ecology：roles of seeds in communities[J]. Chinese Journal of Plant Ecology，36（8）：705–707.

JALILI A，HAMZEH’EE B，ASRI Y，et al.，2003. Soil seed banks in the Arasbaran protected area of Iran and their significance for conservation management[J]. Biological Conservation，109（3）：425–431.

KALAMEES R，PÜSSA K，ZOBEL K，et al.，2012. Restoration potential of the persistent soil seed bank in successional calcareous（alvar）grasslands in Estonia[J]. Applied Vegetation Science，15（2）：208–218.

KILDISHEVA O A，DIXON K W，SILVEIRA F A O，et al.，2020. Dormancy and germination：making every seed count in restoration[J]. Restoration Ecology，28（S3）：S256–S265.

LAMSAL P，KUMAR L，ARYAL A，et al.，2018. Invasive alien plant species dynamics in the Himalayan region under climate change[J]. Ambio，47（6）：697–710.

Langkamp P J，1987. Germination of Australian native plant seed[M]. Melbourne：Inkata Press.

NANDI S，DAS G，SEN-MANDI S，1995. β-Amylase activity as an index for germination potential in rice[J]. Annals of Botany，75（5）：463–467.

NATHAN R，KATUL G G，HORN H S，et al.，2002. Mechanisms of long-

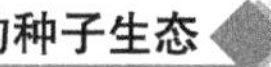

distance dispersal of seeds by wind[J]. Nature，418（6896）：409–413.

PRESTON J，TATEMATSU K，KAMIYA Y，et al.，2009. Temporal expression patterns of hormone metabolism genes during imbibition of *Arabidopsis thaliana* seeds: a comparative study on dormant and non-dormant accessions[J]. Plant and Cell Physiology，50（10）：1786–1800.

SIMPSON R L，1989. Ecology of soil seed banks[M]. San Diego：Academic Press：149–209.

VANDER WALL S B，LONGLAND W S，2004. Diplochory：are two seed dispersers better than one?[J]. Trends in Ecology and Evolution，19（3）：155–161.

Williams M C，Cronin E H，1968. Dormancy，longevity，and germination of seed of three larkspurs and western false hellebore[J]. Weed Science，16：381–384.

WILLIS C G，BASKIN C C，BASKIN J M，et al.，2014. The evolution of seed dormancy：environmental cues，evolutionary hubs，and diversification of the seed plants[J]. New Phytologist，203（1）：300–309.

3 狼毒种苗发育与定居

种苗（Seedling）是种子再生过程的最后阶段，开始于胚根突破种皮（种子内部萌发在外部显示的结果），但对于种苗阶段何时结束尚无统一的定论。一般认为，任何由一粒种子长成的小植株个体都可以被称为种苗，并不存在明确的发育阶段界限（Guo et al.，2021）。种苗定居过程包括种子萌发和种苗存活两个阶段，是植物生活史中对环境最为敏感的时期，也是种群更新过程的重要环节。种子萌发特性和自然分布区气候与生境条件密切相关，是植物对分布区自然生境长期适应的结果（Bu et al.，2008）。

种子作为植物生活史的重要阶段，是植物在时空上逃避不利环境以确保成功定居和更新的保障。因此，当种子萌发形成幼苗时，个体即从一生中风险最小的阶段跨越到风险最大也是最为脆弱的阶段（苏嫄等，2014），致使种子向幼苗过渡的生长发育期成为众多植物的生存瓶颈之一（Howlett & Davidson，2001）。种苗定居是由环境中一系列精确的确定性事件所决定的，对于某个物种来说，只有当种子和种子萌发需要的安全地点（Safe sites）同时存在才有可能通过种苗定居形成种群（Harper，1977）。种子萌发和幼苗生长受生物和非生物因素综合影响，在种子萌发转化为幼苗的过程中，幼苗尚未形成较大的根系系统，其呼吸和养分吸收等生命活动仅局限在一定的小区域内。这种小尺度的微生境具有特定的光照、微地形、土壤和竞争等环境（Vivian-Smith，1997；陈迪马，2006），是决定植物种苗定居能否成功的关键。因此，在植物生态系统中，微生境（Microhabitat）作为植物幼苗定居直接相关的环境条件，其质量与空间分布特征，对植物种群更新及幼苗的空间分布格局具有决定性作用（Kuuluvainen & Juntunen，1998），进而能影响种群的繁殖适合度、遗传多样性和进化潜力。

近年来，由于全球气候变暖和人类活动等干扰，草地生态系统中毒杂草的蔓延现象日益严重（Zhao et al.，2010）。狼毒作为危害严重且分布较

广的草原有毒植物，凭借特殊的个体形态、较强的萌生能力和耐旱能力，在草地快速繁衍和入侵，导致草地群落结构破坏，草地生态系统的平衡被打破（赵成章等，2004）。因此，探明狼毒种苗发育过程以及种苗定居的生境选择对揭示该植物种群的入侵和扩散机制具有重要意义，也是控制狼毒种群扩张、恢复草地生产力、维持草地生物多样性和生态系统平衡必须解决的关键科学问题。

3.1 狼毒种苗的发育

狼毒种子在吸收充足的水分后，胚根突破种皮，向下生长，形成主根（彩图3-1A）。胚根伸出不久，胚轴细胞伸长，将胚芽和子叶推出土面，此时子叶已从种皮内抽出，逐渐转为绿色，进行光合作用，待胚芽的幼叶张开行使光合作用（彩图3-1B），长出真叶和茎后，子叶不久变黄枯萎，1个月后解体脱落，植株进入幼苗生长期（彩图3-1C）。

Weiner（1988）指出，许多植物物种在开始繁殖之前必须达到最小尺寸。Guo et al.（2021）通过对典型退化草地狼毒种群中不同龄级个体的发育研究发现，狼毒在经历幼苗期发育以后，会进入成年营养发育阶段，最后再进入可以持续开花的有性生殖阶段。也就是说，狼毒的个体发育过程呈现出幼年期、成年营养期和繁殖期3个阶段（表3-1）。野外观察发现，狼毒幼年期，为Ⅰ龄发育阶段，个体未见开花，成年营养期为Ⅱ龄发育阶段，该阶段个体偶见开花。成年营养期和幼年期的主要区别在于前者可以形成繁殖结构。另外，狼毒植株高度在这两个营养阶段也存在显著差异，而其他性状参数和组织养分含量差异不大。狼毒从幼苗期到成年营养期的发育是逐渐过渡的，然而从成年营养期到繁殖期的过渡非常突然（Poethig，2003）。繁殖期的狼毒，根据个体大小（即分枝数）可分为Ⅲ ~ X不同龄级（Guo et al.，2021），进入繁殖期后，狼毒个体每年都会开花。另外，处在繁殖期的狼毒个体，随龄级增大其单枝花数量、根冠直径、根冠嵌入深度（Embedded depth of crown）、根长、地下总长度（Total underground length，TUL）、叶片氮含量等指标均有显著升高。

表3–1　不同龄级狼毒个体的发育与开花表现

发育阶段	年龄等级	分枝数	植株高度（cm）	开花状态
幼年期	Ⅰ	1	3.4 ~ 8	未开花
成年营养期	Ⅱ	1 ~ 2	13.6 ~ 24	偶见开花
繁殖期	Ⅲ	3 ~ 10	17 ~ 24	每年开花
	Ⅳ	11 ~ 20	15 ~ 20.5	
	Ⅴ	21 ~ 30	17 ~ 25	
	Ⅵ	31 ~ 40	17 ~ 26	
	Ⅶ	41 ~ 50	15 ~ 24	
	Ⅷ	51 ~ 60	21 ~ 27	
	Ⅸ	61 ~ 100	19.5 ~ 27	
	Ⅹ	>100	20 ~ 31	

注：表中数据引自Guo et al.（2021）；狼毒龄级的划分参见第7章7.1.3。

狼毒个体指标在不同发育时期的变化能为其种群管理提供新的途径。众所周知，只要我们掌握了一个种群早期的统计信息，对其控制才可能是最有效的（Ramula et al.，2008）。狼毒种群更新或发展过程中，其幼龄个体转化成成株（开花）的风险很大。同时，狼毒幼苗（或种苗）需要生长3年左右才能开花。因此，在退化草原狼毒种群的防控过程中，建议在其种群发展早期，即狼毒植株幼小、数量有限时及时干预，提早进行防控。

3.2　凋落物对狼毒种苗定居的影响

凋落物（Litter）是指在生态系统中，由植物地上部分（如叶片、茎干和立枯物等）产生并归还到土壤表面的所有有机质的总称（吴承祯等，2000）。其通常可为分解者提供大量的底物，从而完成生态系统碳循环。凋落物对物种更新的研究在林学上的报道较多，而近些年来凋落物积累对草地群落演替和物种更新的影响已成为研究的热点。研究表明，凋落物作为植物种子掉落后首先接触到的物理环境，可能通过机械阻隔或改变土壤微环境（如光照、温度和水分等）对植物种子萌发和幼苗定居产生积极或消极的影响。为了探究狼毒在天然退化草地入侵和定居的生境选择机制，夏建强等（2021）研究了凋落物覆盖对高寒草地土壤微环境和狼毒种苗定居的影响。

3.2.1 凋落物对土壤微环境的影响

3.2.1.1 土壤温度

凋落物覆盖对土壤温度的影响随不同土层深度存在显著差异，其影响效应在各时段表现不同，结果如图3-1所示。凋落物覆盖处理下，0.5cm土层土壤在9：00—10：00和14：00—15：00时段的温度显著低于对照；2cm土层土壤温度的影响仅在9：00—10：00时具有显著性。在各时段，凋落物覆盖对0.5cm土层土壤温度的影响均显著高于对2cm和4cm（图3-1D、E、F）。在9：00—10：00和14：00—15：00时段，凋落物覆盖处理后0.5cm土层土

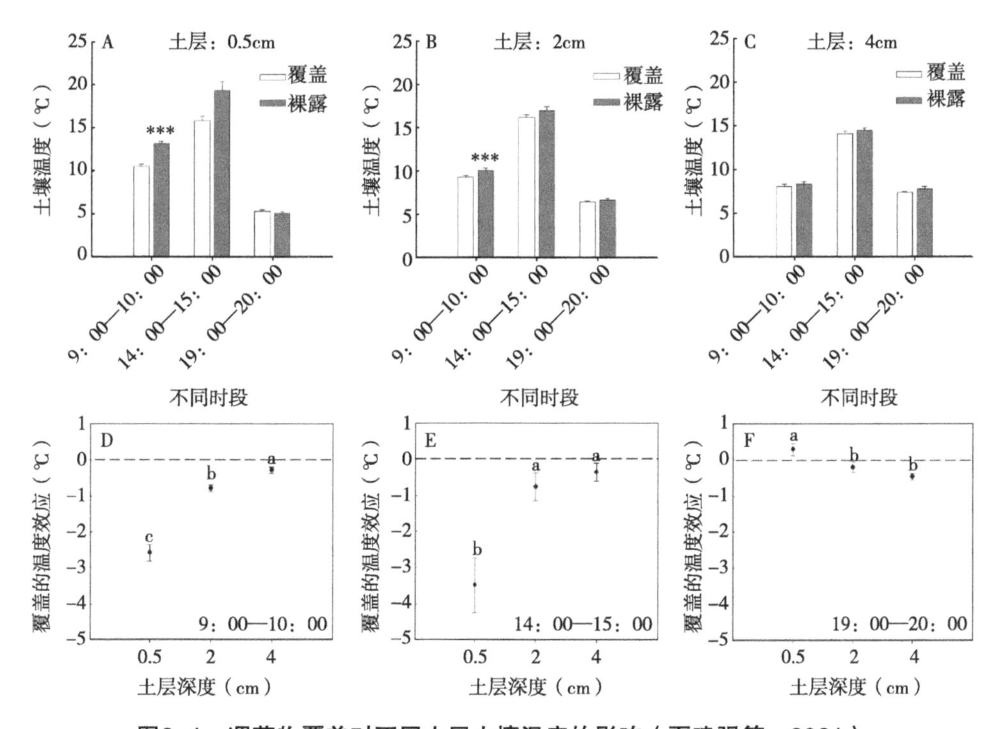

图3-1 凋落物覆盖对不同土层土壤温度的影响（夏建强等，2021）

注：土壤温度用HH147AU型手持式热电偶温度计（OMEGA，美国）测量。图中的数据均为平均值±标准误；覆盖的温度效应为凋落物覆盖处理的土壤温度减去对照（裸露）的土壤温度值；星号表示在同一时段和同一土层凋落物覆盖处理的土壤温度与对照存在显著差异，*代表$P<0.05$，**代表$P<0.01$，***代表$P<0.001$；不同小写字母表示凋落物对不同土层土壤温度的影响存在显著差异（$P<0.05$）。

壤温度的平均降幅分别为2.58℃和3.49℃，对4cm土层温度的影响最小，土壤温度平均降幅为0.28℃和0.36℃。凋落物覆盖对各土层在19：00—20：00时段温度的影响总体较小，其中对0.5cm土层土壤有一定的增温效应，温度增幅为0.29℃，相反，对深层土壤（2cm和4cm）表现出不同程度的降温效应，2cm土层温度的平均降幅分别为0.2℃和0.46℃（图3-1F）。

3.2.1.2　土壤含水量

凋落物覆盖对土壤含水量的影响随不同土层深度和不同时段存在显著差异，结果如图3-2所示。凋落物覆盖后，0.5cm和2cm土层的土壤含水量在9：00—10：00和14：00—15：00两个时段均显著高于对照；在19：00—20：00时段，覆盖处理下2cm和4cm土层的土壤含水量显著高于对照（图3-2A、B、C）。在9：00—10：00和14：00—15：00两个时段，凋落物覆

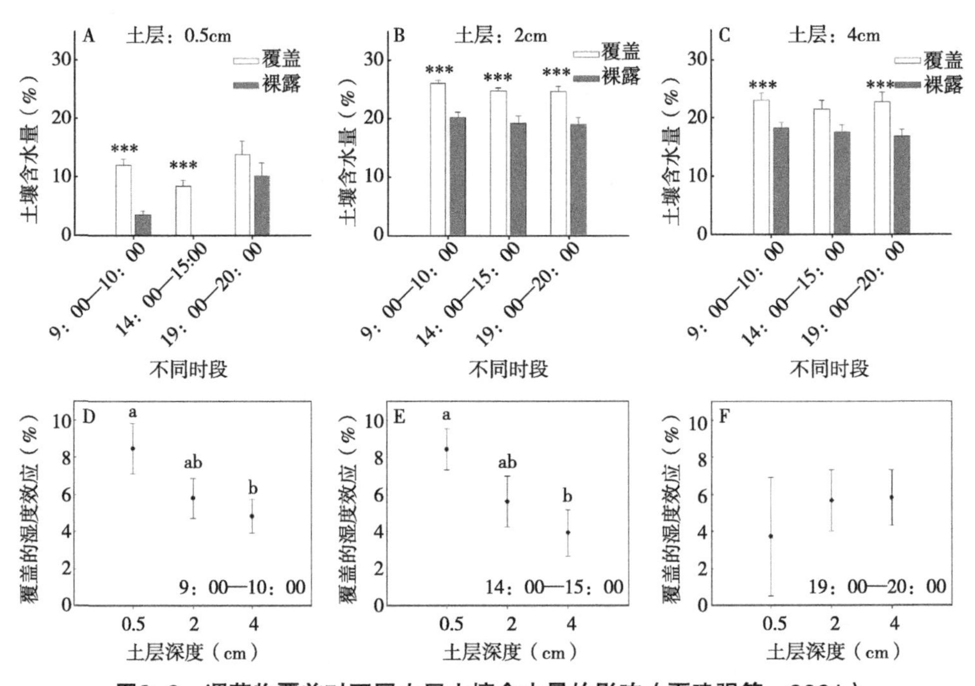

图3-2　凋落物覆盖对不同土层土壤含水量的影响（夏建强等，2021）

注：土壤水分（%）用土壤墒情测定仪（杭州美农仪器有限公司，型号MN-TYS）测量。覆盖的湿度效应为凋落物覆盖处理的土壤水分含量减去对照（裸露）土壤水分含量值；星号表示在同一土层和同一时段凋落物覆盖处理的土壤湿度与对照存在显著差异，***表示P<0.001；不同小写字母表示凋落物对不同土层土壤湿度的影响存在显著差异（P<0.05）。

盖处理下0.5cm土层土壤含水量的平均增幅分别为8.46%和8.42%，4cm土层土壤含水量的平均增幅最小，分别为4.84%和3.94%，均显著低于0.5cm土层土壤（P<0.05）。在19：00—20：00时段，凋落物覆盖处理对各土层含水量的影响差异不显著（图3-2F）。

3.2.2 狼毒在覆盖与裸露土壤的定居表现

夏建强等（2021）在祁连山东缘高寒草甸原生境下，通过人工控制试验研究了狼毒种子在不同微生境下的定居表现，具体方法见本章3.3.1。结果表明，凋落物覆盖对狼毒种子的出苗和种苗存活（即成苗率和越冬率）均有显著的影响，如彩图3-2和图3-3所示。狼毒种子在裸露土壤（对照）的平均出苗率为23.61%±3.07%，在凋落物覆盖土壤（处理组），狼毒种子的平均出苗率为11.67%±2.26%，显著低于对照（Z=-3.74，P<0.001，图3-3A）。出苗后，对照（裸露）组狼毒种苗的成苗率为94.12%，覆盖处理组的成苗率为83.33%，二者存在显著差异（x^2=3.82，P=0.05，图3-3B）。对照（裸露）组狼毒种苗的越冬存活率为91.25%，凋落物覆盖处理组的越冬存活率略高于对照，为94.29%，但二者差异不显著（x^2=0.31，P=0.577，图3-3C）。

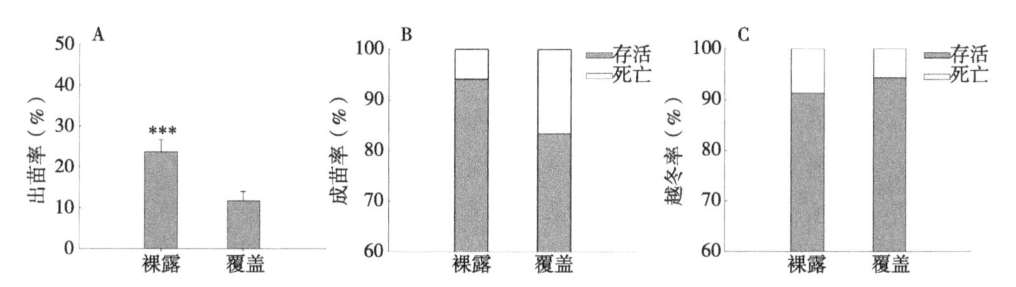

图3-3 凋落物覆盖对狼毒种子出苗和种苗存活的影响（夏建强等，2021）

注：图A数据为平均值±SE；星号表示处理间存在显著差异，*表示P<0.05，***表示P<0.001。

3.2.3 凋落物对狼毒定居的影响机制

在草地群落中，凋落物主要包括灌木的枯枝落叶、落皮、繁殖器官和枯死的草本植物等（朱静等，2020）。凋落物的存在能显著改变群落的微生境条件，是影响植物种子萌发和幼苗定居的重要因素（彭闪江等，2004）。凋落物是植物种子掉落后首先接触到的物理环境，可通过物理屏障（朱静等，2020）、淋溶物化感作用（赵冲等，2019）、消光作用（Facelli & Pickett，1991；羊留冬等，2010）、改变土层温度以及增加土壤含水率（段北星等，2020；何峰等，2012）等环境效应，对植物种子萌发和种苗存活产生影响。Xiong et al.（1999）通过对已有研究分析发现，凋落物总体上对种苗的定居有抑制作用，但是少量的凋落物覆盖将有利于种苗的定居。

首先，在高寒草地生态系统中，凋落物覆盖能阻隔太阳辐射，减缓其下层土壤与外界空气的热交换，因此总体上会降低土壤温度。但是，土壤平均温度的降低并非是影响草地植物种子萌发的关键因素（Davidson et al. 2010；Ramakrishna et al.，2006）。潘开文等（2004）认为，凋落物主要通过改变土壤的日温差对植物种子的萌发产生影响。夏建强等（2021）研究发现，凋落物覆盖处理对表层土壤温度的影响较为明显，在白天能显著降低土壤温度，相反在晚间（19：00以后）能起到一定的保温作用，从而导致凋落物覆盖土壤的温度变幅显著低于裸露土壤。相应地，凋落物覆盖处理下，狼毒种子的出苗率也显著低于对照（裸露）土壤。据此认为，凋落物覆盖后狼毒种子较低的萌发率可能与土壤温度日较差的降低有关，这与邢福等（2003）发现较大的温差更有利于打破狼毒种子休眠从而提高其萌发率的结果相类似。

其次，凋落物也能通过改变土壤含水量影响植物种子萌发。大量的文献表明，凋落物能吸持和拦截水量（Li et al.，2000），减少地表蒸发（Myster，2004；杨立文和石清峰，1997）和改善土壤结构（潘开文等，2004），进而提升土壤的保水能力，提高土壤含水量。夏建强等（2021）研究表明，凋落物覆盖尽管能显著提高土壤含水量，但是并没有提高狼毒种子的出苗率，相反表现出明显的抑制作用。有研究表明，种皮限制是抑制狼毒种子萌发的主要因素之一（邢福等，2003）。凋落物覆盖虽然能够增加土壤含水量，但同时也降低了土壤含水量的日变化，这样会使狼毒种子保持在一个含水量相对稳定的微环境中，不利于种皮的破裂，从而抑制了种子的萌芽（夏建强等，2021）。另外，Eckstein et al.（2010）研究发现，凋落物对植物种子出苗和定居的影响效应不仅依赖于凋落物量的多少，而且与土壤本身的水分环境有关。例如在干旱与湿润反复交替的环境下，少量的凋落物覆盖能促进洪泛区植物（Floodplain species）种子的出苗，而在持续湿润的环境中，对种子出苗的影响较小或呈现较轻的抑制作用。

最后，凋落物还可通过直接的物理屏障作用或通过影响幼苗的光合作用等影响狼毒种苗的定居成功（夏建强等，2021）。Brewer et al.（（2001）研究表明，凋落物覆盖后能阻挡种子到达土壤表面，影响植物种子萌发和幼苗定居的概率，同时也可能对土壤种子库的形成和组成结构造成一定的影响。朱静等（2020）通过模拟野外凋落物覆盖，研究了凋落物对格氏栲种子萌发及胚根生长的影响，结果也表明凋落物可通过阻碍种子与土壤接触而抑制萌发，进而影响格氏栲林种群的更新。夏建强等（2021）有关凋落物覆盖对狼毒定居影响的研究中，狼毒种子是通过人工定植于土壤，然后再覆盖凋落物，因此凋落物对狼毒出苗的影响不是通过阻隔种子落置于土壤，而可能是对种苗出土产生物理屏障作用。

综合分析表明，在高寒草地群落，凋落物覆盖总体上能降低土壤温度、增加土壤含水量，且能显著降低表层土壤温度和含水量的日变幅，可以营造和维持相对稳定的植物生长微生境。但是，从狼毒种子萌发所需条件的角度看，凋落物覆盖的群落环境并非是狼毒种苗定居的有利生态条件，以致凋落物覆盖后显著降低了狼毒种子的出苗率和幼苗定居成功率。因此，在草地管理中，维持草地盖度并保持一定的凋落物覆盖量可能是遏制狼毒种苗定居和种群扩展的有效途径之一。例如何峰等（2012）研究表明，凋落物覆盖能显著提高草地植物羊草的株高，同时抑制毒杂草的入侵，降低其地上生物量。

3.3　土壤埋深对狼毒种子出苗和定居的影响

植物种子在土壤中的埋藏深度是影响其萌发和幼苗出土最重要的因子之一。总体上，埋植在浅层土壤的种子比土壤表面的种子更容易萌发，因为浅层土壤相对于表面土壤能保持种子周围的潮湿环境，防止种子和幼苗干枯死亡。但是，当土壤埋深超过种子所能承受的极限时，会抑制幼苗出土，影响种苗的存活。例如沙拂子茅（*Calamovilfa longifolia*）种子在种植深度为1～2cm时，其萌发率和出苗率最高，种子埋深从2cm增加到12cm，种子萌发率和出苗率均显著下降（Riach，1981）。Marion et al.（2021）通过两年的研究发现，大叶藻（*Zostera marina*）种子在适当埋深时比撒播在土表时能获得更高的种苗成活率，但埋深在3cm以下的种子会因为土壤冲蚀而流失。

目前，有关狼毒种子萌发的研究多在实验室控制条件下完成，而在原生境中探究狼毒种子萌发和种苗定居的研究鲜有报道。夏建强等（2021）在祁连山东缘天祝县高寒草甸原生境中，通过人工控制试验研究了狼毒在草地群落定居的生境选择机制，发现狼毒种子的土壤埋深对其出苗和定居表现产生显著影响。

3.3.1 狼毒种苗定居试验

3.3.1.1 样地概况

研究样地位于祁连山东缘天祝县甘肃农业大学高山草原试验站（图3-4）。该试验区海拔2 940m左右，年均温在0.2～3.6℃，1月气温最低为-18.3℃，7月气温最高为12.7℃，>0℃积温为1 380℃；年降水量265～632mm，年均蒸发量1 590.5～1 703.2mm，降水分布不均，多集中在7—9月；该地区属寒温带大陆性高原气候，夏季温凉干旱，冬季寒冷干燥，气候变化无常、温差大、热量不足；其草地类型为高寒草甸。

图3-4 高寒草地狼毒种苗定居控制试验区（夏建强，2021）

3.3.1.2 种子采集

2019年4月中旬，在狼毒自然居群，收集狼毒母株周围（半径30cm以内）的浅层土壤（土表3～4cm），剔除较大杂物后，通过网筛（孔径<1mm）筛掉

细土，挑选出发育良好、饱满的狼毒种子。种子收集后，将其装入尼龙网袋（40目），浅埋于草地原生境备用。

3.3.1.3 种子种植

5月初期，将狼毒种子种植于提前埋置的种植罐（直径10cm、高20cm的PVC管，图3-4），每个种植罐播种5粒种子。种植深度设3个水平，分别是土表（<0.5cm）、浅层土壤（2cm）和深层土壤（4cm），每个处理24个种植罐（即24个重复），共120粒种子。种植时，用直径3～4mm的筷子头在种植罐中扎孔至特定深度，每孔放入1粒种子，然后在种植孔中填入细土。本章3.2.2相关研究中，种植方法同上，仅在最后将凋落物均匀覆盖于需要处理的种植罐中（彩图3-2）。

3.3.1.4 狼毒种子出苗率、成苗率和越冬率统计

出苗率：在播种后30～45d，统计各处理种植罐中的狼毒种苗，并计算种子出苗率。

$$出苗率(G)=\frac{n}{N}\times100\%$$（n=种子出苗数，N=播种的种子总数）

成苗率：在入冬前（9月中旬）统计各处理种植罐中存活的狼毒种苗，干枯或缺苗代表幼苗死亡，最后计算其成苗率。

$$成苗率=成苗数/出苗数\times100\%$$

越冬率：种苗定居后第二年，待其完全返青后统计各处理种植罐中存活的种苗（注意：仅统计两年生幼苗，排除播种当年未发芽而第二年出土的幼苗）。

$$越冬率=越冬存活株数/当年成苗数\times100\%$$

3.3.2 不同埋深狼毒种子的定居表现

夏建强等（2021）通过研究狼毒种子在不同土壤深度的定居表现，结果表明，种子在土壤中的埋藏深度对狼毒出苗、种苗存活（即成苗率）和越冬均产生显著影响（图3-5）。总体上，狼毒种子的出苗率随土层深度增加而显著下降。种子埋植于土壤表层（<0.5cm）时，出苗率

最高，为37.08% ± 3.99%；当埋植于2cm土层时，种子出苗率显著降低至13.75% ± 2.24%（*P*<0.001）；当埋深至4cm土层时，狼毒种子出苗率仅为2.08% ± 0.89%，显著低于表层（0.5cm）和2cm土层种子的出苗率（*P*<0.001；图3-5A）。

种子在土壤的埋植深度对狼毒种苗成苗率的影响较小，在土壤表层（0.5cm）定植的种苗成苗率为88.76%，在2cm和4cm土层定植的种苗成苗率略高于表层，分别为93.94%和100%，但彼此之间差异不显著（图3-5B）。土壤埋深对狼毒种苗越冬存活率有显著影响，定植于表层（0.5cm）土壤的种苗，其越冬率最高，为97.47%；定植于2cm和4cm土层的狼毒种苗，其越冬存活率分别为80.65%和80.00%，二者差异不显著，但均显著低于在土壤表层（<0.5cm）定植的狼毒种苗的越冬率（*P*<0.01；图3-5C）。

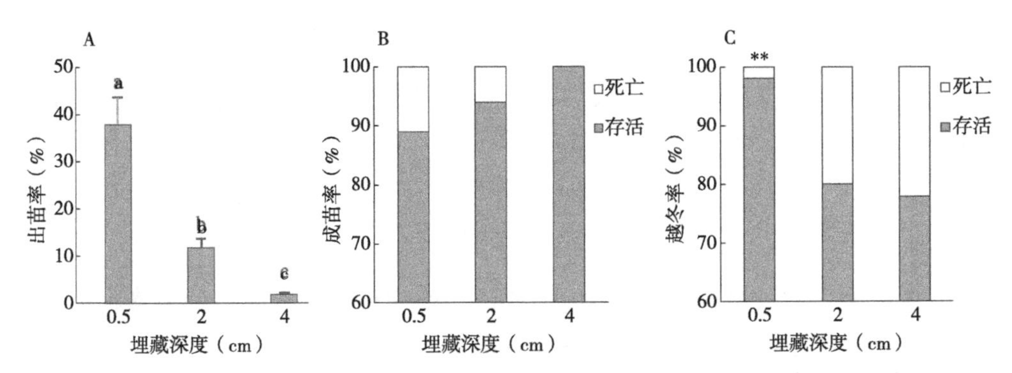

图3-5　土壤埋深对狼毒种子出苗率和种苗存活的影响（夏建强等，2021）

注：图A数据为平均值 ± SE；不同的小写字母表示处理间存在显著差异（*P*<0.001）；星号表示该处理与其他处理存在显著差异，**表示*P*<0.01。

3.3.3　土壤埋深对狼毒种苗定居的影响机制

在草地生态系统中，植物种子会通过多种途径被埋藏于不同深度的土壤中，例如啮齿动物储存和草食动物踩踏等（于顺利和蒋高明，2003）。埋藏在土壤中的种子通常有4种命运：一部分种子正常萌发，一部分因不适宜的土壤环境而死亡，一部分进入休眠储藏于土壤种子库，还有一部分种子尽管会萌发，但是因幼苗不能够伸长到地面而死亡（Maun，1994）。

夏建强等（2021）研究表明，当狼毒种子埋植于表层土壤（<0.5cm）时，出苗率最高，当埋深超过2cm时，狼毒的出苗率开始显著降低，表明在高寒草地群落，埋藏于表层土壤的狼毒种子更有机会萌发和定居。植物种子埋藏于深层土壤，其出苗率降低的原因主要包括3个方面。首先，当植物种子在土壤中超过适宜的埋藏深度时，因顶土压力增大，种子储藏的能量不能为种子萌发和出苗提供保障，因此影响其出苗率（蔺吉祥等，2014；王靖靖等，2018）。其次，随着土壤深度的增加，土壤含氧量显著降低，从而能使种子在低氧的环境下进入强迫休眠状态或吸胀后死亡（Benvenuti & Macchia，1995）。最后，深层土壤的温度振幅通常低于表层，温度变幅的降低将不利于需要昼夜变温才能打破休眠的植物种子的萌发。Grime et al.（1983）研究表明，土壤表面的大多数种子需要≥10℃的温度振幅就能很好地萌发，而埋藏于土壤深层的种子则需要≥15℃的振幅才能萌发。夏建强等（2021）的研究结果也显示，深层土壤的温度变幅也显著低于浅层土壤，相应地，深埋的狼毒种子相比浅埋种子具有较低的出苗率，在一定程度上支持了该假说。此外，夏建强等（2021）的研究也表明，种子埋藏深度的增加，不仅能抑制狼毒种子出苗，同时也能降低种苗在第二年的存活率，即种苗的越冬率。一方面，种子埋植太深致使狼毒种苗出土延迟，从而缩短了其生长发育期，导致根系的营养储存不足，从而影响其越冬率；另一方面，定植太深可能不利于狼毒种苗地下芽的发育或返青出土，从而导致其越冬率的下降，这些假说需要在今后的研究中进一步证实。

综合分析表明，狼毒种子在土壤的埋植深度显著影响其出苗率和种苗定居，埋植于表层土壤的种子相对于埋植在深层土壤的种子具有更高的出苗率和越冬存活率。换言之，在高寒草地群落，狼毒主要依靠表层土壤中的种子完成其种群更新，被埋藏于深层土壤中的狼毒种子可能会因土层阻隔、含氧量骤降而强迫休眠或因缺少适宜的变温条件，导致其出苗和定居的失败。据此认为，在草地生态系统，能促使土壤种子浅表化的扰动均可有利于狼毒的定居和种群发展。因此，在高寒草地管理中，合理控制扰动强度（如放牧等），维持草地土壤结构稳定，是遏制狼毒在退化草地入侵扩散的有效途径之一。

3.4 狼毒种苗定居时间及微生境选择

植物种子在生长季内萌发时间的不同对其生长、发育、繁殖有着至关重要的影响（张佳宁和刘坤，2014）。在不同地区因气候不同，植物的物候期及生活史发育差异巨大。植物种子的萌发时间决定了植物的成苗时间，进而影响其整个生活史阶段的发育以及各物候期的分配情况。例如秋季播种的圆锥小麦（*Triticum turgidum*）相比于冬季播种的，能够产生更多的种子数量并具有更高的种子质量，这可能是因为秋季播种增加了植物的营养生长时间，使其积累了更多的营养物质和能量（Ferrise et al.，2010）。再如，鹰嘴豆（*Cicer arietinum*）随着播种时间延迟，其种子萌发指数、生长期和产量均显著降低（Farooq et al.，2019）。类似的情况在鱼腥草（*Houttuynia cordata*）、花生（*Arachis hypogaea*）和冬小麦（*Triticum aestivum*）中皆有发生（伍贤进等，2006；Penuelas et al.，2003；Shah et al.，2020）。

除播种时间外，不同微生境对植物种苗定居也会产生影响。在异质微环境中，植物经常会经历光照和养分资源等环境斑块交互性的影响（Sultan，2000；Wu，2007）。有些植物的幼苗，特别是那些小种子植物的幼苗在遮阴条件下很难定居成功来更新种群或补充群落（Milberg，1999；Grubb et al.，1996）。不同物种其幼苗更新（补充）率在不同生境下表现出显著的差异性。研究表明，植物种群的幼苗更新补充一般会出现在中等光照和高光照生境下。但是，在高光照条件下不同的养分生境之间，幼苗的更新补充率无显著差异；而在低光照条件下，高养分环境在一定程度上能提高幼苗的存活率（Dent & Burslem，2009）。因此，养分差异是影响植物种群幼苗更新补充的因子之一，但并不是限制因子。植物幼苗可以在高养分生境中获得较快的生长发育速率，但是纵观植物的整个生活史，影响其定植成功的决定性因素是光照条件，而非生境的养分条件。

在天然草地生态系统中，放牧干扰等因素能导致草地小尺度上异质微环境的产生，进而能为草地群落植物的种子萌发和幼苗定居提供机会。近年来，在高寒草甸生态系统中，由于过度放牧、气候变化等因素导致草地退化裸露，毒杂草滋生蔓延。为了了解草原典型有毒植物——狼毒在高寒退化草地入侵扩散的生境选择，夏建强等（2021）在高寒草甸原生境中开展了狼毒种苗定居试验，探究了狼毒在不同时间以及在草地群落不同微生境下的定居表现。

3.4.1　狼毒定植试验

3.4.1.1　样地概况

该试验于2019—2020年在甘肃省天祝县白石头沟（37°12′N，102°47′N）高寒草甸群落中开展，样地海拔3 070m左右。该样地为典型的狼毒型退化草地，其优势种除了狼毒（*S. chamaejasme*），还有醉马草（*Achnatherum inebrians*）、矮嵩草（*Kobresia humilis*）、珠芽蓼（*Polygonum viviparum*）和黄花棘豆（*Oxytropis ochrocephala*）等，伴生种有垂穗披碱草（*Elymus nutans*）和克氏针茅（*Stipa krylovii*）等。

3.4.1.2　种子采集

狼毒种子来源包括当年成熟种子和土壤种子库种子（彩图3-3）。土壤种子库种子于试验草地春季返青前（4月中下旬）采集，采集方法同3.3.1.2。当年生种子为狼毒当年成熟后自然脱落的种子，采集时间一般在个体花期结束后10～15d，种子收集装置如彩图3-3A。种子采集后装入40目的尼龙网袋，浅埋于试验样地原生境备用。

3.4.1.3　种子种植

狼毒种子的定植时间分为3个时期，即秋季（在种群花期结束后种植，模拟当年生种子掉落后定居）、春季返青前（5月5日）和返青后（即5月19日）。在各时期，将采集后备用的种子定植于种植罐表层土壤（<0.5cm），具体方法参见本章3.3.1.3。

不同微生境下的定植试验：在退化草地群落中，选择相对较大的狼毒株丛，以其为中心分别选择冠下（离株半径<5cm）、冠外（离株>35cm）草丛以及冠外草地空斑3种类型的微生境进行狼毒种子定植（图3-6A）。定植的种子为狼毒当年成熟种子，种植时间选择在狼毒种群花期结束后的8月中旬。为了便于寻找定居后的狼毒种子（或种苗），并在后期进行数据统计，本试验中用钢丝制作了种子种植区的定位装置（图3-6B），简称定位环。种子定植前，首先将定位环固定轴下端插入所选择生境的草地，圆环与地面紧贴，然后在定位环固定轴的顶端绑上标签。在各类生境下，狼毒种子均定植在表层土壤（<0.5cm），每个定位环内（即定植区域）种植5粒种子。不同生境类型的分布及种植定位方法，如图3-6所示。

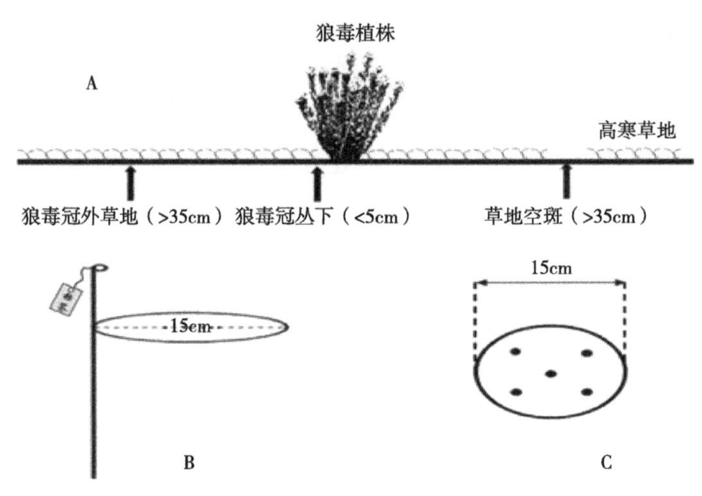

图3-6　狼毒型草地群落中不同微生境类型的选择和狼毒种子定植示意图

注：A为不同类型微生境；B为种植定位装置（即定位环）；C为定位环内定植的种子（夏建强，2021）。

3.4.1.4　种子出苗和成苗率统计

狼毒种子种植后，在当年越冬前（9月中旬）对其出苗率进行初次统计；第二年6—7月再统计一次出苗率，入冬前（9月中旬）统计各处理的成苗率。出苗率和成苗率的计算方法，同本章3.3.1.4。

3.4.2　狼毒在不同时间定植的出苗率

研究发现，狼毒土壤种子库的种子，在春季不同时间（返青前后）种植对其出苗率有显著影响，结果如图3-7所示。在返青前（5月初）种植的狼毒种子平均出苗率为18.2%，返青后（5月中旬）种植的土壤种子库种子，其出苗率仅为2%，二者存在显著差异（$P<0.001$）。当年成熟的狼毒种子，在不同时期种植，其出苗率存在显著差异（表3-2）。当年秋季种植，即在狼毒花期结束后立即种植，其当年萌发率为0；然而，在第二年返青后，种子的出苗率接近21%。换言之，狼毒种子在成熟当年不会立即萌发完成种苗定

居。当年成熟的狼毒种子，如果采集后在原生境下越冬，第二年春季不同时间种植，其出苗率也存在显著差异。在返青前和返青期种植的出苗率相对较高，分别为15.7%和17.4%，二者差异不显著；然而在返青后（6月初）种植的狼毒种子，其出苗率显著降低，为12.8%。当年成熟的种子在室温条件储存越冬后，在春季不同时期种植，其出苗率仅为0～1.6%。

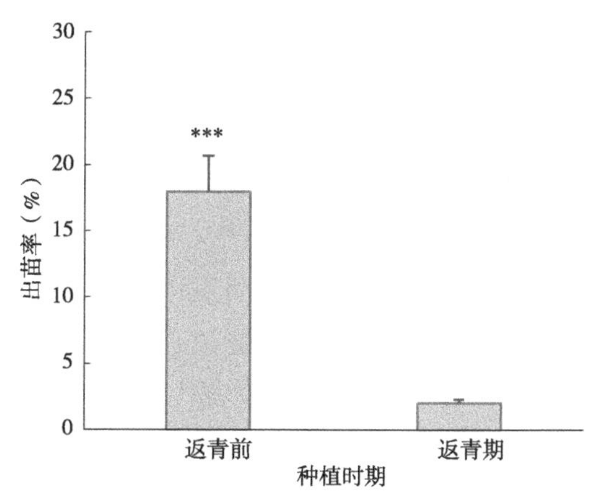

图3-7　狼毒土壤种子库种子在不同时期种植的出苗率（夏建强，2021）

注：星号表示处理之间存在显著差异，***表示$P<0.001$。

表3-2　狼毒当年成熟种子在不同时期种植的出苗率

种植时间		种植种子数	出苗数	出苗率（%）	
				种植当年	第二年
当年	秋季	480	100	0	20.8
第二年	返青前（5月初）	504	79（5）	15.7（1.0）	—
第二年	返青期（5月中）	504	87（8）	17.4（1.6）	—
第二年	返青后（6月初）	312	40（0）	12.8（0）	—

注：表中的出苗数和出苗率数据，括号外为原生境下越冬的种子，括号内为室内越冬种子；“—”表示无相关数据。

3.4.3　种植时间对狼毒种子出苗的影响机制

植物种子成熟后，从亲本植株脱落并散布到土壤表面，可能会立即萌发，也可能无限期延迟萌发出苗（Fenner & Thompson，2005）。脱离母体后的植物种子不萌发，或者是因为环境条件不适宜，或者是因为该植物种子处于休眠状态。种子休眠是植物经过长期演化过程而获得的一种适应环境变化的生物学特性（滕英姿等，2022；傅强等，2003），植物种子在休眠状态下可以让后代避开不良的环境影响，对植物的生存、延续和进化起到重要的积极作用（Yang et al.，2020）。植物种子休眠的主要原因包括种皮障碍、种子胚休眠（例如胚发育不完全或需要生理后熟）（Graeber et al.，2012）、抑制物质存在（杜逍等，2021）和不良环境影响等。

种子萌发和休眠是两个复杂且紧密联系的生理过程，涉及一系列外界环境和内部因子的相互作用（杨楠等，2022）。邢福等（2002）通过在实验室条件下探究狼毒种子的休眠和萌发特性发现，狼毒种子具有较强的休眠特性，并认为种子硬实性是导致其休眠和萌发率较低的主要原因，较大的温差有利于狼毒种子疏松种皮和打破休眠。夏建强（2021）在高寒草地原生境条件下对狼毒种苗定居时间的研究表明，当年成熟的狼毒种子在当年不能萌发，在原生境下越冬后第二年返青期种植，或者在秋季种植后第二年狼毒种子均具有较高出苗率；然而，在室内越冬的狼毒种子，春季种植后的出苗率仅有1%左右。该结果进一步表明，当年刚成熟的狼毒种子具有较强的休眠特性，通过在高寒草地低温环境下越冬能打破其休眠，春季返青期即可萌发出苗、完成定居。

另外，在春季不同时期种植对狼毒种子的出苗率也有显著影响。夏建强（2021）研究表明，狼毒的土壤种子库种子，在春季高寒草地返青前采集并种植，其出苗率显著高于在返青期采集并种植的种子。一方面，可能是因为返青前（5月初）气温日较差较大，更有利于狼毒种子进一步破除休眠和萌发；另一方面，在返青期采集土壤种子库种子，可能会人为地打断狼毒种子在原生境下的自然萌发进程，从而导致其萌发受阻、出苗率降低。此外，夏建强（2021）的研究还发现，狼毒当年生种子在原生境下越冬（打破休眠）后，在春季返青期种植，其出苗率略低于种子成熟当年秋季种植；而且，在返青期后种植，其出苗率显著低于返青期和返青前种植。这表明，狼毒种子在高寒草甸春季返青过程中需要特定的气候和生境条件才能萌发出苗，一旦错过适宜的季节，其萌发不能完成，或将再度进入休眠，该生长季不再萌发，表现出很强的“机会主义”特征。

种子休眠和萌发是植物生命周期中适应自然界的重要调控阶段，同时受到遗传因素、多种内源信号和环境因素的严格控制（杨楠等，2022）。因此，植物种子萌发出苗的时间选择具有物种特异性，且受到环境因素的强烈影响。在高寒草地，其气候尤其是春季气候变化无常，然而狼毒种子的萌发条件相对较窄，机会主义特征明显，这也可能是导致狼毒种子在高寒草地出苗不稳定，或是在某一年份较为集中萌发和出苗的原因之一。

3.4.4 狼毒在不同微生境下的定居表现

夏建强（2021）在高寒退化草甸研究狼毒种子在不同微生境中的定居表现，结果表明，狼毒当年种子秋季种植后，第二年在草地空斑的出苗率为24.5%，而在草丛生境下的出苗率为34.0%，二者之间存在显著差异（图3-8A），但狼毒种苗的成苗率在两种生境之间无显著差异（图3-8B）。狼毒在草地空斑生境下定居的幼苗，其叶片数为10个左右，平均株高为1.4cm，叶片数和株高均高于在草丛生境下定居的幼苗（图3-8C、D）。

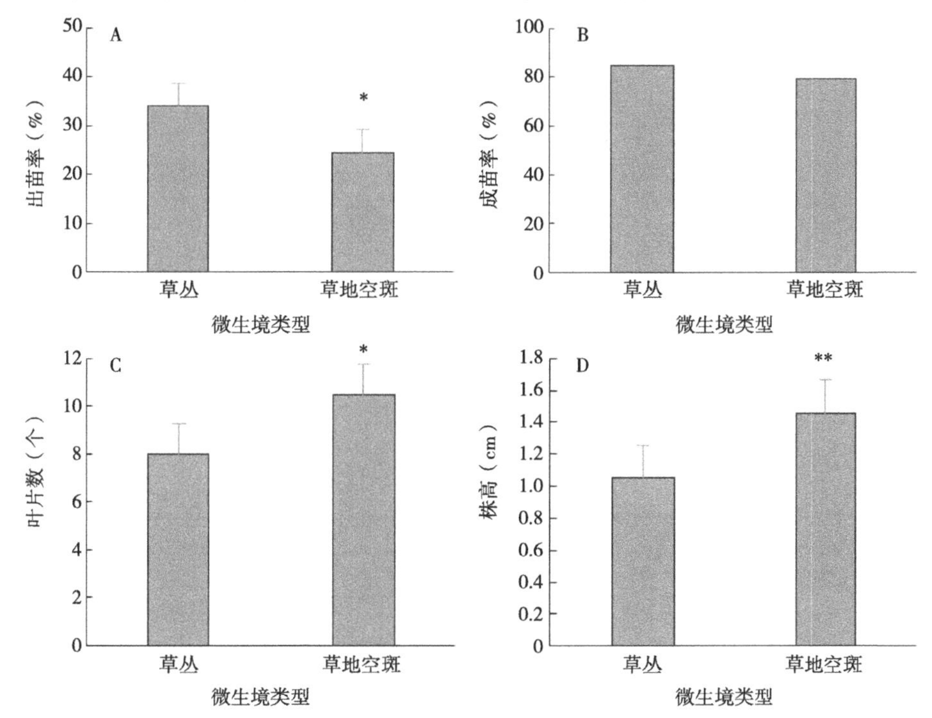

图3-8 狼毒种子在高寒草地草丛和空斑生境下的出苗和定居表现（夏建强，2021）

注：星号表示处理间存在显著差异，*表示$P<0.05$，**表示$P<0.01$。

在狼毒冠下（离株距离<5cm）和冠外草丛（离株距离>35cm），狼毒种子的出苗和定居表现如图3-9所示。在狼毒冠下，种子的平均出苗率相对较高，为39.0% ± 3.4%；在冠外草丛，狼毒种子的平均出苗率为34.0% ± 2.4%，二者之间差异不显著（P=0.24）。狼毒种苗的成苗率，在冠下生境为62.8%，显著低于（P<0.001）在冠外草丛中的成苗率（84.6%）。狼毒冠下生长的种苗，个体的平均叶片数为6个，而在冠外草丛生长的种苗，其平均叶片数为8个，二者差异不显著（P=0.28）。狼毒种苗的平均株高，在狼毒冠下和冠外草丛均在1cm左右，二者无显著差异（P=0.94）。

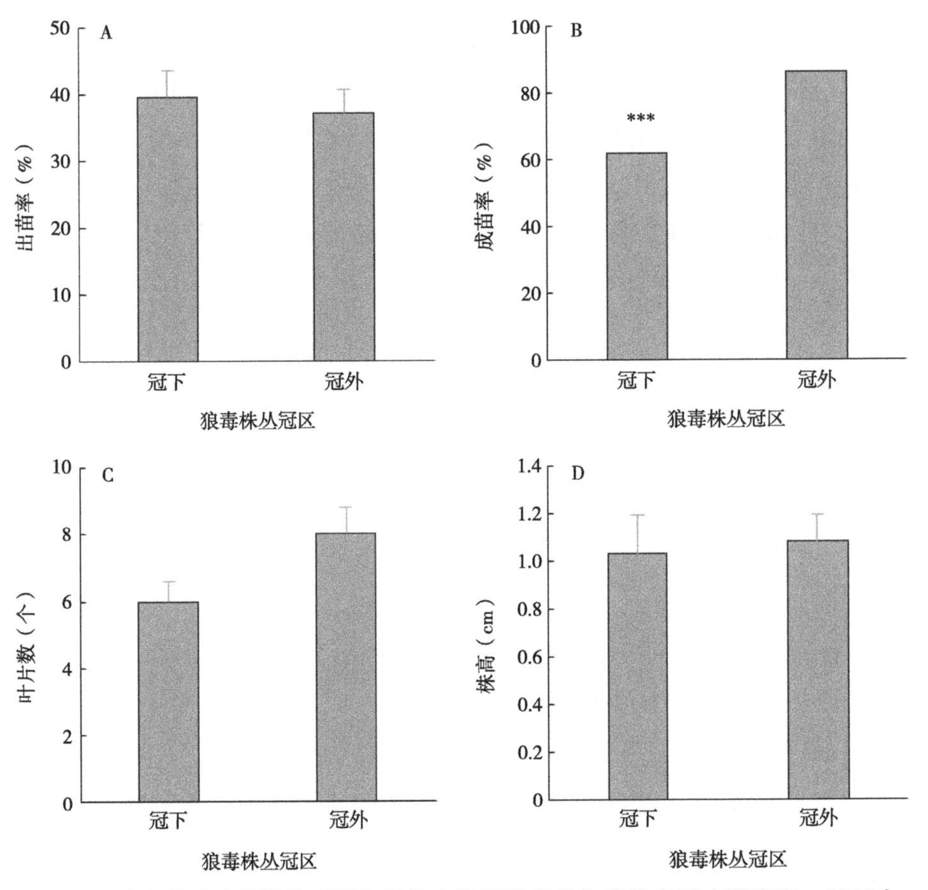

图3-9　狼毒种子在其株丛冠下和冠外生境下的出苗和定居表现（夏建强，2021）

注：星号表示处理间存在显著差异，***表示P<0.001。

3.4.5 草地不同微生境对狼毒种苗定居的影响

3.4.5.1 草地空斑与草丛

草地空斑由草地群落中一些植物的死亡或退化而产生。草地空斑的出现为草地植物种群和植被更新创造了机会，并为植物种苗定居提供了一个相对安全的建植窗口（Goldberg，1987）。因此，草地空斑对草地植物种群更新和群落结构产生重要影响。夏建强（2021）研究表明，狼毒种子在草地空斑生境下的出苗率显著低于草丛生境。换言之，在高寒草甸群落，草地空斑并不利于狼毒种子的出苗。Gill et al.（1991）通过对多种灌木种苗定居的研究发现，生境空斑对其种子的出苗有负面影响。大量的研究显示，水分是抑制植物种子出苗的主要限制因素之一（朱金文等，2014）。夏建强（2021）在研究中发现，高寒草甸空斑生境土壤的含水量显著低于草丛生境土壤。据此推测，狼毒种子在空斑生境中出苗率低的原因可能是草地空斑土壤（尤其表层）干旱缺水，从而导致狼毒种子不能打破休眠或及时吸胀而萌发。邢福等（2002）的研究也表明，狼毒种子有很强的休眠特性，水分是打破其休眠的重要因素之一。另外，杨善云等（2004）认为，狼毒种子的萌发具有很强的种皮限制，通过多种物理（如紫外线和超声波等）和化学（如硫酸浸泡和稀碱浸泡等）方法破除狼毒种子的种皮障碍能显著提高种子的萌发率。因此，草地空斑中水分不足会导致种皮干裂影响种子的活性，或萌发后种皮不能及时破裂，阻挡种子内部与外部环境的物质交换以及胚根伸长，进而影响种子萌发出苗。

除了土壤水分，光照和土壤温度也是影响草地空斑与草丛生境差异的主要环境因子。有学者认为，草地空斑中近地表温度的日变化相比草丛微生境下要高，有利于打破草原禾草类种子的休眠，促进其萌发（Silvertown & Smith，1988）。例如Hagon et al.（1976）在澳大利亚天然草原上，通过增加土壤温度的日波动促进了秋季冷季草的萌发。夏建强等（2021）通过人工控制试验的结果表明（本章3.2.2），土壤裸露相比凋落物覆盖更有利于狼毒种子萌发出苗。因此，夏建强（2021）在高寒草甸原生境下对狼毒的定居研究中，空斑生境未能表现出对狼毒种子出苗的促进作用，可能是因为在高寒退化草地土壤水分的影响过于强烈，掩盖了土壤温度的变化对狼毒种子出苗的积极影响。

此外，夏建强（2021）的研究结果显示，狼毒种苗的成苗率尽管在空斑与草丛微生境之间差异不显著，但在空斑生境中生长的狼毒幼苗，其株高和叶片数显著高于草丛微生境的幼苗，说明草地空斑更有利于狼毒种苗的成长发育。研究表明，植物与植物间的相互作用通常以竞争为主（秦先燕等，2010），草地群落中形成的空斑能改变植物间的相互竞争关系，空斑周围的植物不足以与空斑中的植物形成竞争关系，甚至还可为新生幼苗提供庇护。因此，在空斑中，植物新生种苗根和芽的竞争比在草丛微生境下要低，这也可能是草地空斑有利于狼毒种苗成长发育的原因。另外，Bullock（2000）认为，草丛遮阴不利于植物种苗的成长，同时土壤湿度的增加提高了植物种苗感染真菌的概率，或通过为软体动物等提供庇护增大了种苗被捕食的概率。相反，草地空斑中由于缺少植被覆盖，光照充足，狼毒种子出苗后能通过光合作用及时合成个体所需营养物质，以减少对恶劣土壤环境的依赖，进而促使其迅速生长，完成形态建成。综合分析表明，尽管草地空斑对狼毒种子的出苗不利，但是从种苗定居后的生长表现来看，高寒草地退化形成的空斑更有利于狼毒的种苗定居，为其入侵扩散提供了机会。

3.4.5.2 狼毒冠下与冠外生境

植物散布的种子在种源附近的空间分布被称为“种子影（Seed shadow）”（Janzen，1971）。有研究表明，大多数植物物种，其种子在种群之间、种群内部不同个体间和个体周围不同区域的发芽程度是不同的（Fenner，2000）。这种差异部分来自植物的遗传因素，而很大程度上由于不同种子所处的微生境差异所引起（Hulme，1997）。研究显示，狼毒具有近母株种子散布特征，也就是大部分狼毒种子成熟后将散落在母株周围，因此，狼毒母株的存在势必会对其种苗萌发和定居产生显著影响。Cheng et al.（2014）研究发现，狼毒能为其邻近植物提供“避难所”，阻止这些植物被牲畜采食，以此能维持草地群落的物种多样性。夏建强（2021）研究表明，狼毒种子在其冠下生境的出苗率略高于冠外；但是，其种苗的成苗率显著低于冠外，种苗的成长表现也略逊于冠外，如株高和叶片数等。这表明狼毒冠下生境尽管有利于该植物种子的萌发出苗，但并不利于其种苗的成长定

居（夏建强，2021）。

研究显示，水分是影响植物存活、生长和分布的主要限制因子之一（王克勤和王斌瑞，2002）。夏建强（2021）的研究结果也表明，狼毒冠下土壤的含水量显著低于冠外土壤，因此，狼毒冠下不利于其种苗存活可能与土壤水分的匮乏有关。除水分之外，狼毒冠下土壤的pH值显著低于株丛外围土壤。因此，土壤化学性质的差异以及由此所引起的微生境养分差异也可能是影响狼毒种苗存活的重要因素。除此之外，狼毒冠下遮阴可能是影响其种苗发育成长的另一生境因子。遮阴能够使植物的气孔导度降低、光合作用减弱和生长发育延缓（刘贤赵等，2001）。因此，在狼毒株丛冠下生境，其种苗成苗率的降低可能与光质量和数量的锐减密切相关（夏建强，2021）。

此外，狼毒有很强的异株克生或化感作用。周淑清等（1998）通过生物测定和实地调查发现，狼毒植株对20种可饲用的植物有不同程度的化感作用，但狼毒对自身种子萌发和成长影响的研究尚未见报道。夏建强（2021）所发现的狼毒幼苗在其冠下生境中的成苗率相比冠外生境低，这是否与狼毒的自毒作用有关，需要进一步研究证实。Forcier（1975）认为，植物间的相互影响以竞争为主，而这种相互作用通常被认为是消极的。因此，狼毒母株与幼苗之间可能存在不对称竞争关系，进而影响其幼苗的生长发育，导致种苗的成苗率降低。总体来说，狼毒冠下生境尽管有利于其种子的萌发，但萌发后幼苗的生长发育会遇到多种环境因子的限制（如光照、水分和营养等），从而能显著抑制其种苗的存活和定居。因此，狼毒母株并不能为其幼苗定居提供最有利的生境条件。

参考文献

陈迪马，2006. 天山云杉天然更新微生境及其幼苗格局与动态分析[D]. 乌鲁木齐：新疆农业大学.

杜道，陈昊天，梁伟玲，等，2021. 射干种子萌发抑制物特性研究[J]. 河北农业科学，25（6）：71-75.

段北星，蔡体久，宋浩，等，2020. 寒温带兴安落叶松林凋落物层对土壤呼吸的影响[J]. 生态学报，40（4）：1357-1366.

傅强，杨期和，叶万辉，2003. 种子休眠的解除方法[J]. 基因组学与应用生物学，3（3）：230-234.
何峰，王堃，万里强，等，2012. 立枯物和凋落物对土壤微环境及植物生长的影响[J]. 中国草地学报，34（5）：19-23.
蔺吉祥，盛后财，邵帅，等，2014. 松嫩草地不同成熟度羊草种子对土壤埋深的生态响应[J]. 草地学报，22（1）：52-56.
刘贤赵，康绍忠，周吉福，2001. 遮阴对作物生长影响的研究进展[J]. 干旱地区农业研究，19（4）：65-73.
潘开文，何静，吴宁，2004. 森林凋落物对林地微生境的影响[J]. 应用生态学报，15（1）：153-158.
彭闪江，黄忠良，彭少麟，等，2004. 植物天然更新过程中种子和幼苗死亡的影响因素[J]. 广西植物，24（2）：113-121.
秦先燕，谢永宏，陈心胜，2010. 湿地植物间竞争和促进互作的研究进展[J]. 生态学杂志，29（1）：117-123.
苏嫄，焦菊英，王志杰，2014. 陕北黄土丘陵沟壑区坡沟立地环境下幼苗的存活特征[J]. 植物生态学报，38（7）：694-709.
滕英姿，顾益银，张鑫，等，2022. 种子休眠机理及高温胁迫对种子萌发影响研究进展[J/OL]. 分子植物育种：https://kns.cnki.net/kcms/detail/detail.aspx?dbcode=CAPJ&dbname=CAPJLAST&filename=FZZW2022022100P&uniplatform=NZKPT&v=zovg2PWufFlsql64npUCbo1s6w9VxIZeWWwR7MKfcTvInvbpOykYmK-WGxu2q4zE.
王靖靖，余玲，朱恭，等，2018. 几种环境因子对黄花矶松种子萌发的影响[J]. 草业科学，35（7）：1661-1669.
王克勤，王斌瑞，2002. 黄土高原刺槐林间伐改造研究[J]. 应用生态学报（1）：11-15.
吴承祯，洪伟，姜志林，等，2000. 我国森林凋落物研究进展[J]. 江西农业大学学报，22（3）：405-410.
伍贤进，蒋向辉，张俭，等，2006. 鱼腥草适宜播种时间的研究[J]. 怀化学院学报（自然科学）（5）：29-31.
夏建强，2021. 高寒退化草地狼毒种苗定居的微生境选择研究[D]. 兰州：甘肃农业大学.

夏建强，张勃，李佳欣，等，2021. 高寒草地凋落物覆盖对狼毒生长微环境及种苗定居的影响[J]. 草地学报，29（9）：1909-1915.

邢福，2002. 东北退化草原狼毒种群生活史对策研究[D]. 吉林：东北师范大学.

邢福，郭继勋，王艳红，2003. 狼毒种子萌发特性与种群更新机制的研究[J]. 应用生态学报，14（11）：1851-1854.

羊留冬，杨燕，王根绪，等，2010. 森林凋落物对种子萌发与幼苗生长的影响[J]. 生态学杂志，29（9）：1820-1826.

杨立文，石清峰，1997. 太行山主要植被枯枝落叶层的水文作用[J]. 林业科学研究（3）：60-65.

杨楠，曹亚从，魏兵强，等，2022. 种子萌发和休眠的研究进展[J]. 植物遗传资源学报（5）：1249-1257.

杨善云，2004. 沙打旺与狼毒之间化感作用的研究[D]. 杨凌：西北农林科技大学.

于顺利，蒋高明，2003. 土壤种子库的研究进展及若干研究热点[J]. 植物生态学报，27（4）：552-560.

张佳宁，刘坤，2014. 植物调节萌发时间和萌发地点的机制[J]. 草业学报，23（1）：328-338.

赵成章，樊胜岳，殷翠琴，等，2004. 毒杂草型退化草地植被群落特征的研究[J]. 中国沙漠（4）：129-134.

赵冲，蔡一冰，黄晓，等，2019. 杉木凋落物覆盖对自身幼苗出土和早期生长的影响[J]. 应用生态学报，30（2）：481-488.

周淑清，黄祖杰，1998. 狼毒异株克生现象的初步研究[J]. 中国草地学报（4）：52-55.

朱金文，董祺瑞，刘冰，等，2014. 土壤水分、淹水深度与盖土厚度对抗药性耳叶水苋种子出苗的影响[J]. 杂草学报，32（1）：39-41.

朱静，刘金福，何中声，等，2020. 凋落物物理阻隔对格氏栲种子萌发及胚根生长的影响[J]. 生态学报，40（16）：183-190.

BENVENUTI S，MACCHIA M，1995. Effect of hypoxia on buried weed seed germination[J]. Weed Research，35（5）：343-351.

BREWER S W，WEBB M A H，2001. Ignorant seed predators and factors affecting the seed survival of a tropical palm[J]. Oikos，93（1）：32–41.

BU H Y，REN Q J，XIU X L，et al.，2008. Seed germinating characteristics of 54 gramineous species in the alpine meadow on the eastern Qinghai-Tibet Platea[J]. Frontiers of Biology in China，3（2）：187–193.

BULLOCK K，2000. The changing role of grandparents in rural families：the results of an exploratory study in southeastern North Carolina[J]. Families in Society the Journal of Contemporary Human Services，85（1）：45–54.

CHENG W，SUN G，DU L F，et al.，2014. Unpalatable weed *Stellera chamaejasme* L. provides biotic refuge for neighboring species and conserves plant diversity in overgrazing alpine meadows on the Tibetan Plateau in China[J]. Journal of Mountain Science，11（3）：746–754.

DENT D H，BURSLEM D F R P，2009. Performance trade-offs driven by morphological plasticity contribute to habitat specialization of bornean tree species[J]. Biotropica，41（4）：424–434.

ECKSTEIN R L，DONATH T W，2010. Interactions between litter and water availability affect seedling emergence in four familial pairs of floodplain species[J]. Journal of Ecology，93（4）：807–816.

FACELLI J M，PICKETT S T A，1991. Plant litter：light Interception and effects on an old-field plant community[J]. Ecology，72（3）：1024–1031.

FAROOQ M，HUSSAIN M，IMRAN M，et al.，2019. Improving the productivity and profitability of late sown chickpea by seed priming[J]. International Journal of Plant Production，13（2）：129–139.

FENNER M，2000. Seeds：the ecology of regeneration in plant communities[J]. Journal of Ecology，81（2）：1–17.

FENNER M，THOMPSON K，2005. The ecology of seeds[M]. Cambridge：Cambridge University press.

FERRISE R，TRIOSSI A，STRATONOVITCH P，et al.，2010. Sowing date and nitrogen fertilization effects on dry matter and nitrogen dynamics for durum wheat：an experimental and simulation study[J]. Field Crops Research，117（2）：245–257.

FORCIER LK，1975. Reproductive strategies and the co-occurrence of climax tree species[J]. Science，189（4205）：808-810.

GILL D S，MARKS P L，1991. Tree and shrub seedling colonization of old-fields in central New York[J]. Ecological Monographs，61（2）：183-205.

GOLDBERG D E，1987. Seedling colonization of experimental gaps in two old-field communities[J]. Bulletin of the Torrey Botanical Club，114（2）：139-148.

GRAEBER K，NAKABAYASHI K，MIATTON E，et al.，2012. Molecular mechanisms of seed dormancy[J]. Plant Cell & Environment，35（10）：1769-1786.

GRIME K，1983. A comparative study of germination responses to diurnally-fluctuating temperatures[J]. Journal of Applied Ecology，20（1）：141-156.

GRUBB P J，LEE W G，WILSON J K B，et al.，1996. Interaction of irradiance and soil nutrient supply on growth of seedlings of ten European tall-shrub species and *Fagus sylvatica*[J]. Journal of Ecology，84（6）：827-840.

GUO L，ZHAO H，ZHAI X，et al.，2021. Study on life histroy traits of *Stellera chamaejasme* provide insights into its control on degraded typical steppe[J]. Journal of Environmental Management，291（4）：112-716.

HAGON M W，1976. Germination and dormancy of *Themeda australis*，*Danthonia* spp.，*Stipa bigeniculata* and *Bothriochloa macra*[J]. Australian Journal of Botany，24（3）：319-327.

HARPER J L，1977. Population biology of plants[M]. London：Academic press.

HOWLETT B E，DAVIDSON D W，2001. Herbivory on planted diptero-carp seedlings in secondary logged forests and primary forests of Sabah，Malaysia[J]. Journal of Tropical Ecology，17（2）：285-302.

HULME P E，1997. Post-dispersal seed predation and the establishment of vertebrate dispersed plants in Mediterranean scrublands[J]. Oecologia，111（1）：91-98.

JANZEN D H，1971. Euglossine bees as long-distance pollinators of tropical plants[J]. Science，171（3967）：203-205.

KUULUVAINEN T，JUNTUNEN D，1998. Seedling establishment in relation to microhabitat variation in a windthrow gap in a boreal *Pinus sylvestris* forest[J].

Journal of Vegetation Science，9（4）：551–562.

LI Z，LIN Y，PENG S，2000. Nutrient content in litterfall and its translocation in plantation forest in south China[J]. The Journal of Applied Ecology，11（3）：321–326.

MARION S R，ORTH R J，FONSECA M，et al.，2021. Correction to：seed burial alleviates wave energy constraints on *Zostera marina*（eelgrass）seedling establishment at restoration-relevant scales[J]. Estuaries and Coasts，44（2）：352–366.

MAUN M A，1994. Adaptations enhancing survival and establishment of seedlings on coastal dune systems[J]. Vegetatio，111（1）：59–70.

MILBERG P，LAMONT B B，PÉREZ-FERNÁNDEZ M A，1999. Survival and growth of native exotic composites in response to a nutrient gradient[J]. Plant Ecology，145（1）：125–132.

MYSTER R W，2004. Contrasting litter effects on old field tree germination and emergence[J]. Vegetatio，114（2）：169–174.

PENUELAS J，PRIETO P，BEIER C，et al.，2007. Response of plant species richness and primary productivity in shrublands along a north-south gradient in Europe to seven years of experimental warming and drought：reductions in primary productivity in the heat and drought year of 2003[J]. Global Change Biology，13（12）：2563–2581.

POETHIG R S，2003. Phase change and the regulation of developmental timing in plants[J]. Science，301（5631）：334–336.

RAMULA S，KNIGHT T M，BURNS J H，et al.，2008 . General guidelines for invasive plant management based on comparative demography of invasive and native plant populations[J]. Journal of Applied Ecology，45（4）：1124–1133.

RIACH M S，1981. Morphology of caryopses，seedlings and seedling emergence of the grass *Calamovilfa longifolia* from various depths in sand[J]. Oecologia，49（1）：137–142.

SHAH F，COULTER J A，YE C，et al.，2020. Yield penalty due to delayed sowing of winter wheat and the mitigatory role of increased seeding rate[J].

European Journal of Agronomy, 119: 126120.

SILVERTOWN J, SMITH B, 1988. Gaps in the canopy: the missing dimension in vegetation dynamics[J]. Plant Ecology, 77（1）: 57–60.

SULTAN S E, 2000. Phenotypic plasticity for plant development, function and life history[J]. Trends in Plant Science, 5（12）: 537–542.

VIVIAN-SMITH G, 1997. Microtopographic heterogeneity and floristic diversity in experimental wetland communities[J]. Journal of Ecology, 85（1）: 71–82.

WEINER J, 1988. The influence of competition on plant reproduction[M]. Oxford: Oxford university Press: 228–245.

WU G L, DU G Z, 2007. Germination is related to seed mass in grasses（Poaceae）of the eastern Qinghai-Tibetan Plateau, China[J]. Nordic Journal of Botany, 25（5–6）: 361–365.

XIONG S J, NILSSON C, 1999. The effects of plant litter on vegetation: a meta-analysis[J]. Journal of Ecology, 87（6）: 984–994.

YANG L, LIU S, LIN R, 2020. The role of light in regulating seed dormancy and germination[J]. Journal of Integrative Plant Biology, 62（9）: 1310–1326.

ZHAO BY, LIU ZY, LU H, et al., 2010. Damage and control of poisonous weeds in western grassland of China[J]. Agricultural Sciences in China, 9（10）: 1512–1521.

4 狼毒的繁育系统特征

植物繁育系统（Breeding system）是指控制一个植物种群异交或自交相对频率的各种生理和形态机制（Heywood，1978）。繁育系统代表了影响植物后代遗传组成的所有繁殖特征，这些特征主要包括花部形态（如花大小、形状、结构和颜色等）、花气味、花开放式样（如花展示和花布置）（Cursach & Rita，2012）、花各器官寿命以及交配系统，还包括植物的传粉者种类和频率等（何亚平和刘建全，2003）。繁育系统中，植物的繁殖相关性状与其环境因子（生物和非生物因子）互作影响着植物后代的遗传组成和适合度（李鹂和党承林，2007）。在自然界中，植物为了适应各种各样的生境，演化形成了多样的繁育系统特征，其主要可分为无性繁殖系统和有性繁殖系统两大类型。系统地了解植物的繁育特性是认识植物生活史的前提，也是开展植物其他相关研究所必需依赖的基本知识背景（张丙林等，2006)。

植物交配系统（Mating system）是其繁育系统的核心，是指植物通过有性繁殖将基因从一代传递到下一代的模式，包括控制配子结合以形成合子的所有属性（Barrett & Eckert，1990）。简言之，植物交配系统主要关注一个植物种群内谁与谁交配以及交配的频率，即自交或异交及其相对比率（即自交和异交率）。植物的交配系统不仅决定了基因在世代间的传递，影响种群未来世代的基因型频率、遗传多样性水平，而且还影响基因在种群中的行为、种群有效大小（Effective size）、基因流以及选择等其他进化因素（何田华和葛颂，2001）。因此，交配系统特征是生活史特征中影响植物宏观进化最大的因素，研究交配系统对了解该植物的环境适应及其进化具有重要意义。母本的自交率和父本的繁殖成功率是影响交配系统的重要因素，其中自交率（异交率）是植物交配系统的集中反映（张大勇，2004）。异交植物因能避免自交或近交衰退（Inbreeding depression）（Harwood & Thinh，2004），其后代具有较高的适合度和遗传多样性水平（张大勇和姜新华，

2001；Mable & Adam，2007）。因此，异交被认为是开花植物最为有利的交配系统类型（Nasrallah，2017）。

狼毒被认为是草地退化的指示性物种，有性繁殖（种子）是其种群更新的唯一方式。本章全面阐述了狼毒的繁育系统特征，包括其花（序）形态结构、花粉活力、柱头可授性、自交（或异交）结实率以及开花物候和花寿命特征等，以理解狼毒的繁殖过程和生态适应性，进而对理解狼毒型草地退化的生态机制并提出科学的生态防控措施具有重要的启示和实践意义。

4.1 狼毒的花（序）形态与结构

4.1.1 狼毒花与花序形态

狼毒的花序为头状花序，每个花序头平均着生25～30个小花。在狼毒自然种群中，其花（序）颜色已发现有红白色、黄白色、纯红（或紫）色和纯黄色4种。在同一种群内，狼毒的花颜色通常为一种。红白色花，花萼管为红色，花萼瓣为白色（彩图4-1A）；纯黄色花型，花萼筒和裂片均为黄色（彩图4-1B）；黄白花型，具有黄色花萼筒和白色裂片（彩图4-1C）；纯红色花型，花萼筒和裂片均为红色或紫红色。

4.1.2 狼毒花（序）结构性状

骆望龙等（2020）通过比较我国祁连山东缘高寒草地狼毒种群和西南横断山地区2个不同花色的狼毒种群发现，花（序）性状在不同种群间存在极显著差异（表4-1）。在祁连山东缘高寒草地，狼毒（天祝）种群的单株丛花序数平均为（15.44 ± 1.13）个，在横断山区丽江种群，其单株丛花序数平均为（7.81 ± 0.81）个，二者存在极显著差异（P<0.001）。狼毒的花序头直径在两个种群分别为（28.60 ± 0.24）mm和（30.46 ± 0.28）mm，二者也存在显著差异。天祝种群的单花序小花数平均为（25.73 ± 0.65）个，低于丽江种群的（28.89 ± 0.77）个。狼毒的花序高度，即株高在丽江种群为（27.37 ± 0.50）cm，天祝种群为（19.41 ± 0.31）cm，二者存在极显著差异。

狼毒的花部结构性状在不同种群间也存在显著差异（表4-1和表4-2）。天祝种群和丽江种群的花萼筒长分别为（11.75 ± 0.10）mm和（12.88 ±

0.13）mm，花冠口直径分别为（0.55 ± 0.01）mm和（0.69 ± 0.01）mm，两性状在种群间均存在极显著差异（P<0.001）。狼毒的花柱极短，在四川炉霍和云南香格里拉的2个种群，其柱头高度分别为（0.62 ± 0.02）mm和（0.68 ± 0.22）mm。狼毒的上排花药着生于花冠口，下排花药着生于冠筒内壁中部，两排花药间平均距离为3mm。

表4-1 狼毒不同种群的花（序）性状及比较（骆望龙等，2020）

性状	天祝种群(均值 ± SE)	丽江种群(均值 ± SE)	种群间比较T值(P值)
花冠口直径（mm）	0.55 ± 0.01	0.69 ± 0.01	−10.23（<0.001）
花萼筒长（mm）	11.75 ± 0.10	12.88 ± 0.13	7.09（<0.001）
花序头直径（mm）	28.60 ± 0.24	30.46 ± 0.28	5.05（<0.001）
单花序小花数	25.73 ± 0.65	28.89 ± 0.77	3.14（<0.001）
单株丛花序数	15.44 ± 1.13	7.81 ± 0.81	5.51（<0.001）
株高（cm）	19.41 ± 0.31	27.37 ± 0.50	13.52（<0.001）

注：天祝种群位于甘肃天祝抓喜秀龙乡白石头沟（37°12′N，102°47′E）；丽江种群位于云南丽江甘海子（27°00.897′N，100°14.683′E）。

表4-2 狼毒的花结构及雌雄配子产量相关性状（Zhang et al.，2011）

特征	样本数	种群（均值 ± SE）		种群间比较（P值）
		S	L	
株（茎）高（cm）	15	25.9 ± 1.3	31.0 ± 1.3	0.012*
柱头高度（mm）	15	0.62 ± 0.02	0.68 ± 0.22	0.038*
上排花药高度（mm）	15	11.69 ± 0.22	12.83 ± 0.22	0.001*
下排花药高度（mm）	15	8.03 ± 0.14	9.23 ± 0.14	<0.000 1*
花粉管长（mm）	15	13.07 ± 0.22	13.67 ± 0.22	0.211
花粉/花	8	16 205.8 ± 2 567	—	—
胚珠/花	8	1 ± 0	—	—
花粉/胚珠	8	16 205.8	—	—

注：种群L（红白色）是中国西南部四川炉霍的一个亚高山草甸，31°23′N，100°41′E，海拔3 100m；种群S（纯黄色）是中国西南部云南香格里拉尼史村附近的高寒草甸，27°48′N，99°40′E，海拔3 275m。

4.2 狼毒的交配系统特征

依据不同的划分方法，植物的交配系统可分为许多类型，如自交、自交为主、异交（自交不亲和）、异交为主、混合交配以及随机交配和非随机交配（如选型交配）等。交配系统决定了植物的繁殖方式，因此影响植物的遗传多样性水平，进而影响植物种群的环境适应能力和进化潜力（Muyle & Marais，2016；O’hanlon et al.，2000）。狼毒具有种子繁殖特性，被认为是该植物能在草地群落，尤其是在干扰强度较大的退化草地得以入侵、定居、繁衍和进化的基础（Last et al.，2014；Lars et al.，2014）。另外，该植物具有异交特性，一方面可以保证狼毒后代的遗传多样性，避免近交衰退，提高适合度水平，有利于该植物在草地群落的入侵和扩散；但是另一方面，异交繁殖容易受环境胁迫、种群密度以及传粉者限制等生态因素的制约和影响（Davis & Mooney，2004），因此，其种群更新和扩散存在较高的环境依赖性。研究狼毒在不同生境条件下的交配系统特征，对理解狼毒种群的繁殖特性及生态适应性具有重要的科学意义。

4.2.1 狼毒交配系统检测

种群自交率和异交率是反映植物交配系统特征最核心的指标。早期，人们对植物交配系统的研究主要是通过观察和人工控制交配试验了解植物的自交亲和或不亲和性。自20世纪60年代，随着等位酶技术和分子标记技术的应用，植物交配系统研究得到突破性发展，目前采用的方法主要可分为3类，即应用特殊遗传标记估测法、混合交配模型估测法以及亲本（或父本）分析法（张大勇，2004）。本研究主要通过传统的人工控制交配试验，检测狼毒的交配系统特征，具体方法如下。

在狼毒种群盛花初期，选择开花期基本一致、处于花蕾期（待开放）、发育健康良好的狼毒花序若干，进行挂牌标记。所标记花序，随机进行以下5个不同授粉处理。

开放授粉（对照）：不去雄，不套袋，自然授粉，检测种群的自然结实率。

异花授粉：去雄后套袋，人工辅助异花授粉，然后再套袋，检测异交结实率。

自花授粉：不去雄套袋，人工辅助自花授粉，然后再套袋，检测自交亲和性及自交结实率。

自主（或主动）自交：不去雄，开花前套袋，检测是否存在自主自交结实现象。

无融合（单性）结实：去雄后不授粉进行套袋，检测是否存在无融合或单性结实现象。

待各处理花序（或小花）坐果后，统计其结籽数，并计算结实率（结籽数/处理花朵数）。因为狼毒的一朵小花内仅有一个胚珠，因此，此处计算的结实率实际上也等于坐果率。本试验中，异花授粉处理所估测的是狼毒在异花授粉条件下的结实率，而非自然异交率。通过控制交配方式检测自然异交率时，需要对狼毒的花（序）先去雄，然后不套袋开放授粉。但是，狼毒的花为管状花，去雄时会不可避免地破坏花结构，因此去雄操作会影响传粉昆虫的自然访花，故未能有效估测狼毒的自然异交（结实）率。

自交不亲和性指数（Index of self-incompatibility，ISI）为自交坐果率与异交坐果率的比值。ISI=0，表示完全自交不亲和，ISI=0～0.2，表示自交不亲和，ISI=0.2～1，表示部分自交不亲和，ISI>1，表示自交亲和（Zapata & Arroyo，1978）。

4.2.2 狼毒的雌、雄蕊及活力特性

狼毒的每朵小花内只产生一个胚珠，雄蕊上下两排，共产生10枚花药，每朵小花产生（16 205.8 ± 2 567）个花粉粒，其花粉/胚珠比（即P/O比）为16 205.8（表4-2）。狼毒的柱头可授性与花粉活力，如图4-1所示。花开后，狼毒的柱头即具有可授性，花药也同时开裂。开花第1～7天，柱头可授性能保持在100%，第8天下降到50%，此后直至开花后第11天，柱头可授性逐渐降至0。狼毒花粉活力在花刚开放时最高，约70%，此后逐渐降低。开花第1～5天能保持在较高水平（>60%），从第7天开始下降速率较快，第10天降到40%以下。骆望龙等（2020）通过MTT染色对高寒草甸狼毒的花粉活力检测发现，狼毒的花粉活力总体较高，且花粉寿命维持时间很长。狼毒开花后1～10d内，其花粉活力能保持在高水平，甚至在花开败后仍有一定活力。显然，狼毒单花在整个开放期，其花粉均能保持一定的活力水平，即授粉受精能力。

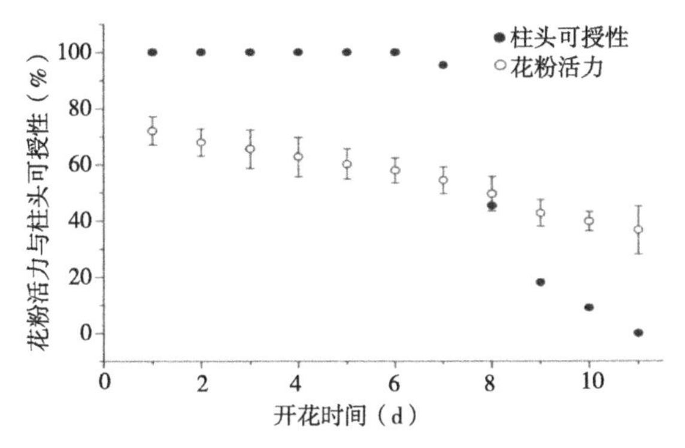

图4-1　狼毒柱头可授性及花粉活力（Zhang et al.，2011）

4.2.3　狼毒在不同交配方式下结实率

通过对多个狼毒种群研究发现，狼毒的结实率在不同授粉处理或交配方式下存在显著差异；但是，不同交配方式下的结实率在3个不同地理分布种群表现出相同的变异格局，结果如图4-2和图4-3所示。骆望龙等（2020）的研究表明，狼毒在自然授粉和人工异花授粉处理下的结实率均最高，两种处理之间无显著差异。但是，Zhang et al.（2011）在狼毒另一黄花种群研究表明，狼毒在人工异交处理下的结实率显著高于自然授粉。各项研究均表明，狼毒在自花授粉处理下的结籽率，即自交结实率接近于0，其自交不亲和性指数（ISI）为0.02，表明狼毒具有自交不亲和性。另外，通过不去雄套袋和去雄套袋处理发现，狼毒不具有自主自交繁殖和无融合生殖现象。

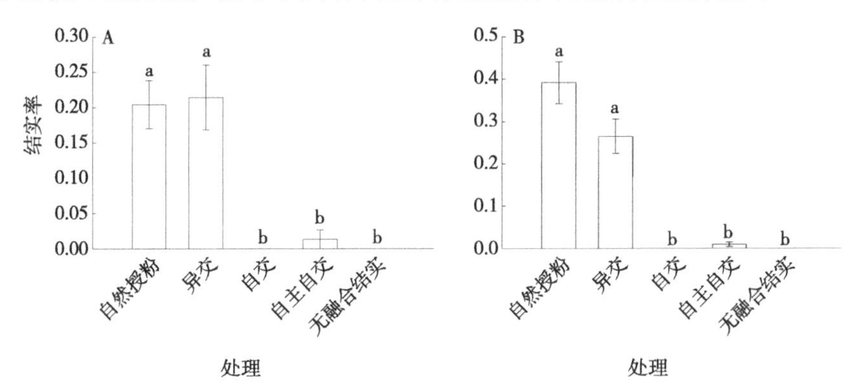

图4-2　两个狼毒种群在不同授粉处理下的结实率（骆望龙等，2020）

注：A丽江狼毒（黄花）种群；B天祝狼毒（红白花）种群。不同小写字母表示差异显著（$P<0.05$）。

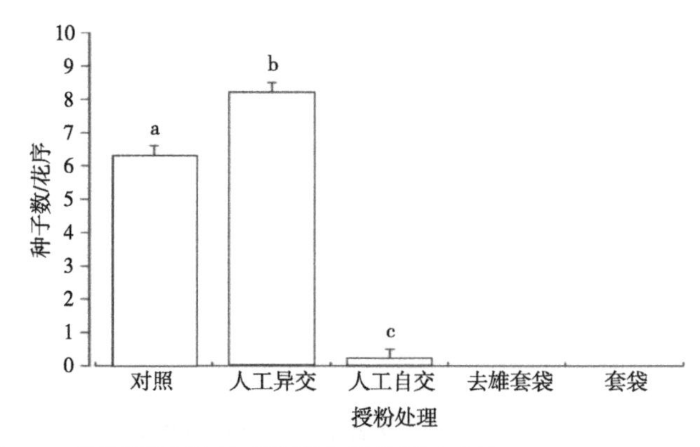

图4-3　不同授粉处理对狼毒坐果的影响（Zhang et al.，2011）

4.2.4　狼毒的异交与种群扩散

异交能避免植物的近交衰退（Inbreeding depression）（Harwood，2004），并能维持植物种群较高水平的遗传多样性，被认为是开花植物最有利的交配系统类型（Nasrallah，2017）。自交不亲和系统（Self-incompatibility）是保证植物异交的一种遗传机制，被认为是一个物种交配系统的质量性状，即具有自交不亲和系统的植物属于专性异交植物（Stephenson，2000；Stone，2006）。

植物交配系统不仅影响种群的进化潜力（Muyle，2016），还决定着开花植物的入侵和扩散能力。进化生态学研究表明，植物的交配系统特征与其散布（Dispersal）能力之间存在进化关联性。贝克法则（Baker's law）认为，具有自交亲和或自主授精特征的植物最易成为入侵物种，而自交不亲和植物，其繁殖往往受交配限制，例如传粉者缺乏和花粉限制等的影响，因此极难成为入侵物种（Baker，1967；1974）。然而，Auld et al.（2013）研究认为，自然界中普遍存在着"异交与散布"和"近交与不散布"两大进化综合征，并得到了大量的理论证据支持。同时认为，贝克法则所认为的"近交与散布"可能是进化上的例外，仅代表了一部分植物特有的进化适应。

狼毒作为退化草地典型的有毒植物，其繁育系统特征是影响该物种在草地群落广泛入侵和扩散的一个重要因素。目前的研究表明，狼毒种群具有自交不亲和或完全自交不亲和交配系统（Zhang et al.，2011；骆望龙等，2020），其繁殖完全依赖昆虫传粉而实现。近年来，狼毒在退化草地大面

积入侵、扩散（Zhao et al.，2010），这显然与贝克法则所预测的情形（即异交不利于扩散）并不一致。诚然，并非所有的自交不亲和植物都会受到交配限制而影响其入侵和扩散。相反，如果繁殖保障不是一个限制因素，例如入侵物种拥有大量初始入侵个体或为多次引种的入侵者，其较高的异交率可通过促进植物对异质环境的快速适应，反而有利于入侵成功（Verhoeven et al.，2010）。种群迁移与定居理论认为，只有当定居者很少时，自交才是有利的；而在高密度种群，定居者可以克服Allee效应（即种群在低密度时个体适合度与其密度之间的一种正相关关系），并保证较高的异交繁殖成功率（Pannell & Barrett，1998；Cheptou，2012）。狼毒作为典型的自交不亲和植物，能在退化草地大面积入侵扩散可能有以下几方面原因。首先，狼毒属于多年生植物，个体成功定居后，可以在其漫长的生活史期间等待繁殖（或授粉）机会，如花粉流或其他入侵定居个体作为配偶。其次，狼毒具有泛化的传粉系统，其传粉者类群多样，因此能保证狼毒的繁殖在其扩散过程中不受传粉者限制。最后，狼毒的异交繁育特性，一方面能维持和保障狼毒种群拥有较高的遗传多样性，从而增强了该植物对异质环境及生境变化的适应能力；另一方面，自交不亲和系统有效避免了狼毒的近交衰退，使其产生的后代相比其他草地植物具有更强的竞争优势，增强了该物种的入侵能力。

4.3 狼毒的开花物候

开花物候（Flowering phenology）是植物重要的生活史特征之一，指植物在群落、种群和个体水平开花繁殖的季节性发生，因此开花物候代表了植物在不同生物尺度（Biological scale）上的繁殖行为（Harder & Barrett，2006）。植物的开花物候强调种群内部分个体相对于其他个体、或在群落内相对于其他物种在特定时间开花的适应性（马文宝等，2008），在一定程度上反映了植物对特定生境的繁殖策略（李志成等，2013；Sercu et al.，2021）。开花物候是了解和认识植物的传粉、繁育系统以及生殖成功的基础（马文宝等，2008），其核心是研究植物的开花式样与生物和非生物因子间的关系，也包括植物开花的遗传基础、自然选择及其适应意义（郭春燕等，2012）。开花物候作为一种生活史性状，显著影响植物的繁殖成功，因此必然受到强烈的选择作用。从多个水平上探究植物的开花物候特征及其时空变异性，揭示植物开花时间进化的选择压力（李欣蓉等，2006；Primack，1985；Bawa et al.，2003），对全面理解植物开花物候特征的进化与适应性具有重要科学意义。

4.3.1 开花物候研究方法

在狼毒的自然种群开花初期，随机选取未开花的狼毒个体（也称为狼毒株丛），然后标记选取个体的每个花序，同时记录每个个体的花序数和每个花序的小花数。当个体内的花序开始开花时记录日期，自此每天记录标记个体和花序的开花数，直到最后一个花序萎蔫并记录日期。最后，统计每个花序的种子数。

4.3.1.1 狼毒开花物候观测

花序水平的开花物候观测：狼毒花序内第一朵小花开花的日期为该花序的始花期（始花，彩图4-2A）（First flowering date）；花序内小花开花数达到50%左右的日期为该花序的开花高峰期（Peak flowering date）（半花，彩图4-2B）；花序内最后一朵小花开放的日期为该花序的终花期（Last flowering date）（全花，彩图4-2C）；花序内最后一朵小花开败的日期为该花序的凋谢期（Fade date）（彩图4-2D）。

个体水平的开花物候观测：狼毒某一个体或株丛内第一个花序开花的日期为该个体的始花期，个体内50%的花序开花的日期为该个体开花高峰期，个体内50%的花序达到全开状态的日期为该个体的盛花期，个体内最后一个花序的终花期，即最后一朵小花开放的日期为该个体的终花期。

种群水平的开花物候观测：种群中5%的狼毒个体开花时的日期为种群的始花期，50%的个体达到开花高峰时的日期为种群开花盛花期，95%的个体开花结束时的日期视为种群的终花期。

4.3.1.2 狼毒开花物候相关参数

开花持续时间（Flowering duration）：也称为花期持续时间，是某一植物从始花到最后一朵花（即终花）开放所经历的时间。始花期统计参考Pickering（1995）的方法。

开花振幅（Flowering amplitude）：个体水平的开花振幅，即平均每株（或个体）单位时间内的开花数，用开花数/（株·d）表示；花序水平的开花振幅，即平均每个花序单位时间的开花数，用开花数/（花序·d）表示。

开花同步指数（Flowering synchrony index）：用于检测植物开花的同步性高低（Mcintosh，2002）。计算时分个体水平和花序水平。

$$S_i = \frac{1}{n-1}\left(\frac{1}{f_i}\right)\sum_{j=i}^{n} e_{j\neq i}$$

式中，f_i表示个体i开花的总时间（d），e_j表示个体i和j花期重叠时间（d），n表示标记的个体总数。S_i的变异范围为0～1：“0”表示种群内个体和花序的花期无重叠，“1”则表示完全重叠，一个样地中所有个体和花序S的平均值为一个样地的开花同步性指数。

相对开花强度（Relative flowering intensity）：某个体植株的相对开花强度等于该植株开花高峰日开放的花数与种群中各植株在其开花高峰日产生的最大（单株）花数之比（马文宝，2007）。

4.3.2 狼毒的开花物候特征

李佳欣（2021）在祁连山东缘高寒草甸研究了狼毒种群的开花物候，该种群在不同水平（即种群、个体和花序）的开花物候特征，如表4-3所示。研究结果表明，该狼毒种群的始花期在6月中下旬，花期持续至7月下旬甚至8月初，即在种群水平的开花持续时间或花期为35d。在个体水平上，狼毒的开花持续时间平均为（18.97±0.47）d，其中最短开花持续时间为9d，最长开花持续时间为28d，个体水平的开花振幅和开花同步指数分别为（1.22±0.06）开花数/（株·d）和（0.86±0.02）。在花序水平，狼毒的开花持续时间为（9.80±0.10）d，其开花振幅和开花同步指数分别为（3.05±0.03）开花数/（花序·d）和（0.78±0.01）。

表4-3 狼毒种群、个体和花序水平的开花物候（李佳欣，2021）

观测项目	种群水平	个体水平	花序水平
始花期	6月22日	6月30日	7月3日
开花高峰期	7月2日	7月4日	7月5日

（续表）

观测项目	种群水平	个体水平	花序水平
开花持续时间平均值 ± SE	35	18.97 ± 0.47	9.80 ± 0.10
开花振幅平均值 ± SE	—	1.22 ± 0.06	3.05 ± 0.03
开花同步指数平均值 ± SE	—	0.86 ± 0.02	0.78 ± 0.01
终花期	7月27日	7月19日	7月13日

4.3.3 狼毒的开花动态

在高寒草地，狼毒种群在不同水平（即个体、花序和小花）的开花动态，如图4-4所示。个体水平上，狼毒种群在开花后第1～5天，开花个体的比例占总开花个体的18.60%，第6～15天开花个体所占的比例最大，占总开花个体的67.45%。随后，狼毒种群内开花个体的比例下降，在第16～31天，开花个体占总开花个体的13.95%，开花过程长达31d（图4-4A）。在花序水平，狼毒种群在开花后第1～10天，开放花序的比例占总开花花序的23.03%，第11～15天开花比例最大，占总开花花序的48.15%。随后，狼毒开花花序比例逐渐下降，第16～25天的开花花序比例占总开花花序的24.87%，第26～36天的开花花序的比例占总开花花序的3.95%，开花过程长达36d（图4-4B）。狼毒花序上小花的开花动态如图4-4C所示，在花序始花后（2.25 ± 0.03）d，该花序进入半花期；花序从半花期到全花期的时长，平均为（7.55 ± 0.09）d，从全花期到凋谢期的平均时长为（10.89 ± 0.08）d。

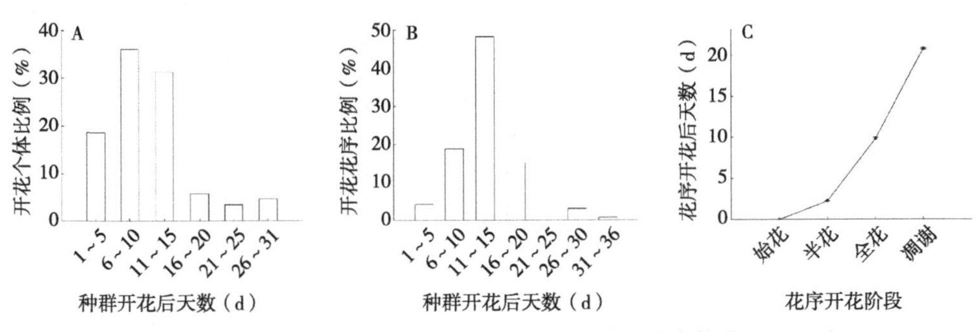

图4-4 狼毒种群个体、花序和小花的开花动态（李佳欣，2021）

4.3.4 狼毒的开花强度

相对开花强度是反映植物花资源空间分布的一个指标，可以影响植物花粉的运动模式（郭春燕等，2012）。自然界中，多数植物具有较低的相对开花强度，如银沙槐（*Ammodendron argenteum*）、准噶尔无叶豆（*Eremosparton songoricum*）和裸果木（*Gymnocarpos przewalskii*）等。有些植物能表现出高、低两种开花强度分异趋势，例如长柄双花木（*Disanthus cercidifolius*）（郭春燕，2012）。李佳欣等（2021）研究表明，狼毒的相对开花强度总体较低，种群内不同个体的相对开花强度主要集中在20%～40%，其占比（即分布频率）大于55%；开花强度小于20%的个体约占10%；开花强度在50%～70%的个体，占比不到25%；开花强度在80%以上的个体，其占比不到5%，表明狼毒种群内只有少数个体呈现出强烈开花（图4-5）。

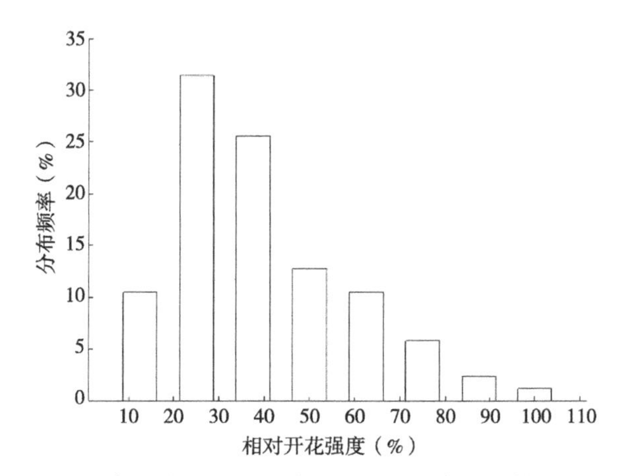

图4-5 狼毒个体的相对开花强度分布（李佳欣等，2021）

4.3.5 狼毒的开花模式及生态适应性

植物为适应特定的生境，演化出了不同的开花模式，主要分为“集中开花模式（Mass-flowering pattern）”和“持续开花模式（Continuous-flowering pattern）”两种。具有“集中开花模式”的物种，其个体每天或一个星期左右产生大量新花，集中开放，“持续开花模式”物种的个体基本上每天或几个星期产生少量新花（李志成，2013；马文宝，2007）。李佳欣等（2021）研究表明，狼毒每年开花1次，且只有1个开花高峰。在花序水平上，狼毒开花高峰发生在种群开花后第11～15天。在这5d内，狼毒开花花序占种群总花序的48.15%，开花同步指数达到了0.78。在个体水平上，狼毒在种群开花后的第6～15天集中开花，开花个体比例占67.45%，开花同步指数达到了0.86，这与“集中开花模式”植物准噶尔无叶豆（*Eremosparton songoricum*）（马文宝，2008）和银沙槐（*Ammodendron argenteum*）（李志成，2013）的开花同步指数相当；二者的开花同步指数分别为0.84和0.87，说明狼毒的开花模式也属于“集中开花模式”。肖宜安等（2004）认为，“集中开花模式”是植物在恶劣生境选择压力下形成的一种对环境的适应策略。一方面，集中开花能使植物种群在短时间内大量开花，形成较大的花展示，有利于吸引足够的传粉昆虫，促进其授粉和繁殖成功（Arroyo et al.，2021）；另一方面，集中开花的植物能在短时间内大量结实，通过对捕食者的饱食效应提高其种子的生存概率（张大勇，2004）。另外，狼毒作为典型的异交植物，不同个体开花的同步性有利于异交成功，提高其繁殖适合度。因此，在高寒草地，狼毒的集中开花是为提高繁殖成功和种子生存概率，实现其适合度最大化的一种繁殖适应策略。

4.4 狼毒花寿命

花寿命（Floral longevity）是影响植物个体开花物候的重要因素，花寿命的长短在一定程度上决定了植物花展示的大小，从而影响传粉者的访花频次及花粉转移效率，最终影响植物的繁殖适合度（Fitness）（张志强和李庆军，2009）。植物的花寿命不仅受到植物开花时间、开花数量和花大小等物种自身因素的影响，还与其种群内传粉者的种类和丰富度等环境因子有关（Gao et al.，2015；Ashman & Schoen，1994；王玉贤等，2018）。研究发现，植物可通过其花寿命的表型可塑性，最大限度地获取资源并进行再分配，从而实现对有限资源的高效利用，以提高个体的适合度（Clark & Husband，2007）。如果植物维持一朵花寿命所消耗的资源低于构建一朵新花消耗的资源，且能够在花期中提供更多的传粉机会，则该种植物倾向于产生长寿命花；反之，则产生短寿命花（王玉贤等，2020）。植物在缺乏传

粉者或传粉者不稳定的情况下，通常会通过延长花寿命来避免对传粉者的竞争，提高其交配概率，保证植物的繁殖成功（高江云等，2009）。因此，延长花寿命是植物保障其繁殖成功的一种有效机制。

4.4.1 狼毒花寿命观测

4.4.1.1 狼毒不同组织水平的花寿命

花寿命或单花寿命：狼毒一朵单花或小花从开放到萎蔫所持续的时间。

花序花寿命：狼毒某一花序内第一朵小花开放到最后一朵小花萎蔫所持续的时间。

株丛花寿命：狼毒某一株丛第一个花序开花到最后一个花序的最后一朵小花萎蔫所持续的时间。

4.4.1.2 狼毒不同花期的花序花寿命

将狼毒种群的花期分为早期、中期和晚期3个阶段。早期为种群开花后1～10d，中期为种群开花后10～20d，晚期为种群开花后20～30d。在不同开花期，随机选取未开花狼毒个体，标记所选个体的每个花序，随后观察和记录每个花序的始花期和凋谢时间。最后，根据每个花序的始花期和凋谢时间计算花序花寿命。

4.4.1.3 狼毒不同花序位置的（小）花寿命

研究中，狼毒的花序被分为3个不同位置，即花序边缘（即花序底部一圈的小花，图4-6中a区域）、花序中部（即花序中间区域的小花，图4-6中b区域）和花序顶部（即花序顶部的小花，图4-6中c区域）。分布在这3个区域的小花分别称之为边缘花或边花、中花和顶花。在狼毒研究种群的不同开花期，随机选取狼毒株丛中尚未开放的花序，在同一花序上分别标记不同位置的小花各一朵，记录每个小花的开花时间和凋谢时间。待每个花序的顶花凋谢后，测量该花序的株高（植株根颈部到花序顶部的距离）。最后，根据每个小花的开花时间和凋谢时间计算花寿命。

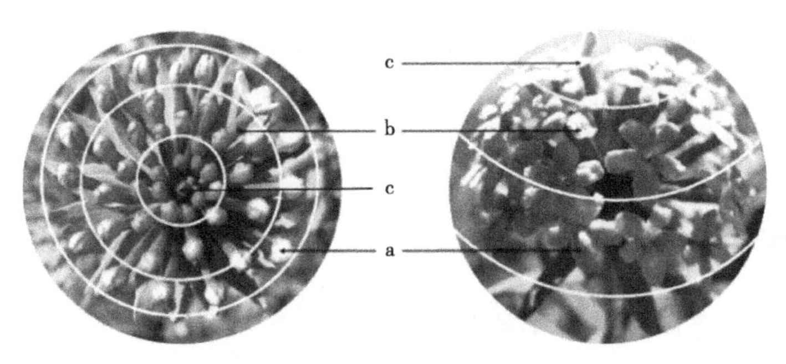

a. 边缘花；b. 中部花；c. 顶部花

图4-6　狼毒花序不同位置小花分布示意图（李佳欣等，2021）

4.4.2　狼毒花寿命及变异性

4.4.2.1　狼毒不同组织水平的花寿命

狼毒在不同组织水平即株丛、花序和小花的花寿命及其变异系数，如表4-4所示。狼毒的株丛花寿命最长，平均为28.5d；花序花寿命居中，平均为20d；小花寿命最短，平均为11d。在不同组织水平的花寿命中，小花寿命总的变异系数最大，为19.41%，明显大于花序内花寿命的变异性；花序花寿命总的变异系数为16.22%，大于株丛（个体）内不同花序花寿命的变异性（12.61%）；株丛花寿命的变异度与花序花寿命相当，其变异系数为15.37%。

表4-4　狼毒不同组织水平的花寿命及变异系数

花寿命	平均值 ± SE（d）	*CV*（%）
株丛花寿命	28.51 ± 0.48	15.37
花序花寿命（平均）	20.66 ± 0.10	16.22
花序花寿命（株丛内）	20.20 ± 0.26	12.61
小花花寿命（平均）	10.95 ± 0.13	19.41
小花花寿命（花序内）	10.95 ± 0.16	15.18

4.4.2.2 狼毒花序不同位置小花的花寿命

研究发现，狼毒花序不同位置小花的花寿命存在显著差异（图4-7）。花序边缘位置的小花，其花寿命最长，平均为（12.20 ± 0.18）d；花序中部位置的小花花寿命居中，平均为（11.35 ± 0.19）d；花序顶部位置的小花花寿命最短，平均为（9.32 ± 0.18）d。其中，花序中部小花的花寿命显著短于边缘小花的花寿命（T=3.22，P=0.001），但是显著长于花序顶部小花的花寿命（T=−7.56，P<0.001）。

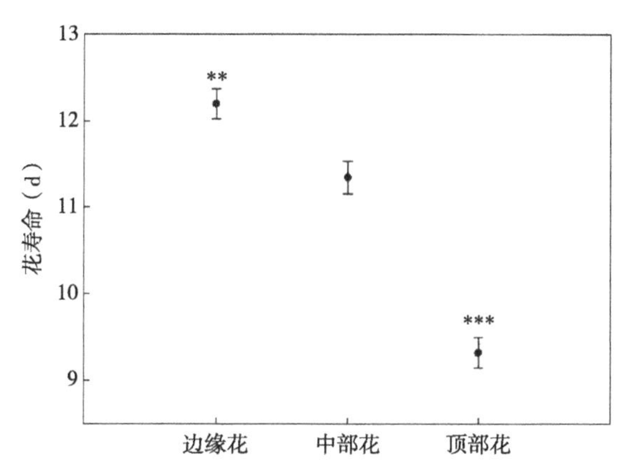

图4-7 狼毒花序不同位置小花的花寿命

注：**表示P<0.01，***表示P<0.001。

4.4.2.3 狼毒种群不同花期的花寿命

研究发现，狼毒不同开花期的花寿命存在显著差异（图4-8）。在株丛水平，狼毒种群开花早期的株丛花寿命为（30.18 ± 0.45）d，开花中期的株丛花寿命平均为（26.39 ± 0.75）d，二者存在极显著差异（T=4.51，P<0.001）；在种群开花晚期，株丛的平均花寿命为（20.33 ± 0.80）d，显著短于开花中期株丛的花寿命（T=−3.89，P<0.001）。在花序水平，狼毒种群开花早期的花序花寿命为（22.58 ± 0.17）d，比开花中期的花序花寿命平均长2d（T=11.27，P<0.001）；开花晚期的花序花寿命为（15.86 ± 0.23）d，显著短于开花早期和中期的花序花寿命（T=−15.68，P<0.001）。在单花水平上，狼毒种群早期开放的小花花寿命为平均（11.94 ± 0.18）d，显著长于

种群开花中期的小花花寿命（T=2.23，P=0.03）；开花晚期的花序花寿命为（9.48 ± 0.17）d，分别比种群开花早期和中期的单花寿命缩短2.5d和2d。

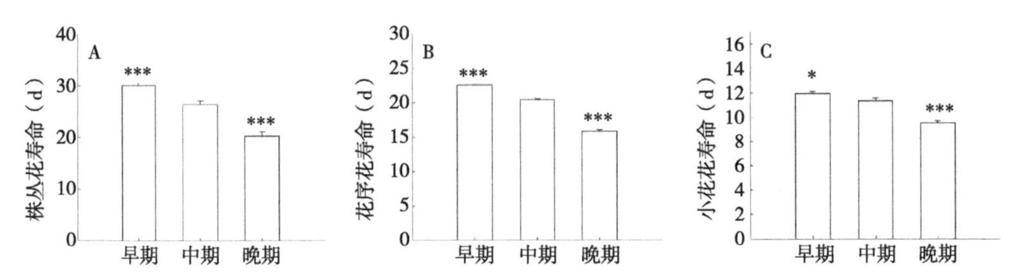

图4-8 狼毒种群不同开花期的花寿命比较

注：*表示P<0.05，***表示P<0.001。

4.4.3 狼毒花寿命的影响因素

狼毒的花（单花）寿命与株丛大小（即花序数）、花序小花数、开花期以及株丛高度之间存在不同程度的相关关系，结果如表4-5所示。单花花寿命与株丛花序数和花序小花数存在显著的正相关关系，相关系数分别为0.21（P<0.001）和0.15（P=0.016），与开花期存在极显著的负相关关系，相关系数为0.65（P<0.001）；单花寿命与株高之间不存在显著的相关关系（P=0.988）。多元回归分析表明，小花的花寿命与小花开花期存在极显著的直接负相关关系，回归系数为β=−1.45（R^2=0.400，P<0.001），即小花开花期对其花寿命产生直接影响；小花花寿命与株丛花序数（P=0.326）、花序小花数（P=0.300）以及株高（P=0.662）之间不存在直接的相关关系（图4-9）。

狼毒花序花寿命与株丛花序数、花序小花数以及开花期之间的相关关系，如表4-5所示。花序花寿命与株丛花序数和花序小花数均存在极显著的正相关关系，相关系数分别为0.11（P<0.001）和0.57（P<0.001）；然而，花序花寿命与花序始花期存在极显著的负相关关系（P<0.001）。花序花寿命与株丛花序数、花序小花数以及始花期3个性状之间的直接关系如图4-10所示。花序花寿命与花序小花数之间存在极显著的直接正相关关系，回归系数β=1.43（R^2=0.291，P<0.001），而与花序始花期之间存在极显著的直接负相关关系，回归系数β=−1.73（R^2=0.368，P<0.001）。花序花寿命与株丛花序数之间无直接的相关性（P=0.799）。

表4-5　狼毒单花和花序花寿命与花序数、花序小花数、开花期以及株高之间的相关性分析

性状	花（单花）寿命		花序花寿命	
	相关系数（r）	偏回归系数（β）	相关系数（r）	偏回归系数（β）
株丛花序数	0.21***	−0.12	0.11***	0.02
花序小花数	0.15*	−0.11	0.57***	1.43***
开（始）花期	−0.65***	−1.45***	−0.64***	−1.73***
株高	0.00	0.05	—	—

注：***表示P<0.001，**表示P<0.01，*表示P<0.05。

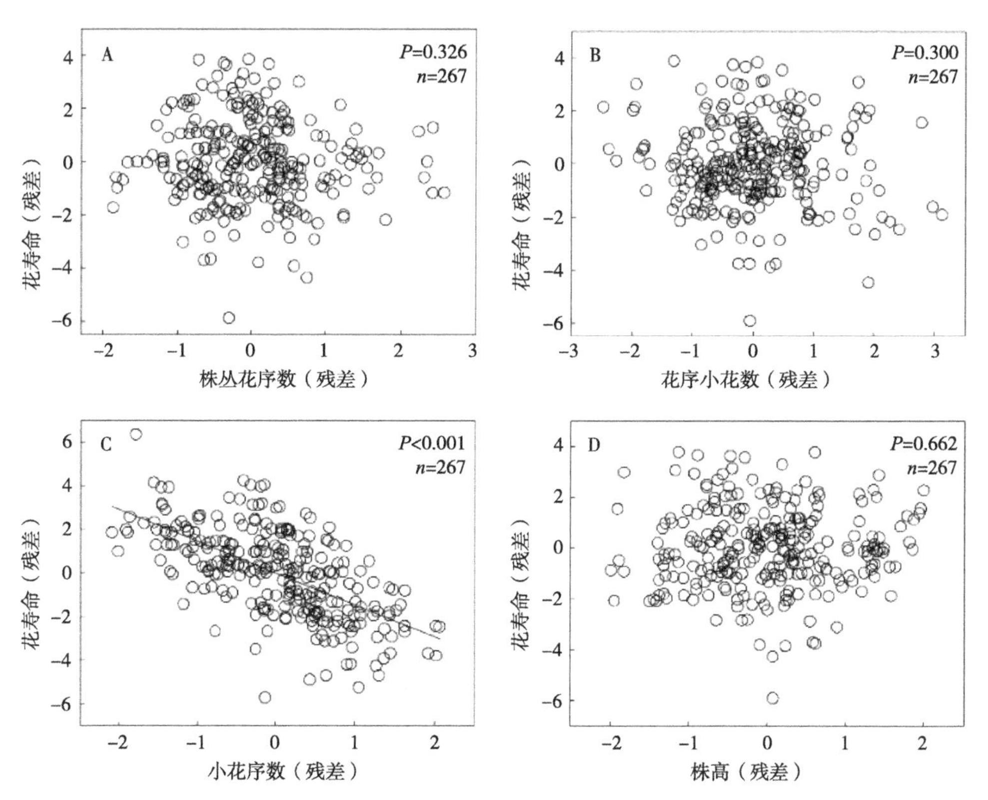

图4-9　狼毒花寿命与花序数、小花数、小花开花期以及株高的直接关系
（李佳欣等，2021）

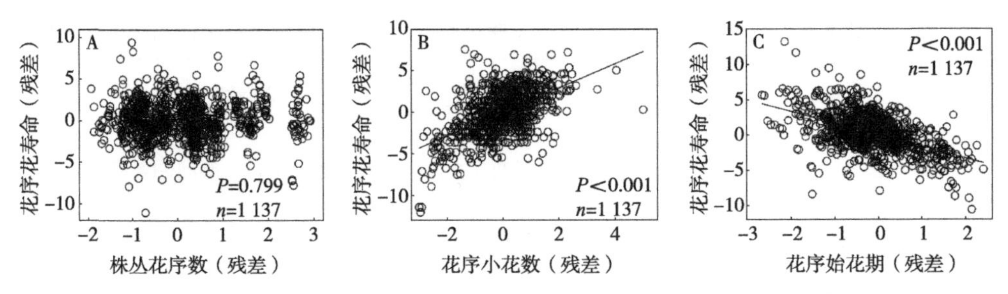

图4-10 狼毒花序花寿命与花序数、花序小花数以及花序始花期的直接关系（李佳欣等，2021）

4.4.4 狼毒花寿命的生态适应性

花寿命是指植物的花保持开放并具有功能的持续时间（张志强，2009），是有花植物的一个重要功能性状。研究发现，植物的花寿命通常会对其授粉环境（如气候因子、传粉类群和传粉效率等）以及授粉状态（如自交或异交、花粉沉积等）表现出很强的塑性反应（Plastic response），并且会自适应地变化以实现其花粉输出和花粉沉积（Pollen removal and deposition）的最大化，同时最大限度地降低花（寿命）的维持成本（Clark & Husband，2007）。

植物的花寿命会受到其生长环境中传粉者种类和丰富度的影响，当传粉者数量少或授粉不稳定时，植物会选择延长花寿命来保证授粉成功，增加其繁殖成功的概率（高江云，2009）。Rathcke（2003）认为植物所处生境中传粉者数量的季节性变化是影响花寿命的主要因素之一。李佳欣等（2021）研究表明，在高寒退化草地狼毒种群，无论是狼毒单花还是花序，开花越晚的花，其花寿命越短。调查还发现，该狼毒种群在开花早期开花数量较少，传粉昆虫的种类和数量也较少，而在种群开花的中期和后期，传粉昆虫的数量明显增多。据此推测，狼毒开花越晚，其花寿命变短的原因可能与昆虫传粉频率的变化密切相关。狼毒个体在种群开花早期具有相对较长的花寿命，在开花后期具有相对较短的花寿命，是对传粉昆虫数量增多的一种适应对策。此外，开花晚的花其花寿命较短，也可能与开花后期植物的光合产物不足以支持较长的花寿命有关。另有研究发现，植物的花寿命随着温度的升高而缩短（王玉贤，2018），因为植物在高温下，花器官呼吸和蒸腾作用速率会加快，使得维持花开放的成本增加，导致植物不得不缩短花寿命来保证繁殖（张志强，2009）。高寒草地狼毒种群，每年6—7月开花，开花后期的气温相对高于开花前期。因此，晚开花的狼毒个体具有较短的花寿命也可能与种群在开花后期的温度较高有关。

植物在花序不同位置上单花寿命之间的变化是其增加花展示收益、减少不利影响的一种适应性机制（张志强，2009）。李佳欣等（2021）的研究表明，位于狼毒花序边缘、中部和顶部的小花其花寿命存在显著差异，边花和中部花的花寿命显著长于顶花的花寿命。Ishii（2001）认为，花序底部和中部花较长的花寿命能增加花序水平的花展示，从而增加对传粉昆虫的吸引，有效促进雌、雄适合度的实现。因此，花序边缘和中部小花相对较长的花寿命是狼毒通过增大花序的花展示，提高传粉效率和适合度的一种繁殖对策。另外，花序顶部小花较短的花寿命可能与花序内的资源限制有关（Stpiczyska，2003）。Brunet et al.（1996）认为，边缘花和中部小花的开放及其种子发育会消耗大量资源，从而导致顶部的小花受到资源限制而缩短花寿命。换言之，顶部小花较短的花寿命是为保证早期种子发育成熟的一种资源保存的适应策略。狼毒花序为头状花序，花序内的小花是从边缘依次向顶端开放，当狼毒顶花开放时，边缘花大多已经完成授粉进入种子发育阶段。因此，狼毒花序顶部小花寿命的缩短可能是为保证边缘和中部的种子发育成熟的一种资源保存策略。最后，Arista et al.（1999）认为，植物花序内不同位置小花的花寿命差异可能与该物种雌雄异熟特征和传粉者的定向访花运动有关，因为这些因素会造成不同位置的花获得不同的繁殖成功机会（雄性适合度实现）。但是，并未发现狼毒种群有明显的雌雄异熟现象，且传粉昆虫也未表现出定向的访花行为。

4.5 狼毒的繁殖分配策略

繁殖分配策略（Reproductive allocation strategy）是指植物总资源分配给繁殖器官的比例（Michael，1985；Castro et al.，2013），是植物繁殖策略的核心内容，也是其重要的生活史特征之一。繁殖分配反映了植物个体在特定时间或阶段（如一个生长季节等）用于繁殖的净同化产物的比例，即同化产物向其繁殖器官分配的比例（钟章成，1995）。换言之，繁殖分配是植物在其生殖器官耗用或积累的干物质、营养元素和能量，在其整个生活史总耗用和积累总量中所占的比例（周纪纶，1992；董小刚，2011）。研究发现，植物可通过资源分配调节其生活周期中繁殖频次、繁育期、生育期长短（或繁殖年龄）、性器官布置、胚和配子成熟期以及种子产量等繁殖特性（Doust，1989），以达到资源利用的最佳配置。研究植物的繁殖分配格局以及植物如何调节其资源分配以适应特定生存环境，对理解植物的生活史进化及生态适应机制具有重要的意义。

生活史理论预测，逆境中生长的植物相对于优良环境中的同类植物会表现出株高变矮、繁殖分配比例增高（毛婉嫕，2019）等特征。狼毒通常生长于海拔2 600 ~ 4 200m的高山及亚高山草地（Zhang et al.，2011），属典型的高山植物。研究发现，海拔高度对狼毒的繁殖分配能产生显著影响。随海拔上升，狼毒种群表现出株高下降，叶面积减小、叶数量增加以及花变大和花数量减小的趋势。在高海拔生境下，狼毒资源分配的这种变化可能与其恶劣环境，如风力大、辐射强、访花昆虫少（Korner，1999）等生态因素密切相关。在高海拔地区，狼毒种群营养体的减少能有效降低水分蒸发速率；花变大能有效提高对传粉者的吸引力，有利于狼毒的繁殖成功（张茜，2013，2015）。这与Fabbro和Körner（2008）以及Hautier et al.（2009）对其他高山植物的研究相似，例如菊科植物小花风毛菊（*Saussurea parviflora*）（王一峰等，2008）、蓼科植物中华山蓼（*Oxyria sinensis*）（赵方和杨永平，2008）以及芹亚科植物中亚阿魏（*Ferula jaeschkeana*）（Yaqoob & Nawchoo，2015）等。另外，索南措等（2013）对青藏高原长毛风毛菊（*Saussurea hieracioides*）的繁殖分配研究表明，花变大和花数量的减少总体上能提高种子百粒重，即提高单个种子质量。同样，高海拔狼毒种群，其单个小花变大、花数量减少也可能会提高种子质量，将有利于狼毒种苗定植成功和种群更新。

此外，狼毒的繁殖分配与其生境如坡向和坡度密切相关。研究发现，随坡向和坡度的改变，狼毒种群的资源分配也呈现出规律性变化。例如在阳坡或陡坡生境中，狼毒种群表现出株高变矮，叶面积、叶片数和分枝数减小等特征。同样，狼毒资源分配的变化可能与其在阳坡或陡坡中特殊的环境因子（如光照强、温度高、辐射强、蓄水能力差、风力大等）有关。狼毒矮小

化及其营养器官的减小能有效降低水分的散失，同时能避免风的伤害（李钰等，2013；侯兆疆等，2014）。另外，狼毒营养体的减小能节约大量资源（李钰，2013），有利于提高繁殖投入，促进有性繁殖成功。然而，狼毒的资源分配策略，尤其是地上和地下的资源分配及其对繁殖的影响，以及该物种在生活史不同阶段（如不同年龄）的繁殖分配策略仍缺乏深入研究。

参考文献

董小刚，2011. 高寒退化草地狼毒种群繁殖分配与繁殖对策研究[D]. 兰州：西北师范大学.

高江云，杨自辉，李庆军，2009. 毛姜花原变种花寿命对两性适合度的影响[J]. 植物生态学报，33（1）：89−96.

郭春燕，贺晓，高建平，等，2012. 蒙古莸的开花物候与生殖特征[J]. 西北植物学报，32（10）：2040−2046.

何田华，葛颂，2001. 植物种群交配系统、亲本分析以及基因流动研究[J]. 植物生态学报，25（2）：144−154.

何亚平，刘建全，2003. 植物繁育系统研究的最新进展和评述[J]. 植物生态学报，27（2）：151−163.

侯兆疆，赵成章，李钰，等，2014. 不同坡向高寒退化草地狼毒株高和枝条数的权衡关系[J]. 植物生态学报，38（3）：281−288.

李佳欣，张勃，夏建强，等，2021. 高寒草地瑞香狼毒的开花物候特征及花寿命[J]. 草业科学，38（10）：1958−1965.

李鹂，党承林，2007. 短葶飞蓬（*Erigeron breviscapus*）的花部综合特征与繁育系统[J]. 生态学报（2）：571−578.

李新蓉，谭敦炎，郭江，2006. 迁地保护条件下两种沙冬青的开花物候比较研究[J]. 生物多样性（3）：241−249.

李钰，赵成章，董小刚，等，2013. 高寒草地狼毒枝—叶性状对坡向的响应[J]. 生态学杂志，32（12）：3145−3151.

李志成，李进，吕海英，等，2013. 沙生珍稀植物银沙槐的开花物候特征[J]. 生态学杂志，32（11）：2937−2943.

骆望龙，李佳欣，孙淑范，等，2020. 不同海拔狼毒种群花性状变异及交配系统特征的研究[J]. 草原与草坪，40（4）：27–33.
马文宝，2007. 准噶尔无叶豆繁殖生态学特性研究[D]. 乌鲁木齐：新疆农业大学.
马文宝，施翔，张道远，等，2008. 准噶尔无叶豆的开花物候与生殖特征[J]. 植物生态学报（4）：760–767.
毛婉嫕，2019. 青藏高原五种风毛菊属植物的繁殖性状对海拔响应的研究[D]. 兰州：西北师范大学.
索南措，王一峰，李梅，等，2013. 青藏高原东缘常见种长毛风毛菊（*Saussurea hieracioides*）的繁殖分配[J]. 生态学杂志，32（6）：1433–1438.
王一峰，高宏岩，施海燕，等，2008. 小花风毛菊的性器官在青藏高原的海拔变异[J]. 植物生态学报（2）：379–384.
王玉贤，侯盟，谢言言，等，2020. 青藏高原高寒草甸植物花寿命与花吸引特征的关系及其对雌性繁殖成功的影响[J]. 植物生态学报，44（9）：905–915.
王玉贤，刘左军，赵志刚，等，2018. 青藏高原高寒草甸植物花寿命对传粉环境的响应[J]. 生物多样性，26（5）：510–518.
肖宜安，何平，李晓红，2004. 濒危植物长柄双花木开花物候与生殖特性[J]. 生态学报（1）：14–21.
张丙林，穆春生，王颖，等，2006. 五脉山黧豆开花动态及有性繁育系统的研究[J]. 草业学报（2）：68–73.
张大勇，2004. 植物生活史进化与繁殖生态学[M]. 北京：科学出版社：34–41.
张大勇，姜新华，2001. 植物交配系统的进化、资源分配对策与遗传多样性[J]. 植物生态学报，25（2）：130–143.
张志强，李庆军，2009. 花寿命的进化生态学意义[J]. 植物生态学报，33（3）：598–606.
赵方，杨永平，2008. 中华山蓼不同海拔居群的繁殖分配研究[J]. 植物分类学报，46（6）：830–835.
钟章成，1995. 植物种群的繁殖对策[J]. 生态学杂志（1）：37–42.
周纪纶，1982. 种群的基本特征和种群生物学的进展[J]. 生态学杂志（2）：33–39.
ARISTA M，ORTIZ P L，TALAVERA S，1999. Apical pattern of fruit production

in the racemes of *Ceratonia siliqua*（Leguminosae：Caesalpinioideae）：role of pollinators[J]. American Journal of Botany，86（12）：1708–1716.

ARROYO M T K，TAMBURRINO I，PLISCOFF P，et al.，2021. Flowering phenology adjustment and flower longevity in a south American alpine species[J]. Plants，10（3）：2–23.

ASHMAN T L，SCHOEN D J，1994. How long should flowers live? [J]. Nature，371（27）：788–791.

AULD J R，RUBIO DE CASAS R，2013. The correlated evolution of dispersal and mating-system traits[J]. Evolutionary Biology，40（2）：185–193.

BAKER H G，1967. Support for Baker's law as a rule[J]. Evolution，21：853–856.

BAKER H G，1974. The evolution of weeds[J]. Annual review of ecology & systematics，5：1–24.

BARRETT S，ECKERT C G，1990. Variation and evolution of mating systems in seed plants[J]. Biological approaches and evolutionary trends in plants，22：229–254.

BAWA K S，KANG H，GRAYUM M H，2003. Relationships among time，frequency，and duration of flowering in tropical rain forest trees[J]. American Journal of Botany，90（6）：877–887.

BRUNET J，1996. Male reproductive success and variation in fruit and seed set in *Aquilegia caerulea*（Ranunculaceae）[J]. Ecology，77（8）：2458–2471.

CASTRO S，FERRERO V，COSTA J，et al.，2013. Reproductive strategy of the invasive *Oxalis pes-caprae*：distribution patterns of floral morphs，ploidy levels and sexual reproduction[J]. Biological Invasions，15（8）：1863–1875.

CHEPTOU P O，2012. Clarifying Baker's law[J]. Annals of Botany，109（3）：633–641.

CLARK M J，HUSBAND B C，2007. Plasticity and timing of flower closure in response to pollination in *Chamerion angustifolium*（Onagraceae）[J]. International Journal of Plant Sciences，168（5）：619–625.

CURSACH J，RITA J，2012. Reproductive biology of *Ranunculus weyleri*

（Ranunculaceae），a narrowly endemic plant from the Balearic Islands with disjunct populations[J]. Flora-Morphology，Distribution，Functional Ecology of Plants，207（10）：726–735.

DAVIS H G，MOONEY H A，2004. Pollen limitation causes an Allee effect in a wind-pollinated invasive grass（*Spartina alterniflora*）[J]. Proceedings of the National Academy of Sciences of the United States of America，101（38）：13804–13807.

DOUST J L，1989. Plant reproductive strategies and resource allocation[J]. Trends in ecology and evolution，4（8）：230–234.

FABBRO T，KORNER C，2004. Altitudinal differences in flower traits and reproductive allocation[J]. Flora，199（1）：70–81.

GAO J，XIONG Y Z，HUANG S Q，2015. Effects of floral sexual investment and dichogamy on floral longevity[J]. Journal Of Plant Ecology，8（2）：116–121.

HARDER L D，BARRETT S C H，2006. Ecology and evolution of flowers[M]. Oxford：Oxford University Press：139–156.

HARWOOD C E，THINH H H，QUANG T H，et al.，2004. The effect of inbreeding on early growth of Acacia mangium in Vietnam[J]. Silvae Genetica，53（2）：65–69.

HAUTIER Y，RANDIN C F，STOCKLIN J，et al.，2009. Changes in reproductive investment with altitude in an alpine plant[J]. Journal of Plant Ecology，2（3）：125–134.

HEYWOOD V H，1978. Flowering plants of the world[M]. Oxford：Oxford University Press，335.

ISHII H S，SAKAI S，2001. Effects of display size and position on individual floral longevity in racemes of *Narthecium asiaticum*（Liliaceae）[J]. Functional Ecology，15（3）：396–405.

KORNER C，1999. Alpine plant life：functional plant ecology of high mountain ecosystem*s*[M]. New York：Springer-Verlag Berlin Heidelberg：28–265.

LARS G，FILIPPOS A，ZOHRA B，et al.，2014. Global to local genetic diversity indicators of evolutionary potential in tree species within and outside forests[J].

Forest Ecology and Management，333：35-51.

LAST L，LÜSCHER G，WIDMER F，2014. Indicators for genetic and phenotypic diversity of dactylis glomerata in Swiss permanent grassland[J]. Ecological Indicators，38：181-191.

MABLE B K，ADAM A，2007. Patterns of genetic diversity in outcrossing and selfing populations of *Arabidopsis lyrata*[J]. Molecular Ecology，16（17）：3565-3580.

MCINTOSH M E，2002. Flowering phenology and reproductive output in two sister species of *Ferocactus*（Cactaceae）[J]. Plant Ecology，159（1）：1-13.

MICHAEL F，1985. Seed ecology[M]. London and New York：Chapman and Hall：1-2.

MUYLE A，MARAIS G，2016. Genome evolution and mating systems in plants[M]// KLIMAN R M. Encyclopedia of evolutionary biology. Oxford：Academic Press：480-492.

NASRALLAH J B，2017. Plant mating systems：self-incompatibility and evolutionary transitions to self-fertility in the mustard family[J]. Current Opinion in Genetics & Development，47：54-60.

O'HANLON P C，PEAKALL R，BRIESE D T，2000. A review of new PCR-based genetic markers and their utility to weed ecology[J]. Weed Research，40（3）：239-254.

PANNELL J R，BARRETT S C H，1998. Baker's law revisited：reproductive assurance in a metapopulation[J]. Evolution，52（3）：657-668.

PICKERING C，1995. Variation in flowering parameters within and among five species of Australian alpine *Ranunculus*[J]. Australian Journal of Botany，43（1）：103-112.

PRIMACK R B，1985. Longevity of individual flowers[J]. Annual Review of Ecology & Systematics，16（16）：15-37.

RATHCKE B J，2003. Floral longevity and reproductive assurance：seasonal patterns and an experimental test with *Kalmia latifolia*（Ericaceae）[J]. American Journal of Botany，90（9）：1328-1332.

SERCU B K，MOENECLAEY I，GOEMINNE B，et al.，2021. Flowering phenology and reproduction of a forest understorey plant species in response to the local environment[J]. Plant Ecology，222：749–760.

STEPHENSON A，2000. Interrelationships among inbreeding depression，plasticity in the self-incompatibility system，and the breeding system of *Campanula rapunculoides* L.（Campanulaceae）[J]. Annals of Botany，85：211–219.

STONE J L，SASUCLARK M A，BLOMBERG C P，2006. Variation in the self-incompatibility response within and among populations of the tropical shrub *Witheringia solanacea*（Solanaceae）[J]. American Journal of Botany，93（4）：592–598.

STPICZYSKA M，2003. Floral longevity and nectar secretion of *Platanthera chlorantha*（Custer）Rchb. （Orchidaceae）[J]. Annals of Botany，92（2）：191–197.

VERHOEVEN K J F，MACEL M，WOLFE L M，et al.，2010. Population admixture，biological invasions and the balance between local adaptation and inbreeding depression[J]. Proceedings of the Royal Society B：Biological Sciences，278（1702）：2–8.

YAQOOB U，NAWCHOO I A，2015. Impact of habitat variability and altitude on growth dynamics and reproductive allocation in *Ferula jaeschkeana* Vatke[J]. Journal of King Saud University-Science，35（7）：867–883.

ZAPATA T R，ARROYO M T K，1978. Plant reproductive ecology of a secondary deciduous tropical forest in Venezuela[J]. Biotropica：221–230.

ZHANG Z Q，ZHANG Y H，SUN H，2011. The reproductive biology of *Stellera chamaejasme*（Thymelaeaceae）a self-incompatible weed with specialized flowers[J]. Flora，206（6）：567–574.

ZHAO B Y，LIU Z Y，HAO L，et al.，2010. Damage and control of poisonous weeds in western grassland of China[J]. Agricultural Sciences in China，9（10）：1512–1521.

5　狼毒的传粉生态

传粉（Pollination）是植物的成熟花粉从雄蕊花药或小孢子囊中散出后，通过传粉媒介传递到雌蕊柱头上的过程。传粉是种子植物受精的必经阶段，传粉过程将植物的繁殖与传粉者的行为（如觅食等）相结合，形成了植物与传粉者之间的传粉互惠系统。研究表明，地球上约87.5%的被子植物需要依赖动物来传递花粉（Ollerton et al.，2011）。如果没有动物传粉，大多数植物将因授粉和结实失败而不能繁衍后代；同样地，若没有植物提供的花粉、花蜜等花部报酬以及果实作为食物，许多动物也将会因缺乏食物和栖息环境而在自然界消失。因此，植物与传粉者之间的互作关系是构成陆地生态系统中诸多生物相互作用的重要环节，对维持生物多样性和生态系统功能稳定发挥着关键作用。

传粉生物学已有200年的历史。19世纪下半叶，继Darwin提出进化论以及他本人对兰科植物传粉的研究之后，传粉生物学进入了一个蓬勃发展的阶段。此后，传粉生物学经历了半个多世纪的衰退和缓慢发展阶段。20世纪下半叶，Baker et al. 的工作使得传粉生物学重新焕发了生机。20世纪末，传粉生物学又迎来了一次新的高潮。随着人们对生物进化认识的逐步深入，传粉生物学研究成为植物种群生物学和进化生物学中的热门领域（黄双全和郭友好，2000）。传粉生物学涉及植物生殖生物学、遗传学、生态学以及进化生物学，主要研究与传粉相关的各种生物学特性及规律，是植物有性生殖过程中关键的研究内容之一。早期对传粉生态的研究只是针对自然界中各种传粉现象的描述，如传粉方式、传粉媒介及花粉数量及质量等，而在群落水平上的研究较少。近年来，随着网络分析技术的进步，有关群落水平上的传粉生态学研究，如传粉网络研究开始迅速发展。

根据Wilson的估计，昆虫和被子植物分别占已描述的生物种类（约140万种）的1/2和1/6左右（Wilson，1992；龚燕兵和黄双全，2007）。自然界中，二者丰富的多样性常被认为是昆虫与植物之间相互作用的结果。昆虫与植物之间的互作关系复杂多样，钦俊德（1987）将其划分为8种类型，它们分别是：昆虫采食植物，植物成为昆虫的猎获物；昆虫在植物上寄生，植物成为昆虫的寄主；昆虫为植物传递花粉，植物为昆虫提供食物和产卵休息场所；昆虫携带或搬运植物种子，帮助其种子扩散，植物为昆虫提供食物；昆虫帮助植物克服与其竞争的其他植物，植物为昆虫提供食物和栖居场所；昆虫为植物收集营养成分；植物捕食昆虫，昆虫成为植物的捕获物；植物对昆虫的天敌起招引或指示作用。在这些互作关系中，人们对植物与昆虫的传粉互惠关系研究最为广泛和深入。普遍认为，植物与昆虫之间的传粉互惠作用是促进被子植物花多样性进化的主要动力（黄双全，2007），在二者互作过程中，植物花部特征会影响传粉者的访花行为和花粉传递过程；反过来，传粉者的传粉行为也会影响植物的雌性（种子）或雄性（花粉输出）繁殖成功，即雌、雄性适合度（曹坤方，1993）。传粉过程直接影响植物种群内花粉的运动，因此在很大程度上决定了植物个体间的基因流和群体的交配方式，从而影响后代的遗传组成和适合度，进而影响植物种群进化。因此，传粉生态过程为动、植物物种的进化研究提供了契机。

5.1 植物传粉综合征与传粉系统

自从达尔文将自然选择和进化理论引入传粉生物学研究之后，大多学者提出了专化传粉系统（Specialization pollination system）的观点，即植物与其特定传粉者类型在形态特征上存在机械匹配性（Mechanical fit）。该观点认为，植物因为具有不同组合的花部特征，能吸引不同的传粉者类群为其传粉。人们将植物所拥有的、适应于某一特定类型传粉者为其传粉的一整套性状或性状组合，称为传粉综合特征或传粉综合征（Pollination syndromes）。植物的传粉综合征，除了花部结构性状外，还包括花颜色、花报酬以及传粉者在传粉过程中所能利用的所有相关性状（如花气味等）。传粉综合征常被用来解释植物的花多样性，即植物的花被认为是通过对不同类型传粉者的趋化适应而产生多样性（Kessler et al.，2011），或在未直接观察的情况下，可以根据花部性状组合推测其传粉者类群及传粉行为（Adler & Irwin，2005；Schueller，2007；胡世保等，2018）。例如在茄科Iochrominae亚族植物中，具有管状花的植物主要由蜂鸟为其传粉，而具有开放型的杯状或者钟状花的植物主要由昆虫传粉（王晓月等，2019）。同时，植物不同花色也可吸引特定昆虫访花。例如蓝色和紫色的花通常更易于吸引熊蜂访问，因为熊蜂对于紫、蓝、绿3个波长的颜色更为敏感；红色的花通常更易于吸引鸟类访问，因为鸟类有更好的视觉辨别能力（王晓月等，2019）。

然而，Waser et al.（1996）对专化传粉系统中有关特化的本质提出了质疑。他们认为，植物与传粉者之间并非存在特化的对应关系，相对而言，泛化传粉系统（Generalization pollination system）应该为自然界主流的传粉系统类型。自此观点提出之后，人们对群落水平上植物的传粉生态研究越来越多。大量的研究结果也表明，在群落中植物与传粉者之间是网状的拓扑关系（Waser et al.，1996；Waser & Ollerton，2006），而非特化的对应关系。因此，传粉综合征的提出是建立在植物与传粉者功能群形成了专化传粉系统的基础之上，进而能通过传粉综合征对其特定传粉者进行预测。但是，在植物传粉泛化的情况下，用传粉综合征对传粉者进行预测，会忽略部分不符合传粉综合征但是会对植物繁殖与进化产生重要影响的访花者。

5.1.1 专化传粉系统

传粉综合征反映了植物与特定传粉者功能群之间的对应关系。传统的进化观点认为，植物的花多样性进化与其传粉系统密切相关，植物花部结构会在传粉者的选择作用下向适应其传粉实现的特定方向进化，趋向于形成一个植物与传粉者之间稳定的专化传粉系统（Specialized pollination system）（Fenster et al.，2004；杨春锋和郭友好，2005）。换言之，当一个植物仅由属于某一类功能群的传粉昆虫为其传粉时，即具有专化传粉系统（Fenster et al.，2004）。根据不同的传粉者功能群，专化传粉系统类型有蜂类传粉、蝴蝶（蛾）传粉、鸟类传粉、蚂蚁传粉、蝇类和甲虫传粉以及蝙蝠传粉等。下面是几种最常见的专化传粉系统类型（张大勇，2004）。

蜂类传粉系统：蜂类是较为特化的传粉类群，有较长的口器，并且具有花粉篮和腹毛刷作为特有的采粉结构。蜂媒传粉植物，一般在白天开放，可为蜂类提供花蜜或者花粉；有明亮的颜色（黄色或者蓝色），但一般不会是红色，因为蜂一般看不到红色。除此之外，蜂媒花通常呈两侧对称，这种花形态能为蜂类提供着陆平台；其花粉一般具有黏性，有利于传粉成功。蜂媒花通常会以颜色或气味作为蜜导（Faegri & van der Pijl，1979），以此为传粉者提供近距离指导（王以科，2014）。在全球尺度上，蜂类尤其是蜜蜂和熊蜂是最重要的传粉者。

蝶（蛾）类传粉系统：蝶类和蛾类具有虹吸式口器，善于吸食花蜜，因此所访问的花大多呈长管状。蝶类具有细长的喙，能感知较宽光谱的颜色。因此，蝴蝶传粉的花大都白天开放，具有花蜜，花色较为鲜艳（蓝色、黄色和红色）。例如马鞭草属、马缨丹属、乳草属及菊科植物皆是由蝴蝶传粉（张大勇，2004）。蛾类多数在晚上活动，例如天蛾被称为夜间活动的“蜂鸟”。天蛾属于高度特化的访花者，许多天蛾传粉的植物同时拥有视觉和嗅觉向导。另外，蛾类昆虫飞行活跃，嗅觉灵敏，通常会访问夜间开放的颜色浅淡（多为白色）和香气浓郁的花朵（Faegri & van der Pijl，1979；张大勇，2004；龚燕兵和黄双全，2007）。

鸟类传粉系统：食蜜的传粉鸟类包括蜂鸟、太阳鸟、蜜雀和鹦鹉等。食蜜鸟高度特化，几乎不取食任何其他食物，因而它们全年需要以产生大量花蜜的开花植物为生。因此，在热带地区，鸟类传粉较为普遍，且与昆虫传粉同等重要。鸟类的嗅觉很差，但是视觉很敏锐，并且似乎很喜爱红色。由于鸟类的这些特点，其传粉植物具有一系列与之相适应的特征，如花没有气味、花蜜产量大，许多花呈红色，但也有黄色、蓝色或其他颜色。鸟类传粉的花经常为红色，其原因可能是因为蜂类很难看见它们，故而植物可以减少无效的蜂类传粉者造成的损失。鸟类传粉的植物整个白天都开花，通常雄蕊数量众多，色彩亮丽并伸出花外。

蚂蚁传粉系统：长期以来，蚂蚁一直不被认为是植物合法的传粉者，通常被看作是盗蜜者和花粉小偷。现在人们发现，自然界存在真正的蚂蚁传粉综合征。蚂蚁传粉的植物，其蜜腺很小，花蜜产量也很低，从而导致其他较大的昆虫所不屑。另外，由于工蚁不飞，因而其旅途能量消耗很少，整个传粉系统比较低能。

蝇类和甲虫传粉：自然界中，许多蝇类和甲虫都是传粉者。蝇类和甲虫的食物一般都是腐肉、动物粪便或者真菌，因此有些植物能利用其特殊的花气味吸引或欺骗这些昆虫为其传粉。这些蝇类和甲虫受花或花序气味吸引而访花，一些是为寻找食物，另一些则是为寻找产卵地点。利用蝇类和甲虫作为传粉者的花有一些共同特征，例如花色暗淡、花较大、开放时敞开，具有独特的、难闻的气味等，但是这些昆虫一般不会对植物的花产生进化适应。

5.1.2 泛化传粉系统

泛化传粉系统（Generalized pollination system）是相对于专化传粉系统提出的，其主要代表的是在群落水平上同一种昆虫可为多种植物传粉，同一种植物也可受到多种昆虫的访问并传粉，二者互相构成复杂的拓扑传粉网络（Waser et al.，1996；Waser & Ollerton，2006）。调查发现，大多数植物可以被多种类型的传粉昆虫进行传粉，即具有泛化传粉系统。目前，群落水平的传粉生物学研究，也更加支持了传粉系统泛化的观点。Waser et al.（1996）认为，植物的传粉系统并不是一成不变的，而是存在较大的时空变异性。例如，研究者通过对不同地理种群的宽叶薰衣草（*Lavandula Latifolia*）研究表明，该植物的传粉者包括膜翅目、双翅目以及鳞翅目在内的约85种昆虫。其中，连续6年持续访问该植物的传粉者仅占35.7%，在4个地区都存在的访花昆虫也仅占总访花昆虫种类的41%（Herrera，1988；龚燕兵，2010）。这充分说明，该植物的传粉者类群在群落水平上存在较大的时空变异特征。

普遍认为，花的进化反映了植物与其最有效传粉者之间的相互作用，即花表型进化主要由最高效传粉者的选择而驱动。所以，即使是具有泛化传粉系统的植物，如果其种群中不同传粉者具有不同传粉效率，对植物适合度的贡献存在显著差异，则不同传粉者对花性状进化施加的选择压力的方向和强度将会不同，其传粉系统的进化也存在专化的可能。相反地，若植物种群中不同类型的传粉者具有相同的传粉效率，则有可能维持其泛化的传粉系统。泛化传粉系统中，植物与其传粉者的关系也是复杂多变的。植物与其传粉者互作关系的差异性，会导致植物表型选择在时间和空间上的变异，并最终引起植物种群的适应性分化。同时，不同传粉者访花行为的差异性，也可能对植物的花表型性状施以分化的选择压力（吴云，2018）。

5.2 狼毒的传粉综合征与传粉者

5.2.1 狼毒的传粉综合征

普遍认为，植物的花主要通过对不同类型传粉者的趋化适应而产生多样性。因此，植物的传粉综合征常被用来解释植物的花多样性进化，也可用以推测植物主要的传粉者类群（骆望龙，2020；骆望龙等，2021）。狼毒花具有较为紧密的花序头，花冠筒细长，冠口微孔状，访花昆虫多为长喙的鳞翅目昆虫，即蝴蝶和蛾子。因此，狼毒一直以来被认为具有蝶类或蛾类传粉综合征（Rosas-Guerrero et al.，2014）。

Hagerup（1953）认为，植物当具有紧密、球形或瓮形的花序、封闭的花结构、花为黄色或白色且具有香味时，大多会吸引缨翅目昆虫蓟马进行访问，因而这类花（序）特征也被视为“蓟马传粉综合征”。Moog et al.（2002）认为，封闭、紧密的花序或花形态特征不仅可以保护植物的花部性器官、筛选非合法传粉者，也可以为传粉昆虫提供栖息和繁殖的场所。狼毒的大部分花呈白色且具有浓郁香味，花冠口呈微孔状且被上排花药封堵，形成了封闭的花冠筒。据此认为，狼毒的花也呈现出蓟马传粉综合征。Zhang et al.（2021）研究发现，狼毒的花（序）确实能吸引大量蓟马进行觅食访问，同时蓟马也能为狼毒有效传粉，进一步证实了狼毒与蓟马之间的传粉互惠关系。

5.2.2 狼毒的传粉者谱

狼毒作为草原地区广泛分布的一种有毒植物，具有自交不亲和性，其繁殖必须通过传粉媒介为其异花传粉才能成功。Zhang et al.（2010）和孙淑范（2022）共调查研究了5个不同地理分布狼毒种群的传粉者类群，其中，3个为红白色花种群，分别位于内蒙古多伦县退化草原（种群A）、四川炉霍的亚高山草甸（种群C）和甘肃天祝县高寒草甸（种群E）；2个为纯黄色花种群，分别位于四川九龙一林缘草地（种群B）和云南香格里拉高寒草甸（种群D）。调查结果发现，狼毒的传粉者类群在不同地理种群存在很大的空间变异性，在同一种群内，不同的传粉者其访花频率也有所不同（表5-1）。

表5-1 不同狼毒种群的鳞翅目传粉昆虫及其访花频率

种群	花颜色	传粉者类群		访花频率（%）	活动时间
		科名	属/种名		
A	红白色	夜蛾科（Noctuidae）	白线散纹夜蛾（*Callopistria albolineola*）	45	夜间
			黄条冬夜蛾（*Cucullia biornata*）	20	
			晕夜蛾属（*Perigeodes* sp.）	5	
			寡夜蛾属（*Sideridis* sp.）	10	
		舟蛾科（Notodontidae）	榆选舟蛾（*Exaereta ulmi*）	10	
			纷舟蛾属（*Fentonia* sp.）	5	
			窄翅舟蛾属（*Niganda* sp.）	5	
B	黄色	蛱蝶科（Nymphalidae）	小红蛱蝶（*Vanessa cardui*）	33.3	白天
		粉蝶科（Pieridae）	暗色绢粉蝶云南亚种（*Aporia bieti gregoryi*）	66.7	
C	红白色	灯蛾科（Arctiidae）	首丽灯蛾（*Callimorpha principalis*）	20	白天
		蛱蝶科（Nymphalidae）	斑网蛱蝶（*Melitaea didymoides*）	13.3	
			网蛱蝶属物种（*Melitaea jezabei*）	6.7	
		粉蝶科（Pieridae）	暗色绢粉蝶云南亚种（*Aporia bieti gregoryi*）	53.3	
			斑缘豆粉蝶（*Colias erate*）	6.7	
D	黄色	灯蛾科（Arctiidae）	褐带东灯蛾（*Eospilarctia lewisi*）	8.3	夜间
		尺蠖蛾科（Geometridae）	波斑考尺蛾（*Collix praetenta*）	4.2	
			真界尺蛾（*Horisme tersata*）	4.2	
			贡尺蛾属物种（*Odontopera coryphodes*）	8.3	
		夜蛾科（Noctuidae）	独剑纹夜蛾（*Acronicta regifica*）	4.2	
			首夜蛾属物种（*Craniophora jactans*）	8.4	
			范歹夜蛾（*Diarsia fannyi*）	12.5	
			绿灰夜蛾（*Polia scotochlora*）	12.5	

（续表）

种群	花颜色	传粉者类群		访花频率（%）	活动时间
		科名	属/种名		
D	黄色	舟蛾科（Notodontidae）	扇舟蛾属物种（*Clostera modesta*）	8.3	夜间
			锈篦舟蛾（*Besaia rubiginea* ）	8.3	
			银线偶舟蛾（*Besaia argentilinea*）	8.3	
			狸翅舟蛾属物种（*Ptilurodes castor*）	4.2	
		天蛾科（Sphingidae）	深色白眉天蛾（*Celerio gallii*）	8.3	
E	红白色	蛱蝶科（Nymphalidae）	小豹蛱蝶（*Brenthis daphne*）	—	白天
			荨麻蛱蝶（*Aglais urticae*）	—	
			小红蛱蝶（*Cynthia cardui*）	—	
		粉蝶科（Pieridae）	橙黄豆粉蝶（*Colias fieldii*）	—	
			云粉蝶（*Pontia edusa*）	—	
			绢粉蝶（*Aporia crataegi*）	—	
		灰蝶科（Lycaenidae）	蓝灰蝶（*Everes argiades*）	—	
		凤蝶科（Papilionidae）	西门珍眼蝶（*Coenonympha semenori*）	—	
		眼蝶科（Satyridae）	牧女珍眼蝶（*Coenonympha amaryllis*）	—	
		夜蛾科（Noctuidae）	地老虎（*Sesamia inferens*）	—	夜间
			大螟（*Agrotis segetum*）	—	

注：种群A是中国东北部内蒙古多伦过度放牧的草原，42°13′N，116°30′E，海拔1 240m；种群B是中国西南部四川九龙针叶林中的草地，29°07′N，101°29′E，海拔3 100m；种群C是中国西南部四川炉霍的亚高山草甸，31°23′N，100°41′E，海拔3 100m；种群D是中国西南部云南香格里拉尼史村附近高寒草甸，27°48′N，99°40′E，海拔3 275m；种群E是中国西北部甘肃天祝的高寒草甸，37°12′N，102°47′E，海拔3 071m（种群A、B、C和D相关数据引自Zhang et al.，2010）。

在3个红白色花狼毒种群，分布在内蒙古的种群A，其传粉昆虫以蛾类为主，该种群内共观察到7种夜间活动的蛾类昆虫访问狼毒，4种属于夜蛾科，3种属于舟蛾科，其中白线散文夜蛾（*Callopistria albolineola*）和黄条冬夜蛾（*Cucullia biornata*）具有较高的访花频率，为该种群主要的传粉者。分布在四川的炉霍种群C，狼毒的传粉者包括白天活动的1种蛾类（灯蛾科）和4种蝴蝶（蛱蝶科与粉蝶科），其中尖粉蝶属物种（*Aporia bietigregoryi*）和丽灯蛾属物种（*Callimorpha principalis*）是其主要传粉者。分布在甘肃天祝高寒草甸的狼毒种群E，共发现9种白天活动的蝶类昆虫和2类夜间活动的蛾类昆虫为其传粉。其中，蝶类昆虫包括小豹蛱蝶（*Brenthis daphne*）（彩图5-1A）、荨麻蛱蝶（*Aglais urticae*）（彩图5-1B）、小红蛱蝶（*Cynthia cardui*）（彩图5-1C）、橙黄豆粉蝶（*Colias fieldii*）、绢粉蝶（*Aporia crataegi*）（彩图5-1D）、云粉蝶（*Pontia edusa*）（彩图5-1E）、西门珍眼蝶（*Coenonympha semenori*）、牧女珍眼蝶（*Coenonympha amaryllis*）和蓝灰蝶（*Everes argiades*）；夜间活动的蛾类有大螟（*Sesamia inferens*）（彩图5-1F）和地老虎（*Agrotis segetum*）（彩图5-1G）。除此之外，在该狼毒种群，传粉昆虫还包括缨翅目的花蓟马（*Frankliniella intonsa*）（彩图5-1H），该昆虫在狼毒花（序）内白天和夜间皆有活动。在2个黄色花狼毒种群，分布在四川九龙的种群B，由蛱蝶科和粉蝶科2种蝴蝶为其传粉；然而，云南香格里拉的种群D，夜间活动的蛾子为其主要的传粉昆虫；该种群中观察到的蛾子共有13种，分属于5个不同的科，其中灯蛾科与天蛾科各1种、尺蠖蛾科3种、夜蛾科与舟蛾科各4种。

总体表明，狼毒具有非常广泛的传粉昆虫谱，其传粉者分属于2类不同的传粉功能群。其中，鳞翅目的蝴蝶和蛾子为一类，缨翅目的蓟马为另一类。分析认为，狼毒的泛化传粉系统，即拥有多样的传粉者类群是该植物具有广泛环境适应能力的繁殖生态学基础。

5.3 不同功能群昆虫对狼毒的传粉

5.3.1 狼毒传粉操控试验

传粉者或传粉操控试验（Pollinator manipulation experiments），其主

要目的是通过操控不同昆虫访花传粉，检测不同类型传粉者对狼毒繁殖的相对贡献。野外调查发现，狼毒的传粉昆虫包括鳞翅目的蝴蝶和蛾子以及缨翅目的蓟马。鳞翅目的蝴蝶主要在白天活动，而蛾类主要在夜间活动；缨翅目的蓟马，在白天和夜间皆有活动。试验过程中，采用了两种不同孔径的网袋控制不同大小的传粉昆虫，其中小孔径网袋（100目，孔径0.15～0.2mm，图5-1A）套袋后，理论上可以隔绝狼毒所有的访花昆虫，包括蝴蝶、蛾子和蓟马；大孔径网袋（10目，孔径5～6mm，图5-1B）套袋后，仅能隔离大体型的鳞翅目昆虫访花，但是缨翅目的蓟马可进入网袋访花传粉。

图5-1　狼毒传粉者操控试验套袋处理（孙淑范，2022）

注：A为套小孔网袋；B为套大孔网袋。

Zhang et al.（2021）和孙淑范（2022）通过两个独立的传粉操控试验，检测了不同功能群传粉昆虫以及不同时段传粉昆虫对狼毒繁殖的相对贡献。

试验一，其主要目的是检测鳞翅目昆虫（即蝴蝶和蛾子）和蓟马传粉对狼毒繁殖适合度的相对贡献。株丛（花序）选择：在狼毒种群开花早期，选择开花状态相同的狼毒株丛，随机标记未开放的花序若干，同时统计各花序的小花数。套袋处理：将选择标记的株丛（或花序）随机分成3组，分别进行3个套袋处理，处理Ⅰ，狼毒花序套小孔径网袋，即无昆虫传粉；处理Ⅱ，狼毒花序套大孔径网袋，排除鳞翅目昆虫传粉，仅允许蓟马传粉；处理Ⅲ，开放授粉，作为对照。

试验二，其主要目的是检测在不同时段（即白天和夜间）活动的传粉昆虫对狼毒繁殖的相对贡献。狼毒株丛和花序的选择，同试验一。试验中，将所标记的花序随机分为5组，分别进行以下5个套袋处理。处理Ⅰ：白天不套袋，夜间在狼毒花序上套小孔径网袋，该处理下狼毒花序仅由白天活动的传粉昆虫进行传粉，处理花序的适合度用来估计白天传粉昆虫对狼毒繁殖的贡献；处理Ⅱ，白天在狼毒花序上套小孔径网袋，夜间不套袋，该处理花序仅由夜间活动的昆虫传粉，其平均适合度估计夜间的传粉昆虫对狼毒繁殖的贡献；处理Ⅲ，狼毒花序白天套大孔径网袋，由蓟马为其传粉，夜间套小孔径网袋，不进行传粉，其平均适合度用以估计白天蓟马传粉对狼毒繁殖的贡献；处理Ⅳ与处理Ⅲ相反，即狼毒花序在夜间套大孔径网袋，由蓟马为其传粉，而白天套小孔网袋，不进行传粉，其平均适合度用以估计夜间蓟马传粉的贡献；处理V：开放授粉，作为对照。

5.3.2 狼毒白天和夜间昆虫的传粉

对于同时可以由白天和夜间活动昆虫进行传粉的植物，其传粉者类群（Pollinator assemblage）通常在不同时段（即白天和夜间）表现出很大差异性（Young，2022；Sletvold et al.，2012；Lemaitre et al.，2014）。孙淑范（2022）调查发现，狼毒种群在白天和夜间的传粉者类群组成明显不同。在白天，其传粉昆虫包括各种蝴蝶和蓟马；在夜间，其传粉昆虫主要为蛾子和蓟马。连续两年的研究结果表明，白天传粉者与夜间传粉者对狼毒繁殖适合度的贡献存在差异。总体上，夜间传粉的贡献大于白天传粉，研究种群在第一年，白天和夜间传粉的相对贡献之间存在显著差异，而在第二年，二者之间的差异不显著。在不同年度，白天和夜间传粉对狼毒繁殖适合度的相对贡献表现不一致，其主要原因是狼毒的传粉者谱存在年度变异，即同一种群的传粉者组成及其相对访花频率存在年度变异所引起（图5-2）。

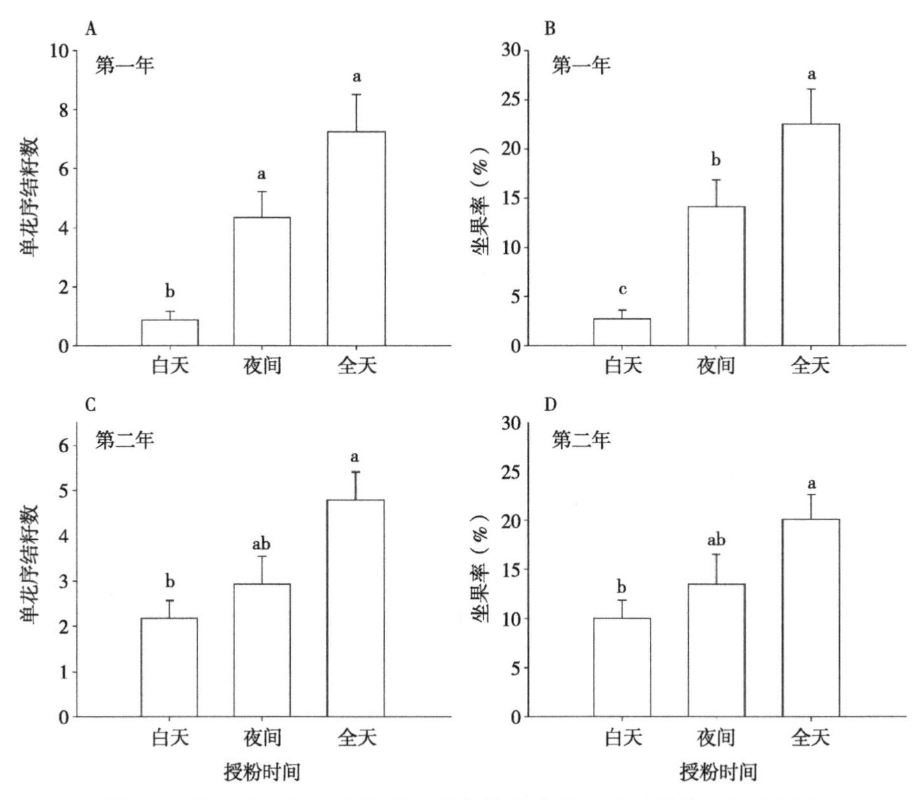

图5-2　狼毒在不同时段传粉的结籽数与坐果率（平均值±标准误）

注：不同小写字母表示传粉处理之间存在显著差异（P<0.05）。

5.3.3　鳞翅目昆虫的访花与传粉

Zhang et al.（2021）通过采用两种不同孔径的网袋对狼毒传粉进行操控处理，检测了不同功能群昆虫对狼毒传粉的贡献，结果如图5-3所示。研究表明，小孔径网袋套袋后，狼毒的雌性适合度趋于“零”值，说明狼毒的繁殖必须要借助昆虫（即传粉媒介）为其传粉才得以实现。通过大孔径网袋套袋隔除鳞翅目昆虫（即蝴蝶和蛾子）后，狼毒的雌性适合度与对照相比显著降低，约为开放授粉（即对照）的1/2。说明鳞翅目类昆虫传粉对狼毒的繁殖适合度有显著贡献，换言之，蝴蝶和蛾子是狼毒自然种群有效的传粉昆虫。

研究显示，蝴蝶与蛾子存在不同的访花偏好，蝴蝶依赖其发达的色觉来访花，通常倾向于访问颜色鲜艳的花，如具有蓝色、黄色和红色花的植物。蛾子因具有复杂的嗅觉系统，更倾向于访问具有香味的花。孙淑范（2022）通过对甘肃天祝高寒草甸狼毒种群的研究发现，该种群内尽管有许多种蝴蝶会访问狼毒花，但是，白天活动的蝴蝶对狼毒繁殖的贡献要显著低于夜间活动的蛾子（图5-4）。仅从蝴蝶的访花看，该种群内蝴蝶总体上具有较低的访花频率和传粉效率。例如蛱蝶科、粉蝶科以及灰蝶科3个科的蝴蝶，其访花频率极低，每小时单花序的访问次数均不足0.01次。荨麻蛱蝶与绢粉蝶虽然具有较高的访花频率，但二者的单花序访问时间较长，导致其传粉效率较低。相较而言，粉蝶科的橙黄豆粉蝶的访花频率最高，单花序访问时间也较短，可能是该狼毒种群最有效的蝶类传粉昆虫；同样地，小豹蛱蝶和蓝灰蝶虽然具有较短的单花序访花时间，但二者的访花频率很低，因此其传粉效率也可能较低。

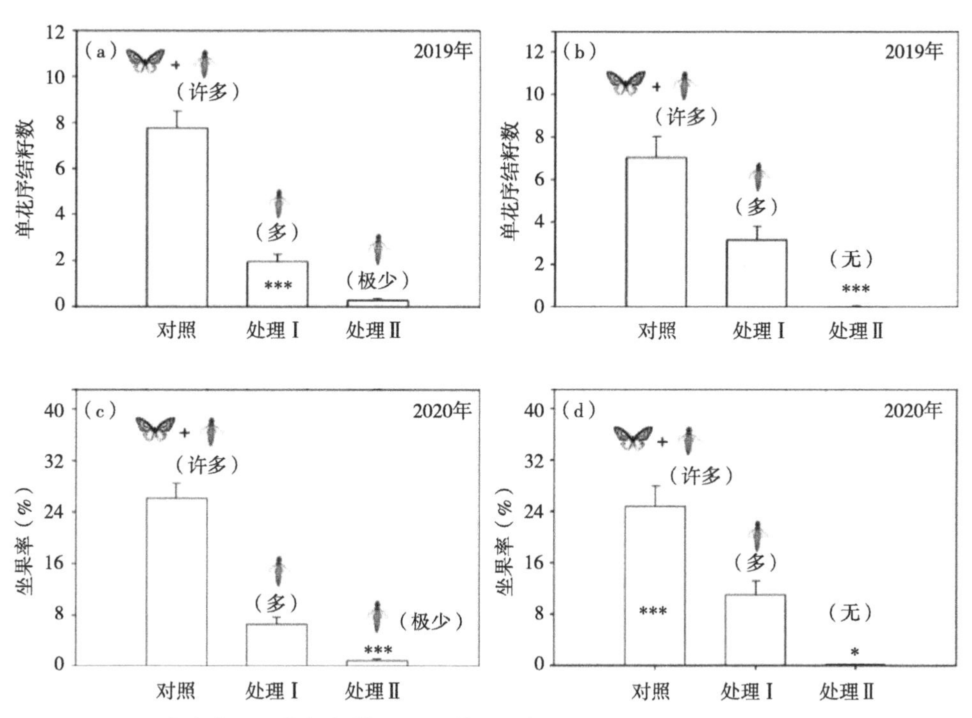

图5-3　狼毒在不同传粉操控处理下的结籽数与坐果率（Zhang et al.，2021）

注：处理Ⅰ为大孔径网袋套袋；处理Ⅱ为小孔径网袋套袋。

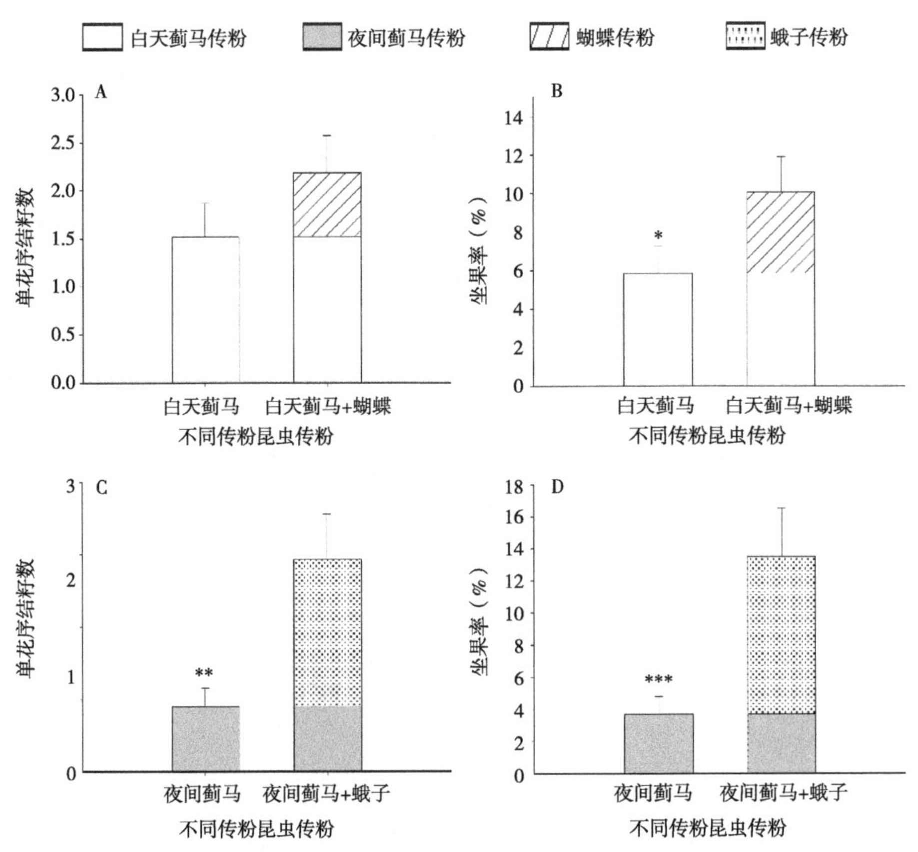

图5-4　狼毒由不同传粉昆虫传粉时的结籽数与坐果率（平均值±标准误）

注：星号表示不同授粉处理间存在显著差异，*表示$P<0.05$，**表示$P<0.01$，***表示$P<0.001$。

5.3.4　缨翅目昆虫（蓟马）的访花与传粉

5.3.4.1　蓟马的访花行为

孙淑范等（2022）研究发现，狼毒花序内在夜晚活动的蓟马成虫数量显著高于白天（图5-5）。在白天调查的所有花序中，有蓟马活动的花序数量占11.8%，无蓟马活动的花序数量占88.2%；然而，在夜晚调查的花序中，有蓟马活动的花序数量占总花序数的70.3%，无蓟马活动的花序数量占29.7%。蓟马访问狼毒花序的这种昼夜差异，可能与其觅食行为有关。Liang等（2010）对西花蓟马（*Frankliniella. occidentalis*）的研究发现，蓟马更喜欢在早晨觅食；在夜间，蓟马的觅食需求相对较低，寄主植物主要作为其休息场所（Price，1970）。因此，该研究中，在白天狼毒花序上所调查的蓟马活动频率要显著低于夜间。考虑到狼毒的自交不亲和性，蓟马的这种昼夜活动节律能促使其在不同狼毒株丛间进行活动（Liang et al.，2010），从而能够促进狼毒在不同个体间的异花传粉，是该植物繁殖成功的重要保障。

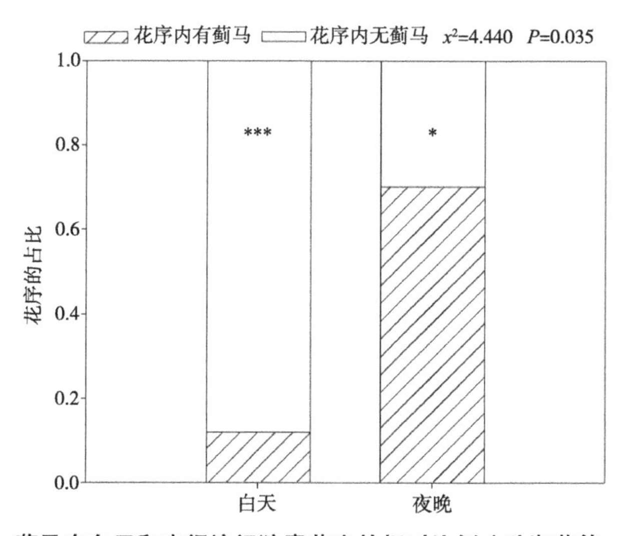

图5-5 蓟马在白天和夜间访问狼毒花序的相对比例（孙淑范等，2022）

注：星号表示同一时段有蓟马与无蓟马花序数量之间存在显著差异，***表示$P<0.0001$，*表示$P<0.05$。

在狼毒花序不同开花阶段，蓟马的活动频率也表现出极显著差异，如图5-6所示。在狼毒花序的初花期到半花期，蓟马成虫的活动频率最高，在该开花阶段调查到的蓟马虫口数超过调查总虫口数的80%；在狼毒花序的全花期，蓟马的活动频率相对较低，约占调查总虫口数的17%；在狼毒花序的败花期阶段，蓟马成虫的活动频率最低，不足调查虫口数的5%。相反，蓟马若虫在狼毒花序的初花到全花期最少，在该阶段所调查到的蓟马若虫数量占总调查数量的10%；然而，在狼毒花序的败花期，蓟马若虫活动最为频繁，其虫口占比接近总调查数量的90%。这一结果说明，蓟马成虫主要访问狼毒刚开放的小花。研究表明，蓟马在狼毒花序初花期进行访花的主要原因是刚开放的狼毒小花能为蓟马提供适宜的产卵场所和孵化条件，并能保证蓟马若虫在小花开败之前完成孵化和发育；同时，这也是蓟马若虫为什么主要出现在狼毒花序败花期的原因（Zhang et al.，2021）。显然，蓟马在狼毒花序开花初期访花，不仅有利于蓟马的产卵和繁殖，同时也有利于狼毒的传粉成功和适合度实现。

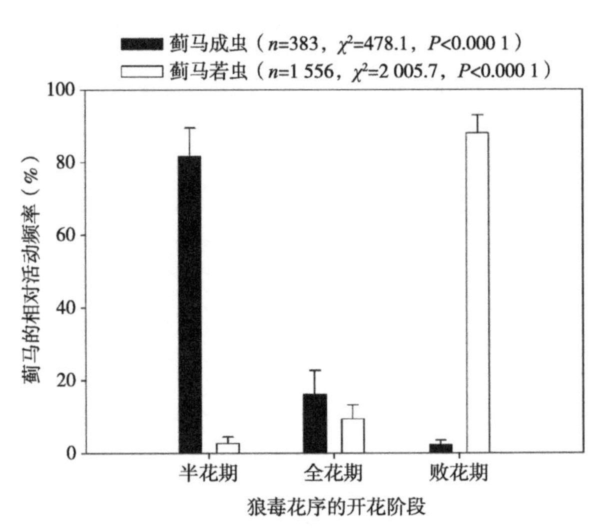

图5-6　蓟马在狼毒花序不同开花阶段的活动频率（孙淑范等，2022）

5.3.4.2　蓟马的传粉

大量的研究已证实，蓟马可作为龙脑香科（Dipterocarpaceae）、林仙科（Winteraceae）、玉盘桂科（Monimiaceae）（Williams & Adam，1994；Williams et al.，2001）、大戟科（Euphorbiaceae）（Moog et al.，2002）以及忍冬科（Caprifoliaceae）（Scott-Brown et al.，2019）等被子植物，甚至一些裸子植物（Terry et al.，2007；Peñalver et al.，2012）的主要传粉者。Zhang et al.（2021）通过对狼毒不同传粉者类群进行操控处理，研究了蓟马对狼毒的传粉效率。结果表明，狼毒在开放授粉条件下，即由鳞翅目昆虫（如蛾子和蝴蝶）和蓟马共同传粉时，其花序结籽数和坐果率在两个不同年度均最高，花序平均结籽数分别为7.76个和7.04个，坐果率分别为0.26和0.25。小孔径网袋套袋的狼毒个体，因为隔离了所有通过正常途径传粉的昆虫，其坐果率和结籽率几乎为零。当狼毒花序通过大孔径网袋套袋隔离了鳞翅目昆虫访花，即仅由蓟马为其传粉时，狼毒的结籽数和坐果率相比对照

（开放授粉）明显下降，但是仍然显著高于无昆虫传粉的个体（图5-3）。这一结果表明，排除缨翅目蓟马或鳞翅目昆虫传粉均能显著降低狼毒的繁殖适合度，说明在自然种群中这两类昆虫皆可作为狼毒的有效传粉者。孙淑范（2022）通过进一步研究不同时段传粉昆虫对狼毒繁殖的贡献发现，尽管狼毒花序中夜间的蓟马数量显著高于白天，但是白天活动的蓟马对狼毒的传粉贡献明显高于夜间的蓟马（图5-4）。考虑到狼毒的异交（即自交不亲和）特性，蓟马在夜间的传粉效率相比白天低，可能是因为该昆虫在夜间主要栖息于狼毒花内，因而蓟马夜间在狼毒株间的活动频次显著低于白天。因此，白天活动的蓟马对狼毒的繁殖贡献总体高于夜间蓟马。

5.4　狼毒与蓟马的孵育—传粉互惠关系

在自然界中，植物与传粉者之间丰富多样的互作关系为我们了解植物和昆虫的多样性进化机制提供了机会，因而受到了自然历史学家、生态学家和进化生物学家的高度关注。孵育—传粉互惠关系（Brood-pollination mutualism）是植物与昆虫之间一类特殊的传粉相互类型。在这类传粉互惠系统中，传粉昆虫（成虫）能作为植物的传粉媒介为其传粉，反过来，植物作为传粉昆虫的寄主能为其提供产卵和繁育场所作为报酬（Hembry & Althoff，2016）。

根据寄主植物为传粉昆虫（幼虫）所提供食物的不同，植物与昆虫的传粉—孵育互惠关系可分为两类（Sakai，2002）。第一类，传粉昆虫以寄主植物的种子（或胚珠）为主要食物来源。这类互惠关系中最著名的例子包括榕树（*Ficus*）与榕小蜂之间（Cook & Rasplus，2003）以及丝兰（*Yucca*）与丝兰蛾之间（Riley，1892；Pellmyr，2003；Althoff，2016）的共生关系，这两种传粉共生关系也被认为是植物花与昆虫协同进化的典型示例（Holland & Fleming，1999）。研究发现，这种共生关系也发生在虎耳草（*Saxifraga*）与灰蛾（Pellmyr & Thompson，1992）、金莲花（*Trollius*）与金莲花蝇（Pellmyr，1992；Després et al.，2002；Ferdy et al.，2002）、仙人掌科鸡冠柱属（*Lophocereus*）植物和仙人掌蛾（Fleming & Holland，1998）、叶下珠属（*Phyllanthus*）与叶下珠蛾（Kato et al.，2003；Kawakita，2010）以及蝇子草（*Silene*）与两类蛾子（*Hadena*和*Perizoma*）

之间（Kephart et al.，2006）。第二类，传粉者幼虫以寄主植物的花粉粒为食，这些传粉者几乎都是缨翅目昆虫蓟马（Sakai，2002）。长期以来，蓟马由于体型微小且移动能力有限，被认为不能作为植物的有效传粉媒介。因此，植物与蓟马的互作关系相对其他传粉昆虫与植物的关系受到的关注较少。目前，蓟马的授粉作用已在许多植物中得到了证实（Mound & Terry，2001；Sakai，2001；Moog et al.，2002；Scott-Brown et al.，2019），例如澳洲铁属物种（*Macrozamia macdonnellii*）、血桐属物种（*Macaranga hullettii*）以及橡胶桑属物种（*Castilla elastica*）等。Zhang et al.（2021）研究发现，狼毒与花蓟马（*Frankliniella intonsa*）之间也存在着孵育—传粉互惠关系。

5.4.1 蓟马的生活史与狼毒开花物候的关系

Zhang et al.（2021）根据狼毒花序的开花数量将其开花物候分为4个不同阶段，即花蕾期、初花（或半花）期、全花期以及败花期，通过调查蓟马在狼毒不同开花阶段的活动规律，研究了蓟马的生活史发育阶段与狼毒开花物候之间的对应关系（彩图5-2）。研究结果表明，所研究狼毒种群在6月下旬到7月底开花，整个花期持续35～40d。对于单个花序，从初花（第一朵花开）到半花期（一半花开放）需要2.3d，初花到全花期（所有小花开放）需要10.5d，从初花期到最后一朵花萎蔫，即花序的整个花期将持续21.3d。对于一朵单花，其开花寿命平均为11.8d。相应地，蓟马倾向于在狼毒不同的开花物候阶段完成其特定的生活史发育阶段，二者之间具有显著的关联性。蓟马成虫主要在狼毒花序的初花期到半开放阶段（即半花期）访花（彩图5-2B、E），该阶段狼毒花内调查到的蓟马成虫数量占整个花期内调查总虫口数的81.7%；然而，在狼毒花序的全开放阶段，蓟马成虫的活动相对较少，占17%左右。也就是说，蓟马成虫主要在狼毒花序的初花期到全花期活动；相对应地，在这两个开花阶段，狼毒花内（花冠筒内壁）能观察到很多蓟马的虫卵（彩图5-2B、C、F、G）。蓟马幼虫主要在狼毒花序败花期的小花内发现（彩图5-2D、G、H），该阶段花内所调查到的幼虫数量占调查总虫口数的88.0%。

在孵育—传粉互惠系统中，传粉昆虫特定的生活史阶段与寄主植物特

定的开花繁殖阶段在时间上相匹配，在一定程度上反映了植物与昆虫之间的协同进化。在狼毒与蓟马的传粉互作系统中，蓟马成虫主要在狼毒初花到全花期访花觅食，并在花内完成产卵。Scott-Brown等（2019）研究发现，蓟马成虫对植物特定开花阶段的识别主要受植物花气味等化学信号物质调控而实现。待狼毒小花开败萎蔫时，花内蓟马的卵已完成孵化，同时蓟马在花内也能完成其若虫阶段的发育。已有研究表明，蓟马（例如*F. intonsa*和*F. occidentalis*）从产卵到完成若虫发育平均需要8～12d（Ullah & Lim，2015；Cao et al.，2018）。有趣的是，狼毒的一朵小花在花序上的开花时间，即单花寿命可持续11d，也就是说，狼毒单花的花寿命恰好能满足蓟马完成其产卵到化蛹前的生活史发育阶段。

5.4.2　狼毒与蓟马传粉互惠关系的维持与进化

在大多数植物与昆虫的传粉—孵育互作系统中，传粉昆虫主要依靠寄主植物的种子（或胚珠）为食抚育后代，例如经典的榕树与榕小蜂、丝兰与丝兰娥等传粉互惠系统。然而，在狼毒与蓟马的互作系统中，没有证据表明蓟马成虫或幼虫取食狼毒正在发育的种子或胚珠。在该传粉系统中，可能存在一种保护狼毒种子不被蓟马取食消耗的机制，该机制对维持狼毒与蓟马之间的互惠关系至关重要。否则，如果蓟马取食狼毒的种子或胚珠，不仅会直接损害寄主狼毒的繁殖成功，还会对蓟马自身的繁殖适合度产生影响。因为狼毒的每朵花只产生一个胚珠，发育中的种子（或胚珠）如果受损将会导致花的寿命缩短，进而影响蓟马卵的孵化和花筒中幼虫的发育，因而，蓟马对狼毒种子或胚珠的取食将最终会影响自身的繁育成功。许多研究表明，花蓟马能取食各种不同大小的植物花粉（Fu et al.，2019；Scott-Brown et al.，2019），而且几乎所有的蓟马幼虫都以寄主植物的花粉为食（Sakai，2002）。因此，在该传粉—孵育互惠系统中，蓟马也可能通过取食狼毒花粉完成其幼虫阶段的发育。

在互利共生系统中，互作双方的成本和收益平衡是维持双方互惠关系的关键（Hoeksema & Bruna，2000）。在狼毒与蓟马的传粉互作系统中，蓟马成虫为狼毒传粉；反过来，狼毒为蓟马提供产卵和繁育场所作为报酬。蓟马在该系统中通过取食狼毒花粉繁育后代而受益，狼毒以损失大量花粉为成本而获得蓟马的传粉服务。因此，Zhang et al.（2021）推测，狼毒在每朵小花中保留上下两排雄蕊可能是该植物与蓟马维持互惠关系的一种适应策略，并且两排雄蕊可能存在功能上的分化。上排花药可能不仅为该植物的繁殖提供雄性配子，而且还作为花冠口屏障保护花冠内蓟马幼虫的繁育。然而，花冠内的下排花药可能主要作为蓟马的食物来源。因此，狼毒作为寄主植物，花内产生大量花粉既可以保证该植物异花授粉成功，又能满足其传粉昆虫蓟马（幼虫）的取食或繁殖需要，即同时满足了互作双方狼毒和蓟马共同的繁殖需要，保证了彼此的繁殖成功。

植物与昆虫之间互利共生关系的进化本质上是基于互作双方适合度的正相关关系（Price，1970；Queller，1992；Wang et al.，2008），其互惠关系的维持取决于双方对彼此适合度的积极贡献。在狼毒与蓟马的互作系统中，蓟马对狼毒的有效传粉对维持共生关系起着至关重要的作用。一方面，蓟马的数量包括孵化的幼虫，反映了狼毒种群内传粉者的丰度（即数量），因此，蓟马繁殖力（即适合度）的增加也会相应地提高狼毒的繁殖适合度。另一方面，蓟马数量的增加会导致狼毒个体花粉消耗量的增加，理论上可能会导致狼毒的繁殖受到花粉限制。然而，在该传粉互作系统中，狼毒的每朵小花能产生10个花药，但仅产生1个胚珠。在这种情况下，狼毒的繁殖更可能会受到传粉者限制而不是花粉限制。当然，有一种极端情况存在，如果蓟马成虫仅限于在狼毒的一个花序或株丛内活动时（例如觅食和产卵），由于狼毒具有自交不亲和性，因而会导致蓟马对狼毒传粉失败；换言之，蓟马对狼毒的繁殖适合度没有贡献，蓟马与狼毒之间将变为寄生关系，而非互惠关系。因此，Zhang et al.（2021）认为，在狼毒草地群落中，能促进蓟马在觅食或产卵时不局限于狼毒单一株丛，而是辗转于不同株丛间活动的各种因素，都会促进二者互惠关系的进化。这些因素既包括蓟马自身的觅食行为或习性、花气味调控、花序的开花动态等生物因子，也包括天气条件（例如风）和放牧干扰等非生物因子。

参考文献

曹坤方，1993. 植物生殖生态学透视[J]. 植物学通报，10（2）：15-23.

龚燕兵，2010. 高山草甸群落内植物与传粉者相互作用的研究[D]. 武汉：武汉

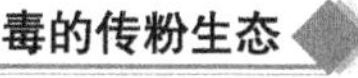

大学.
龚燕兵，黄双全，2007. 传粉昆虫行为的研究方法探讨[J]. 生物多样性，15（6）：576-583.
胡世保，辛荣仕，郭红艳，等，2018. 传粉综合征预测传粉者准确性检验——以邱北冬蕙兰为例[J]. 北京林业大学学报，40（6）：101-110.
黄双全，2007. 植物与传粉者相互作用的研究及其意义[J]. 生物多样性，15（6）：569-575.
黄双全，郭友好，2000. 传粉生物学的研究进展[J]. 科学通报，45（3）：225-237.
骆望龙，2020. 高寒退化草地狼毒的繁育系统特征及其适应性研究[D]. 兰州：甘肃农业大学.
骆望龙，张勃，方强恩，2021. 狼毒的种群生态与繁殖生物学研究进展[J]. 浙江农林大学学报，38（1）：193-204.
钦俊德，1987. 昆虫与植物的关系：论昆虫与植物的相互作用及其演化[J]. 北京：科学出版社.
孙淑范，2022. 东祁连山高寒草甸狼毒的传粉生态及其花性状选择研究[D]. 兰州：甘肃农业大学.
孙淑范，郑一凡，袁宗琦，等，2022. 狼毒种群蓟马的访花特征及其对狼毒繁殖成功的影响[J]. 草原与草坪（待刊）.
王晓月，汤晓辛，童泽宇，等，2019. 植物与传粉者地理镶嵌的协同演化：过程、证据与展望[J]. 科学通报，64（16）：1702-1710.
王以科，2014. 毛茛状金莲花花特征的变异与传粉昆虫的选择作用[J]. 兰州：兰州大学.
吴云，2018. 传粉者对偏花报春（*Primula secundiflora*）的表型选择研究[D]. 北京：中国科学院大学.
杨春锋，郭友好，2005. 被子植物花部进化：传粉选择作用的客观评价[J]. 科学通报，50（23）：2575-2582.
张大勇，2004. 植物生活史进化与繁殖生态学[M]. 北京：科学出版社.
ADLER L S，IRWIN R E，2005. Ecological costs and benefits of defenses in nectar[J]. Ecology，86：2968-2978.
ALTHOFF D M，2016. Specialization in the yucca-yucca moth obligate pollination

mutualism: a role for antagonism? [J]. American Journal of Botany, 103 (10): 1803-1809.

CAO Y, ZHI J, ZHANG R, et al., 2018. Different population performances of *Frankliniella occidentalis* and *Thrips hawaiiensis* on flowers of two horticultural plants[J]. Journal of Pest Science, 91 (1): 79-91.

COOK J M, RASPLUS J Y, 2003. Mutualists with attitude: coevolving fig wasps and figs[J]. Trends in Ecology and Evolution, 18 (5): 241-248.

DESPRÉS L, PETTEX E, PLAISANCE V, et al., 2002. Speciation in the globeflower fly *Chiastocheta* spp. (Diptera: Anthomyiidae) in relation to host plant species, biogeography, and morphology[J]. Molecular Phylogenetics and Evolution, 22 (2): 258-268.

FAEGRI K, VAN DER PIJL L, 1979. The principles of pollination ecology[M]. Oxford: Pergamon Press.

FENSTER C B, ARMBRUSTER W S, WILSON P, et al., 2004. Pollination syndromes and floral specialization[J]. Annual Review of Ecology, Evolution and Systematics, 35: 375-403.

FERDY J B, DESPRES L, GODELLE B, 2002. Evolution of mutualism between globeflowers and their pollinating flies[J]. Journal of Theoretical Biology, 217: 219-234.

FLEMING T H, HOLLAND J N, 1998. The evolution of obligate pollination mutualisms: senita cactus and senita moth[J]. Oecologia, 114 (3): 368-375.

FU B, LI Q, QIU H, et al., 2019. Oviposition, feeding preference, and biological performance of *Thrips hawaiiensis* on four host plants with and without supplemental foods[J]. Arthropod-Plant Interactions, 13 (3): 441-452.

HAGERUP O, 1953. Thrips pollination of *Erica tetrallx*[J]. New Phytologist, 52 (1): 1-7.

HEMBRY D H, ALTHOFF D M, 2016. Diversification and coevolution in brood pollination mutualisms: windows into the role of biotic interactions in generating biological diversity[J]. American Journal of Botany, 103 (10): 1783-1792.

HOEKSEMA J D, BRUNA E M, 2000. Pursuing the big questions about interspecific mutualism: a review of theoretical approaches[J]. Oecologia, 125 (3): 321-330.

HOLLAND J N, FLEMING T H, 1999. Mutualistic interactions between *Upiga virescens* (Pyralidae), a pollinating seed-consumer, and *Lophocereus schottii* (Cactaceae) [J]. Ecology, 80 (6): 2074-2084.

KATO M, TAKIMURA A, KAWAKITA A, 2003. An obligate pollination mutualism and reciprocal diversification in the tree genus *Glochidion* (Euphorbiaceae) [J]. Proceedings of the National Academy of Sciences, 100 (9): 5264-5267.

KAWAKITA A, 2010. Evolution of obligate pollination mutualism in the tribe Phyllantheae (Phyllanthaceae) [J]. Plant Species Biology, 25 (1): 3-19.

KEPHART S, REYNOLDS R J, RUTTER M T, et al., 2006. Pollination and seed predation by moths on *Silene* and allied Caryophyllaceae: evaluating a model system to study the evolution of mutualisms[J]. New Phytologist, 169 (4): 667-680.

KESSLER A, HALITSCHKE R, POVEDA K, 2011. Herbivory-mediated pollinator limitation: negative impacts of induced volatiles on plant-pollinator interactions[J]. Ecology, 92: 1769-1780.

LEMAITRE A B, PINTO C F, NIEMEYER H M, 2014. Generalized pollination system: are floral traits adapted to different pollinators? [J]. Arthropod-Plant Interactions, 8: 261-272.

LIANG X H, LEI Z R, WEN J Z, et al., 2010. The diurnal flight activity and influential factors of *Frankliniella occidentalis* in the greenhouse[J]. Insect Science, 17: 535-541.

MOOG U, FIALA B, FEDERLE W, et al., 2002. Thrips pollination of the dioecious ant plant *Macaranga hullettii* (Euphorbiaceae) in Southeast Asia[J]. American Journal of Botany, 89 (1): 50-55.

MOUND L A, TERRY I, 2001. Thrips pollination of the central Australian cycad, *Macrozamia macdonnellii* (Cycadales) [J]. International Journal of Plant Sciences, 162 (1): 147-154.

OLLERTON J, WINFREE R, TARRANT S, 2011. How many flowering plants are pollinated by animals[J]. Oikos, 120: 321–326.

PELLMYR O, 2003. Yuccas, yucca moths, and coevolution: a review[J]. Annals of the Missouri Botanical Garden, 90（1）: 35–55.

PELLMYR O, THOMPSON J N, 1992. Multiple occurrences of mutualism in the yucca moth lineage[J]. Proceedings of the National Academy of Sciences, 89（7）: 2927–2929.

PEÑALVER E, LABANDEIRA C C, BARRÓN E, et al., 2012. Thrips pollination of Mesozoic gymnosperms[J]. Proceedings of the National Academy of Sciences, 109（22）: 8623–8628.

PRICE G R, 1970. Selection and covariance[J]. Nature, 227（5257）: 520–521.

QUELLER D C, 1992. A general model for kin selection[J]. Evolution, 46（2）: 376–380.

RILEY C V, 1892. The yucca moth and yucca pollination[M]. Louis: Missouri Botanical Garden Press.

ROSAS-GUERRERO V, AGUILAR R, MARTÉN-RODRÍGUEZ, et al., 2014. A quantitative review of pollination syndromes: do floral traits predict effective pollinators[J]. Ecology Letters, 17（3）: 388–400.

SAKAI S, 2001. Thrips pollination of androdioecious *Castilla elastica*（Moraceae）in a seasonal tropical forest[J]. American Journal of Botany, 88（9）: 1527–1534.

SAKAI S, 2002. A review of brood-site pollination mutualism: plants providing breeding sites for their pollinators[J]. Journal of Plant Research, 115（3）: 161–168.

SCHUELLER S K, 2007. Island-mainland difference in *Nicotiana glauca*（Solanaceae）corolla length: a product of pollinator-mediated selection? [J]. Evolutionary Evology, 21: 81–98.

SCOTT-BROWN A S, ARNOLD S E, KITE G C, et al., 2019. Mechanisms in mutualisms: a chemically mediated thrips pollination strategy in common elder[J]. Planta; 250（1）: 367–379.

SLETVOLD N, TRUNSCHKE J, WIMMERGREN C, et al., 2012. Separating selection by diurnal and nocturnal pollinators on floral display and spur length in *Gymnadenia conopsea*[J]. Ecology and Society, 93（8）: 1880–1891.

TERRY I, WALTER G H, MOORE C, et al., 2007. Odor-mediated push-pull pollination in cycads[J]. Science, 318（5847）: 70.

ULLAH M S, LIM U T, 2015. Life history characteristics of *Frankliniella occidentalis* and *Frankliniella intonsa*（Thysanoptera: Thripidae）in constant and fluctuating temperatures[J]. Journal of Economic Entomology, 108（3）: 1000–1009.

WANG R W, SHI L, AI S M, et al., 2008. Trade-off between reciprocal mutualists: local resource availability-oriented interaction in fig/fig wasp mutualism[J]. Journal of Animal Ecology, 77（3）: 616–623.

WASER N M, CHITTKA L, PRICE M V, et al., 1996. Generalization in pollination systems, and why it matters[J]. Ecology, 77（4）: 1043–1060.

WASER N M, OLLERTON J, 2006. Plant-pollinator interactions: from specialization to generalization[M]. Chicago: The University of Chicago Press.

WILLIAMS G, ADAM P, 1994. A review of rainforest pollination and plant-pollinator interactions with particular reference to Australian subtropical rainforests[J]. Australian Zoologist, 29: 177–212.

WILLIAMS G, ADAM P, MOUND L, 2001. Thrips（Thysanoptera）pollination in Australian subtropical rainforests, with particular reference to pollination of *Wilkiea huegeliana*（Monimiaceae）[J]. Journal of Natural History, 35: 1–21.

WILSON E O, 1992. The diversity of life[J]. NewYork: w. w. Norton & Company.

YOUNG H J, 2002. Diurnal and nocturnal pollination of *Silene alba*（Caryophyllaceae）[J]. American Journal of Botany, 89（3）: 433–440.

ZHANG B, SUN S F, LUO W L, et al., 2021. A new brood-pollination mutualism between *Stellera chamaejasme* and flower thrips *Frankliniella intonsa*[J]. BMC Plant Biology, 21: 562.

ZHANG Z Q, ZHANG Y H, SUN H, 2011. The reproductive biology of *Stellera chamaejasme*（Thymelaeaceae）: a self-incompatible weed with specialized flowers[J]. Flora, 206（6）: 567–574.

6 狼毒繁殖性状的表型选择与生态适应

自然选择是一个物种种群内不同个体的非随机繁殖和存活（Kingsolver & Pfennig，2007）。换句话说，当一个物种的种群内，具有不同表现型（即不同性状）的个体具有不同的存活力、繁殖能力或具有不同交配机会时，将发生表型的自然选择，即表型选择。自然选择的思想可追溯到19世纪的达尔文时代（Darwin & Wallace，1858），但当时达尔文并未试图测量自然选择。在此后的近一个世纪，人们认为自然选择太微弱而无法直接测量，而且因缺乏有力的证据支持曾一度受到质疑（Lande & Arnold，1983）。20世纪中期以后，随着自然选择的经典实例——“工业黑化”现象的报道（Kettlewell，1973）以及后来“自然选择分析和统计”理论方法的提出和拓展（Lande & Arnold，1983），自然选择与适应由于能通过生物表型测量合理地量化而再次受到关注。近几十年来，有关植物自然选择及其多样性进化研究吸引了包括从事发育遗传学、进化发育学、进化生态学、传粉生物学和系统发育学以及古生物学等诸多领域生物学家的眼球（Campbell et al.，1991；Conner et al.，1996；Ordano et al.，2008）。

达尔文的自然选择理论认为，“如果一个物种与其适合度相关的某个性状存在个体间的变异，且该变异具有可遗传性，这一性状将随物种世代而发生改变，即该性状发生进化”。该理论模型包括3个基本要素：①所研究物种的某个性状（即目标性状）存在表型变异，即具有选择的对象或物质基础；②在世代内（Within generation），个体的适合度变异与其表型变异存在必然联系；③该表型变异在相当程度上由加性遗传方差引起，即性状变异具有可遗传性，能在不同世代间稳定遗传。表型选择发生的本质是一个物种种群内不同表型的个体与环境因子之间的互作存在差异，进而能引起不同个体的适合度变异。在此互作过程中，把生境内能导致种群不同表型个体获得不同适合度的生物和非生物因子称为选择媒介（Selective agents），例如能驱动植物花表型进化的传粉昆虫等；相应地，把生物个体能与生境选择媒介互作导致其适合度变异的表型性状，称为选择靶性状（Target traits）。

表型进化（Phenotypic evolution）是由于种群基因频率的改变所引起的某一表型性状值（种群平均）及其变异程度随世代而发生的改变（Conner & Hartl，2004）。影响一个物种表型进化的过程有突变、自然选择、遗传漂变和迁移（Migration）。但是，这4个过程中唯有自然选择才能促使一个物种发生适应性进化。换句话说，在自然选择作用下，一个物种（表型）性状的改变能赋予其更具优势的新的生态功能，以适应新的生存环境（Toland，2001；Conner & Hartl，2004）。因此，从适应的生态过程来说，适应和自然选择是同义的。因此，理解一个物种性状的自然选择过程和机制，成为探索该物种表型功能及其进化意义的基本途径。

6.1　表型选择模式及估测

6.1.1　选择模式

当一个种群内不同的表型个体具有不同的适合度时，将发生表型选择。根据不同表型性状与适合度变异的回归关系，即适合度函数（Fitness function），可将表型选择分为3种基本模式：定向选择、稳定选择和歧化选择（Disruptive selection）（图6-1）。

适合度函数：

$$\omega=\alpha+\beta z+\frac{\gamma}{2}z^2$$

式中，ω为个体适合度；α为截距；β为性状一次项回归系数；γ为性状二次项回归系数的2倍；z为性状表型值。

定向选择：具有线性的适合度函数（$\beta\neq0$，$\gamma=0$），即性状不同表型值与适合度之间具有线性回归关系。当适合度函数线性递增时，为正定向选择（Positive directional selection），即随某一性状表型值的增大，其个体的适合度随之增大。反之，为负定向选择（Negative directional selection），即随着表型值的增大，其个体适合度逐渐降低。通过定向选择能改变种群某一表型性状的均值，同时在某种程度上也能降低性状的变异度。

稳定选择：具有非线性的适合度函数（Nonlinear fitness function）（β=0，γ<0），当个体的性状表型值居中时，具有最高的适合度，而处于极端值时，其适合度最低。种群受稳定选择时，对其性状均值影响不大，却能降低该性状的变异度，最终使该性状处于相对的稳定状态。

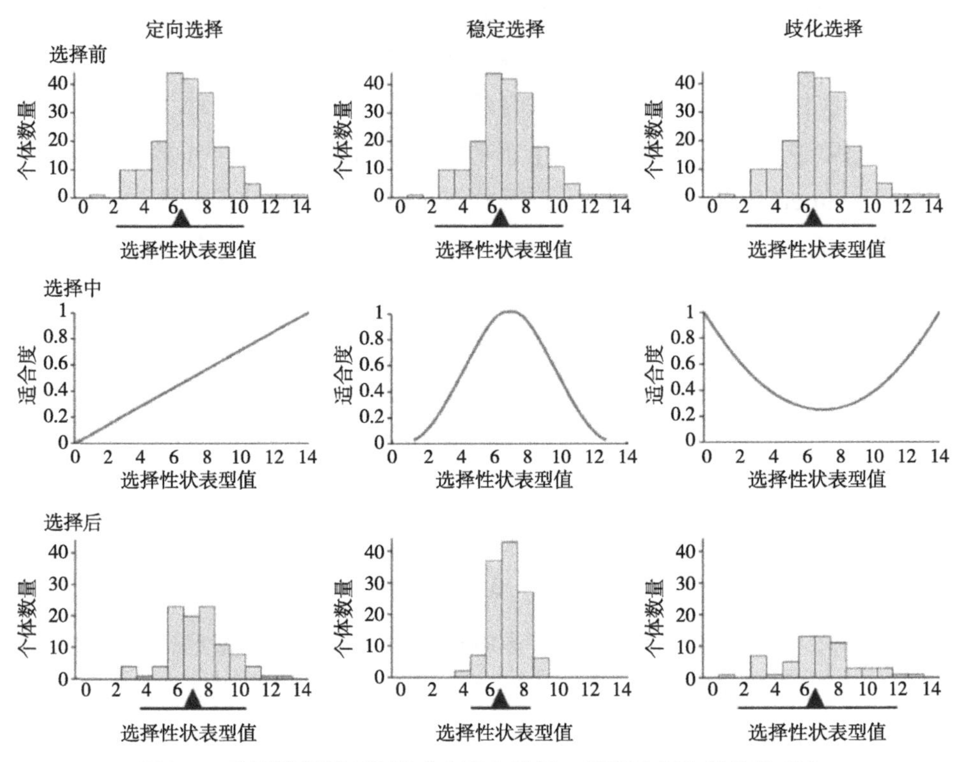

图6-1　表型选择的3种模式（定向选择、稳定选择和歧化选择）

注：上面3个图显示某一种群在选择前的性状分布特征；中间3个图显示在不同选择模式下的适合度函数（即性状变异与适合度的关系）；下面3个图显示受3种不同模式的选择后该种群性状的分布特征。上面3个图和下面3个图下的三角形表示各自种群性状的均值，黑色横线表示各自种群性状的变异度（±2 SD）（Kingsolver & Pfennig，2007）。

歧化选择：具有非线性的适合度函数（β=0，γ>0），但是与稳定选择不同的是，当性状表型值位于中间状态时，个体具有最低的适合度，而处于极端值（最大或最小）时具有最高的适合度。受歧化选择时，同样对性状均值影响不大，但能增大种群该性状的变异度。理论上讲，由于歧化选择在短期内能保持种群性状的变异度，而且它可以通过选择导致性状的适应性分化，甚至当极端表型产生生殖隔离时导致物种分化。

通常情况下，自然种群中实际发生的表型选择模式不一定具有如上标准的适合度函数，通常显得更为复杂。例如在适合度函数中，当$\beta \neq 0$和$\gamma \neq 0$时，总体上个体的适合度随性状变异表现出一个递减或递增的非线性变化趋势，但是并不是表型值居中的个体具有最高或最低的适合度。这种适合度函数称为饱和的适合度函数（Saturating fitness function）。因此，通过适合度函数，单凭一个显著的γ值并不能判断表型选择是稳定选择或歧化选择，而要根据种群的实际环境综合分析其选择进化模式。

6.1.2 选择估测

当某一性状与选择媒介（如生物、非生物环境因子）互作而导致个体的适合度变异，即该性状和选择媒介的互作与个体适合度变异之间存在因果关系时，表明该性状受到直接的自然选择作用，这一性状也就是选择的靶性状。无论如何，不同性状之间大多存在相关性，因而会导致与靶性状相关的其他性状与适合度之间也存在变异关系。因此，通过对靶性状的直接选择引起的对其他相关性状的选择作用，称为间接选择。只有直接选择作用才能引起性状的适应性进化，即对选择媒介（环境）的适应，而间接选择通常不能引起性状的适应。

选择估测方法中，应用最为广泛的是由Lande和Arnold（1983）发展的多元回归统计模型，即通过建立个体适合度与表型性状的多元回归关系进行选择模式和选择强度的估测。其总的回归模型如下：

$$\hat{w}_i = \alpha + \sum_{j}^{p} \beta_j z_{ij} + \sum_{j}^{p} \gamma_j z_{ij}^2 + \sum_{j \neq k}^{p} \sum_{k}^{p} \gamma_{jk} z_{ij} z_{ik} \quad \text{(Harder \& Johnson, 2009)}$$

式中，$\hat{w}_i$表示个体的适合度（分量）；i表示个体序号；j、k表示不同性状序号；β_j为性状z_j的一次项偏回归系数，是该性状受定向选择的主要指示；γ_j为性状z_j的二次项偏回归系数，是该性状受非线性选择的主要指示；γ_{jk}为性状z_j和z_k乘积项的偏回归系数，是两性状组合受相关选择（Correlational selection）的指示；Z_{ij}为性状Z_j的性状值；Z_{ik}为性状Z_k的性状值。

选择差（Selection differential）：估测某一性状所受的总的选择作用大

小，包括直接选择和间接选择。如果模型中只考虑一个性状（即p=1），β_j表示该性状的线性选择差（即定向选择差），2γ_j表示非线性选择差，如稳定选择（γ_j<0）和歧化选择（γ_j>0）等。

选择梯度（Selection gradient）：估测某一性状所受的直接选择作用大小。如果模型中考虑了多个性状（即p>1），β_j表示性状z_j的线性选择梯度（即定向选择度），2γ_j表示非线性选择梯度，如稳定选择（γ_j<0）或歧化选择（γ_j>0）；γ_{jk}表示对z_j和z_k性状组合的相关选择强度。

6.2 狼毒表型性状变异及相关性

植物在同一种群不同个体或不同种群之间均存在着各种形式和不同程度的表型变异。总体上，植物繁殖性状的变异性小于营养性状（路宁娜，2014）。在繁殖性状中，植物的花部结构和花序性状的变异度较小（平均CV=15%），花产量以及花蜜量等性状的变异性较大（Cresswell，1998）。Ashman和Majetic（2006）通过对植物性状遗传变异的统计研究发现，植物花39%的表型变异能归因于遗传原因。其中，花冠大小以及影响植物交配系统的雌、雄性器官相对位置性状（如柱头高度和花药位置）呈现出较大的遗传力（>0.4）；花数量、花展示以及与胚珠产量相关的性状表现出中度的遗传力（0.34）。因此，无论从性状变异程度（即选择基础）还是变异的可遗传性，均反映出植物繁殖性状通过自然选择进化的可能性和巨大潜力。狼毒是我国西南部以及北方大部分草原地区广泛分布的有毒植物，调查和研究其种群内以及不同种群间表型性状的变异性，对理解狼毒种群的表型可塑性、遗传多样性水平以及表型选择和生态适应性具有重要意义。

6.2.1 狼毒不同种群的花性状变异

不同地理分布狼毒种群表型性状的变异程度，如表6-1所示。总体上，种群内不同性状的变异格局在3个种群表现一致。在所测量性状中，单株丛花序数（即株丛分枝数）的变异系数最大，在其中2个地理种群分别为80.1%和85.3%。单花序小花数的变异系数次之，其中，天祝狼毒种群分别为27.9%和19.0%，丽江种群为27.2%。株高的变异系数居中，在3个种群分别为17.8%、13.1%和18.3%。花和花序性状中，冠口直径的变异系数最大，

且在3个种群的变异程度相当，变异系数为14.1%、14.8%15.2%；花序头大小的变异度在天祝白石头沟种群和丽江种群相当，其变异系数皆为9.3%；花筒长的变异度在3个不同种群的差异性较大，变异系数分别为4.3%、9.1%和10.0%。总体表明，反映狼毒株丛大小和生长发育相关性状的变异程度较大，然而，繁殖性状尤其是花部结构性状的变异程度较小。花部结构性状较小的变异性在一定程度上反映了这些性状的进化适应，对保证狼毒的授粉与繁殖成功具有重要意义。

表6-1　狼毒不同种群花性状变异系数（*CV*%）

性状	不同种群		
	天祝（白石头沟）	天祝（马营沟）	丽江（甘海子）
冠口大小（直径）	14.1	14.8	15.2
花筒长	4.3	9.1	10.0
花序头直径	9.3	—	9.3
花序小花数	27.9	19.0	27.2
花序数	80.1	85.3	—
株高	17.8	13.1	18.3

注：天祝2个种群位于祁连山东缘甘肃天祝高寒草甸，丽江种群位于青藏高原东南部横断山区的云南丽江甘海子。“—”表示无相关数据。

6.2.2　狼毒不同花性状的相关性

两个不同地理分布狼毒种群表型性状的相关性分析，结果见表6-2。在祁连山东缘高寒草甸天祝种群，狼毒的株丛花序数，即株丛大小与株高以及花筒长、冠口大小、花序头直径等性状皆存在显著的相关性，但相关系数均不高，在0.22～0.27。但是，在横断山地区丽江种群，狼毒的株丛花序数仅仅与小花数具有显著正相关性，而与其他花或花序结构性状无显著相关性。花和花序性状之间，花序头大小（直径）与花筒长、冠口大小和小花数在两个种群均表现出极显著相关性；其中，花序头直径与花筒长的相关性最强，在两个种群的相关系数分别为0.81和0.45（P<0.001）。

表6-2　狼毒两个不同地理种群花性状间的相关系数（骆望龙，2020）

	冠口直径	花筒长	株高	花序头直径	花序小花数	株丛花序数
冠口直径		0.07	0.12	0.25*	0.29**	0.01
花筒长	0.48***		0.01	0.45***	−0.05	−0.10
株高	−0.05	0.07		0.18	0.22*	0.06
花序头直径	0.51***	0.81***	0.13		0.40**	0.01
花序小花数	0.02	0.27**	0.23**	0.36***		0.24*
株丛花序数	−0.22*	−0.22*	0.27**	−0.25**	−0.05	

注：表左下方甘肃天祝白石头沟种群（n=120）；表右上方为云南丽江甘海子种群（n=104）。*表示在0.05水平上差异显著，**表示在0.01水平上差异显著，***表示在0.001水平上差异显著。

6.2.3　狼毒花性状变异的主成分分析

两个不同地理分布狼毒种群表型性状变异的主成分分析结果，见表6-3。研究中共测量了狼毒的6个繁殖相关性状，在两个种群分别提取了3个主成分。其中，天祝种群所提取的3个主成分解释了总变异的78.5%，丽江种群的3个主成分其解释能力较弱，共占总变异的68.01%。天祝种群的第一主成分在花筒长、花序头直径和冠口直径3个性状的载荷最高，总体反映了狼毒小花和花序的大小；而丽江种群第一主成分在花序头直径和小花数2个性状的载荷最高，主要反映了花序的总体大小。天祝种群的第二主成分在株高和株丛花序数的载荷最高，反映了狼毒株丛大小的变异；丽江种群的第二主成分在株丛花序数的载荷最高，为0.549，同样反映了狼毒株丛大小变异性。第三主成分在不同性状的荷载在两个种群间差异较大，天祝种群在花序数和小花数两个性状的荷载较高，而丽江种群在花序数和株高两个性状的荷载较高。总体表明，狼毒各表型性状间的相关关系存在空间分异，一定程度上反映了不同地理分布狼毒种群性状遗传结构的差异性。

表6-3 两个不同地理分布狼毒种群表型性状变异的主成分分析（骆望龙，2020）

性状	天祝种群（n=120）			丽江种群（n=104）		
	PC1	PC2	PC3	PC1	PC2	PC3
花性状						
花冠口直径	0.435	−0.226	0.483	0.413	0.066	0.421
花筒长	0.566	0.026	0.121	0.296	−0.657	−0.340
花序头直径	0.588	0.075	0.047	0.585	−0.290	−0.178
花序小花数	0.279	0.443	−0.662	0.519	0.370	−0.035
株丛花序数	−0.251	0.509	0.528	0.141	0.549	−0.692
株高	0.062	0.698	0.182	0.331	0.204	0.442
特征值	1.565	1.175	0.940	1.366	1.139	0.959
累积贡献率（%）	40.81	63.81	78.54	31.08	52.70	68.01

注：天祝种群位于甘肃天祝白石头沟，丽江种群位于云南丽江甘海子。

6.2.4 狼毒表型性状变异的进化生态意义

植物表型性状在种群内或种群之间均存在着各种形式和不同程度的变异（Ashman & Majetic，2006；张勃，2010）。在不同种群之间，这些变异通常被认为是植物在自然选择压力下对生物和非生物环境的局域适应（孙海芹等，2005）。在植物种群内，不同个体间的表型变异，一方面反映了个体生存环境，如水分和土壤等营养状况的异质性；另一方面反映了植物的遗传多样性水平。因此，植物表型变异程度的大小总体上反映了该植物对环境的适应能力及其选择与进化潜力大小（尹明宇等，2018）。研究发现，狼毒不同表型性状的变异度差异很大，且同一性状的变异度在不同种群也呈现出较大差异。总体来看，狼毒株丛大小，即株丛分枝数或花序数在种群内的变异系数最高，变异度最大。狼毒属于多年生植物，其株丛大小很大程度上反映了狼毒个体的年龄大小。因此，狼毒株丛大小差异较大，反映出狼毒种群的年龄结构分布较宽，种群的种苗更新能力强，种群正处于发展和扩张状态。

狼毒的花和花序性状中，花产量性状的变异系数最大，花部结构性状如花大小（冠径）、冠筒长以及花冠口直径等性状的变异度相对较小。普遍发现，植物营养器官更容易受水分、养分和光照等环境因子的影响（孙海芹等，2005），因而其营养性状的变异性往往大于花部结构性状。因此，狼毒花部结构性状存在相对较小的变异性，与大多数其他植物或前人的研究结果相一致。狼毒花产量性状的变异度高，一方面说明该性状易受环境影响而表现出较高的表型可塑性，另一方面，种群内不同个体间花数量存在较大变异性也可能是该植物在复杂传粉环境下表现出的一种繁殖对策。狼毒的花部结构性状，其变异度小在一定程度上反映了该植物对特定传粉环境的长期适应，对保证其授粉和繁殖成功、维持物种稳定具有重要意义（李海东等，2015）。此外，狼毒的花冠口大小，尽管其绝对表型值很小，但表现出较大的变异性，而且在不同种群其变异性较为稳定，这可能与该植物具有泛化的传粉系统密切有关，同时反映出花冠口大小在狼毒传粉过程中的功能意义。

6.3 狼毒繁殖性状的表型选择

6.3.1 狼毒繁殖性状的选择差

选择差估测一个性状在自然种群受到的总的选择作用。孙淑范（2022）和李佳欣（2021）在祁连山东缘（天祝）高寒草甸研究了狼毒自然种群繁殖性状的表型选择，结果见表6-4、图6-2和图6-3。狼毒花（序）结构性状，如花冠筒长和花冠口大小均未检测到显著的选择差（表6-4）；花序小花数，即花产量性状在两个不同研究种群均检测到正定向选择作用，其选择差分别为0.16 ± 0.08（P=0.063，表6-4）和0.27 ± 0.02（P<0.001，图6-2）。通过花序水平的适合度估测，狼毒株丛花序数在一个种群检测到显著的负定向选择，选择差为0.10 ± 0.02（P<0.001，表6-4，图6-2A），而在另一种群未检测到显著选择（表6-4）。然而，通过个体适合度估测，狼毒株丛花序数检测到极显著的正定向选择，选择差为0.51 ± 0.06（P<0.001，图6-3B）。狼毒的开花物候性状，如株丛盛花期和花序始花期均未检测到显著的选择差。花序的开花持续时间对狼毒花序水平的适合度有显著影响，其选择差为0.21 ± 0.02（P<0.001）；株丛花寿命和花序花寿命（株丛内平均）对狼毒个体水平的适合度皆有影响，二者均检测到显著的正定向

选择（图6-3A、D），选择差分别为0.42 ± 0.07（P<0.001）和0.24 ± 0.08（P=0.004）。

表6-4 狼毒花（序）性状的选择差（孙淑范，2022）

花性状	选择差 ± SE（n=129）	t值（P值）
花数量（花序小花数）	0.16 ± 0.08	1.876（0.063）
冠筒长	0.008 ± 0.084	0.091（0.927）
花冠（花萼）口宽	0.023 ± 0.084	0.274（0.784）
株丛花序数	0.078 ± 0.084	0.929（0.355）

注：该性状选择差以狼毒花序水平的适合度（种子数）估测。

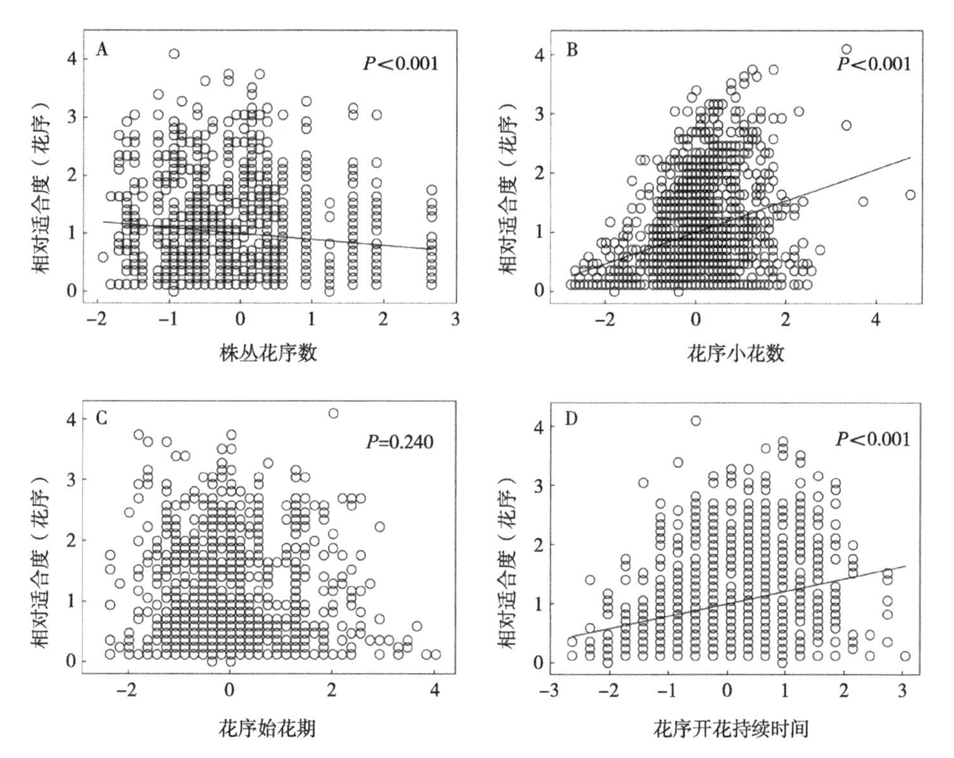

图6-2 狼毒花序（适合度）水平估测的繁殖性状选择差（李佳欣，2021）

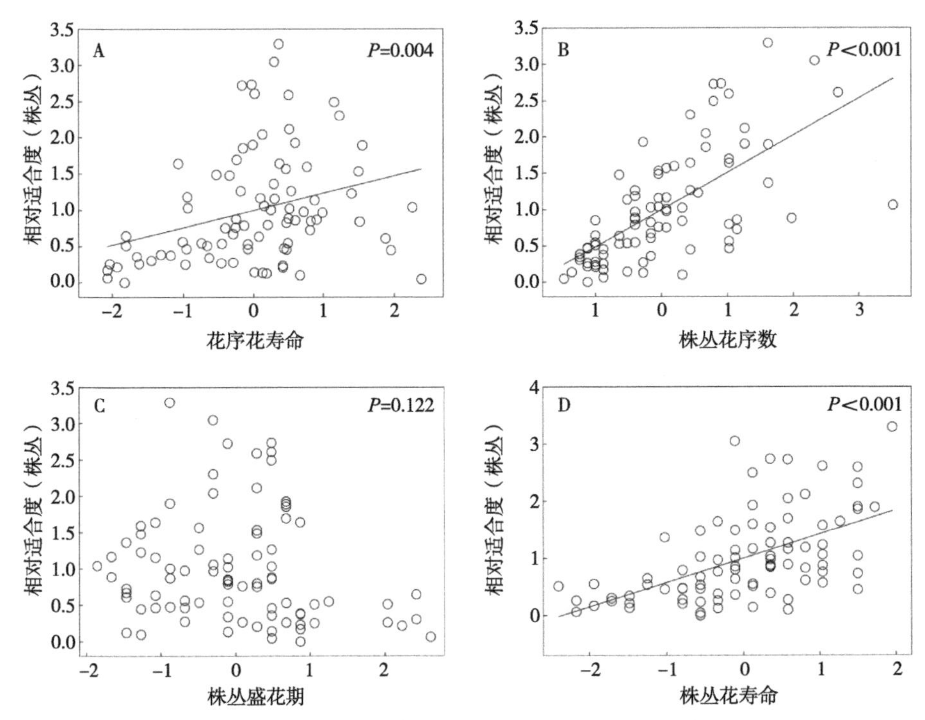

图6-3　狼毒株丛（适合度）水平估测的繁殖性状选择差（李佳欣等，2021）

注：图中的花序花寿命为株丛内各花序花寿命平均。

6.3.2　狼毒繁殖性状的选择梯度

6.3.2.1　花（序）表型性状的选择梯度

选择梯度估测一个表型性状在自然种群中受到的直接选择作用强度。骆望龙等（2021）和孙淑范（2022）研究发现，在祁连山高寒草甸自然种群，狼毒的花和花序表型性状选择在不同种群表现出较大的差异性，结果见表6-5、图6-4和图6-5。狼毒的花产量性状，即小花数量在两个不同种群均检测显著的定向选择作用，其选择梯度分别为0.330 ± 0.095（*P*<0.001，图6-4A）和0.291 ± 0.038（*P*<0.001，图6-5B）；同时，花产量性状在两个种群也检测到显著的非线性选择，其选择梯度分别为−0.54 ± 0.12（*P*<0.001，图6-4C）和−0.30 ± 0.09（*P*=0.001，图6-5E）。狼毒的花部结构性状中，花冠口宽（直径）仅在一个研究种群（即种群1）受到显著的正定向选

择，选择梯度为0.18 ± 0.08（P=0.033，图6-4B）；花冠筒长度，在另一个种群（即种群2）同时检测到线性和非线性选择作用，其选择梯度分别为0.09 ± 0.035（P=0.006，图6-5A）和-0.25 ± 0.11（P=0.024，图6-5A）。此外，狼毒的花冠筒长与花冠口大小的组合性状在其中一个种群（即种群1）受到显著的相关选择作用，其选择梯度为-0.30 ± 0.10（P=0.003，图6-4D）。狼毒的株高，即花序高度仅在一种群中（即种群2）受到显著的负定向选择作用，选择梯度为-0.11 ± 0.03（P=0.001，图6-5C），而在另一种群未检测到显著选择。

表6-5　高寒草甸狼毒不同种群花（序）性状的标准化选择梯度

性状		种群1（n=129）		种群2（n=120）	
		选择梯度 ± SE	P值	选择梯度 ± SE	P值
定向选择	花数量（花序小花数）	0.33 ± 0.09	<0.001	0.29 ± 0.038	0.001
	冠筒长	−0.08 ± 0.09	0.362	0.09 ± 0.035	0.006
	冠口宽（直径）	0.18 ± 0.08	0.033		
	株高（花序高）			−0.11 ± 0.03	0.001
非线性选择	花数量（花序小花数）^{2}	−0.54 ± 0.13	<0.001	−0.30 ± 0.09	0.001
	冠筒长^2			−0.25 ± 0.11	0.024
相关选择	冠筒长 × 冠口宽	−0.30 ± 0.10	0.003		
	株高 × 冠筒长			0.06 ± 0.04	0.106

注：非线性选择梯度为模型回归系数2倍；选择模型中适合度估测为狼毒单花序结籽数；种群1和种群2分别位于甘肃天祝白石头沟和马营沟；种群1、种群2数据分别引自孙淑范（2022）和骆望龙等（2021）。

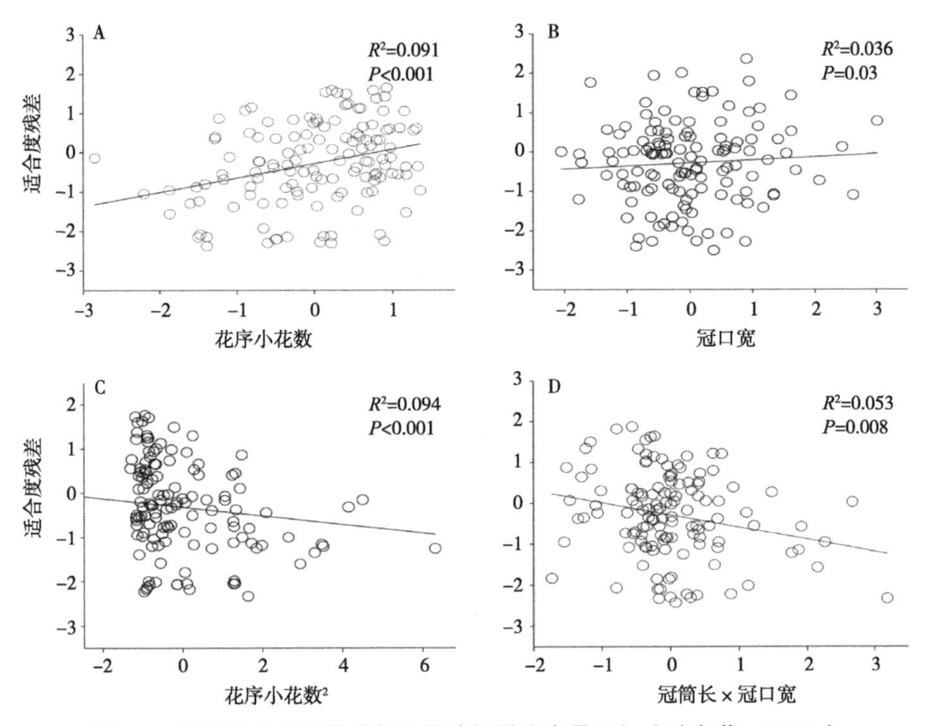

图6-4　狼毒花（序）性状标准化选择梯度变量添加（孙淑范，2022）

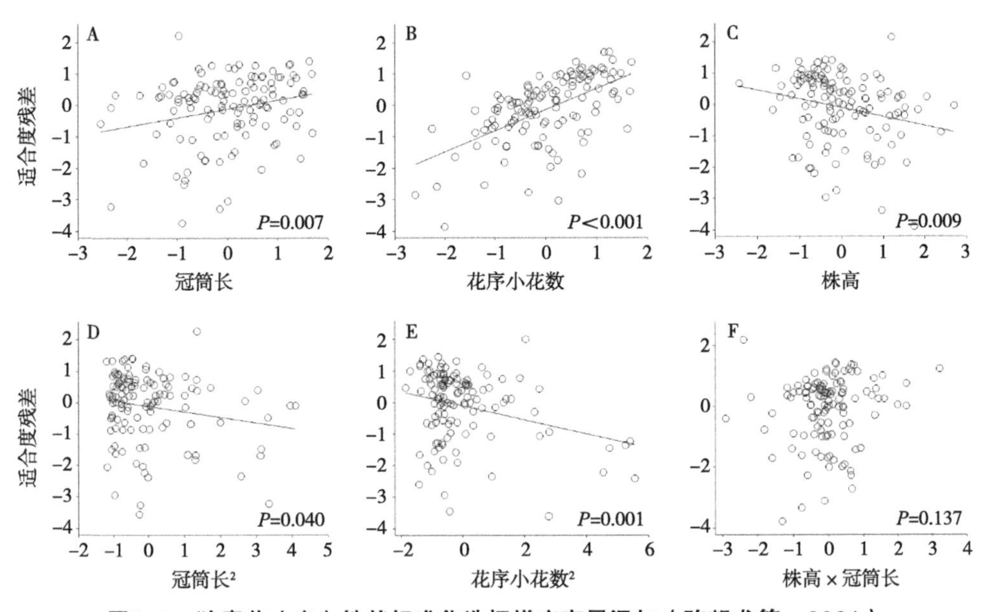

图6-5　狼毒花（序）性状标准化选择梯度变量添加（骆望龙等，2021）

6.3.2.2 开花物候性状的选择梯度

狼毒开花物候相关性状的选择，在不同适合度水平（即个体和花序水平）表现出明显差异性，结果见表6-6和表6-7。在花序水平，狼毒花序的始花期检测到极显著的正定向选择，选择梯度为0.10 ± 0.03（P<0.001）；花序开花持续时间未检测到显著的线性选择。狼毒株丛花序数与花序开花持续时间的组合性状检测到显著的负相关选择，选择梯度为−0.07 ± 0.03（P=0.018）；然而，花序始花期和花序小花数的组合性状检测到显著的正相关选择，选择梯度为0.05 ± 0.02（P=0.036）（表6-6）。在株丛（即个体）水平，狼毒的花序花寿命同时检测到显著的线性和非线性选择，其选择梯度分别为0.18 ± 0.08（P=0.039）和−0.54 ± 0.12（P<0.001）；然而，株丛（开）花寿命未检测到任何显著的选择作用。狼毒株丛的盛花期，即株丛50%的花序达到全开的日期仅仅检测到显著的线性或定向选择，选择梯度为0.18 ± 0.08（P=0.030），而未检测到显著的非线性选择。狼毒所有的开花物候相关性状，在株丛适合度水平均未检测显著的相关选择。狼毒株丛大小性状，即个体分枝数或花序数，在花序和个体适合度水平检测到方向相反的定向选择作用，其选择梯度分别为−0.11 ± 0.03（P<0.001）和0.59 ± 0.10（P<0.001）。

表6-6　狼毒花序（适合度）水平开花物候性状的选择梯度

选择模式	性状	选择梯度 ± SE（n=1 138）	P
定向选择	花序始花期	0.10 ± 0.03	<0.001
	花序开花持续时间	0.04 ± 0.03	0.285
	花序小花数	0.36 ± 0.03	<0.001
	株丛花序数	−0.11 ± 0.03	<0.001
非线性选择	株丛花序数^2	−0.06 ± 0.04	0.128
	花序小花数^2	−0.24 ± 0.03	<0.001

（续表）

选择模式	性状	选择梯度 ± SE（n=1 138）	P
相关选择	株丛花序数 × 花序开花持续时间	−0.07 ± 0.03	0.018
	株丛花序数 × 花序始花期	0.05 ± 0.03	0.068
	花序始花期 × 花序小花数	0.05 ± 0.02	0.036

注：非线性选择梯度为选择估测模型回归系数的2倍；×表示两性状组合。

表6-7　狼毒株丛（适合度）水平开花物候性状的选择梯度

选择模式	性状	选择梯度（β ± SE，n=86）	P
定向选择	花序花寿命	0.18 ± 0.08	0.039
	株丛花寿命	0.15 ± 0.09	0.111
	株丛盛花期	0.18 ± 0.08	0.030
	株丛花序数	0.59 ± 0.10	<0.001
非线性选择	花序花寿命	−0.54 ± 0.12	<0.001
	株丛花寿命	0.04 ± 0.12	0.743
	株丛盛花期	0.16 ± 0.12	0.172
	株丛花序数	−0.35 ± 0.09	<0.001

注：非线性选择梯度为选择估测模型回归系数的2倍。

6.4　狼毒花（序）性状的生态适应性

植物的功能性状反映了植物对其生长环境的响应和适应（谢立红等，2019）。普遍认为，被子植物尤其是虫媒传粉植物，其繁殖性状丰富的多样性在很大程度上是通过传粉者介导（Pollinator-mediated）的自然选择而进化（Stebbins，1970；Campbell，1996）。因此，植物的繁殖性状通常表现出较高的生态适应性。在自然种群中，当植物的花性状表达（Trait expression）存在个体间的变异，且该性状变异能引起个体繁殖适合度的差异时，将会发生性状的表型选择（Kingsolver & Pfennig，2007）。通常情况下，一个性状受到的选择作用包括直接选择和间接选择，直接选择是该性状通过与环境因子（包括生物和非生物因子）间的直接互作而发生，间接选择则是通过其相关性状与环境因子的互作而发生。换言之，一个功能性状受到的直接选择是在该性状总的选择效应中剔除了通过其他相关性状施加的间接选择后的选择效应。因此，直接选择估测了某一性状变异对植物适合度（变异）产生的直接影响，反映了该性状对环境的适应性。

6.4.1 狼毒花产量的适应性

植物的花产量决定了一个植物个体总的繁殖交配潜力和机会，因此相比其他性状更易于受到定向选择作用（Zhang & Li，2014）。换句话说，植物既可通过结实（胚珠）实现雌性适合度，也可通过花粉输出实现雄性适合度。因此，花产量高的个体总体上会获得较高的繁殖适合度，即具有相对的选择优势（Gómez，2000；Irwin，2006）。许多研究也表明，植物的花数量在自然种群受到显著的正定向选择作用，例如野萝卜花（*Raphanus raphanistrum*）（Conner et al.，1996a，1996b）、三蕊水仙花（*Narcissus triandrus*）（Hodgins & Barrett，2008）以及鼠尾草（*Salvia*）（Zhang & Li，2014）等。骆望龙等（2021）通过对祁连山高寒草甸狼毒自然种群的研究发现，该植物的花产量（单花序小花数）性状不仅具有显著的线性选择梯度，同时也具有显著的非线性选择梯度，表明狼毒的花产量性状在该研究种群具有饱和的适合度函数。这说明，花产量较大的狼毒个体总体上具有较高的雌性适合度，因此表现出定向选择趋势；然而，个体的雌性适合度并不会随着花产量的增加而线性增加，即当花数量达到某一极限（即阈值）时，其雌性适合度达到峰值而不再增加（孙淑范，2022）。

花产量除了决定植物个体的繁殖交配机会，也可能影响植物个体的花展示（Floral display）和花报酬（花蜜或花粉），因此，该性状也可通过影响个体的传粉成功而受到选择（Harder & Johnson，2009）。狼毒具有自交不亲和性，其繁殖主要通过昆虫传粉而实现，因此，花产量大的个体能获得较高适合度或具有相对选择优势，可能与该性状提高了狼毒个体的传粉者吸引，进而促进和提高了狼毒的雌性适合度有关。除此之外，植物较大的花产量在一定程度上反映了其良好的生境条件，例如土壤中活跃、多样的微生物条件以及由此营造的良好的水分和营养环境，这些有利条件反过来能促进这些个体的繁殖成功（Verma et al.，2011）。因此，小花数较多的狼毒个体具有适合度优势也与其良好的生境条件密切相关。

狼毒的花产量性状选择结果表明，该植物的繁殖适合度随个体花数量增大而趋于饱和，也可能是因为该植物在繁殖过程中存在资源限制，个体（或花序）花产量与种子发育之间存在权衡关系（Martin，1994）。换言之，该植物的花数量增加到一定程度时，即使所有的花都能完成授粉受精，但其种子发育会受到资源限制，进而导致增加的花数量不能转化为个体的雌性适合度优势。已有研究也表明，即使植物不存在资源限制，其雌性适合度也不太可能随着花产量的增大而线性增长。因为在自然种群中，植物较大的花序（较高的花产量）虽然更易于吸引昆虫访花，但是花产量增大同时会降低其单花访问频率，从而限制其繁殖效率和适合度的进一步提升（Ohashi，1998）。

6.4.2 狼毒花筒长度的适应性

植物的花冠管长或距长通常会影响传粉者与花结构的匹配度，因此会影响植物的传粉效率和适合度（Nilsson，1988；Johnson & Steiner，1997；Bloch & Erhardt，2008）。具有细长花冠筒的植物，传粉者访花时须将其喙伸入冠筒内才能取食花粉或花蜜，因此，花冠筒长直接决定着花粉的转移和沉积量，进而影响植物的繁殖成功。也就是说，花冠管长度容易受到传粉者驱动的选择而发生适应性进化（Laverty，1994）。骆望龙等（2021）研究发现，在高寒草甸自然种群，狼毒的花筒长受到显著的正定向选择作用，即花冠筒长度较长的个体具有相对的适合度优势。普遍认为，具有长喙的鳞翅目昆虫（如蝴蝶和蛾子）是狼毒主要的传粉者类群，因此，花冠筒长度的选择在很大程度上可能与传粉昆虫的喙长密切相关。达尔文推测，长口器昆虫选择访问深冠筒花，是因为植物“迫使蛾子将喙伸入冠筒底部能得到有效授粉”；而且认为，植物的花冠管伸长本身可能会选择口器较长的传粉者，因为传粉者从深花筒中获取的花蜜量与口器长度之间具有一定的正相关性（Darwin，1862）。这一推测已被许多研究所证明，例如Nilsson（1988）通过缩短兰科植物*Platanthera bifolia*和*P. chlorantha*的花冠筒，证明能显著降低个体的雌雄适合度。另外，Sletvold et al.（2010）通过对兰科植物*Dactylorhiza lapponica*花表型选择的研究也发现，花冠长比花大小更容易受到传粉者施加的选择压力，即具有较长花冠筒的个体其雌性适合度越高。

另有研究表明，植物花器官的增大可以有效提高花内温度，进而能促进胚珠发育、花粉管生长和种子发育等（Hedhly et al.，2005；Dietrich & Koerner，2014；张国鹏等，2017）。因此，花筒相对较长的狼毒个体具有适合度优势也可能与其花内温度较高有一定关系。另外，骆望龙等（2021）研究也发现，狼毒的花筒长除了受定向选择，也表现出一定的稳定选择趋向。也就是说，花筒长并非越长越具有选择优势，这除了与传粉昆虫的喙长密切相关外，也可能与狼毒花（序）不同构件或性状间的资源权衡（Trade-off）有关。

6.4.3 狼毒花冠口大小的适应性

如前所述，具有细长花冠筒的植物，访花昆虫在传粉时须将其喙准确地插入花冠筒才能为植物移出或落置花粉，因此花冠口大小也会直接影响传粉昆虫的觅食和传粉效率，进而影响植物的繁殖成功（Trunschke et al.，2020；Muchhala & Thomson，2009）。孙淑范（2022）通过研究高寒草地狼毒的花表型适应性发现，狼毒的花冠口大小受到了显著的正定向选择作用，表明花冠口较大的花比花冠口小的花具有更高的适合度，即选择优势。这可能是因为，狼毒具有较大的花冠口时，有利于鳞翅目长喙昆虫将喙插入花冠筒，从而提高昆虫的传粉效率，使具有较大花冠口的个体具有更高的传粉和繁殖效率。换句话说，狼毒的花冠口大小性状可能更多地通过鳞翅目昆虫施加的选择压而进化。但是，骆望龙等（2021）在高寒草地另一狼毒种群研究发现，花冠口大小并未受到显著的选择作用，而花冠筒长度受到了显著选择。大量研究显示，植物的传粉昆虫类群或组成存在很大的时空变异性，从而能导致花性状选择在不同种群或同一种群不同年度间存在很大的波动性（Harder & Johnson，2009）。因而，狼毒花性状选择在不同种群的差异性可能与其传粉者类群在不同种群间的变异有关。

6.4.4 狼毒株高的适应性

有研究表明，植物的株高因决定其繁殖器官（如花序头）的高度，在一定程度上能通过吸引传粉昆虫而受到定向选择，即植株个体越高，越有利于植物的适合度实现（Irwin，2000）。骆望龙等（2021）通过对高寒草甸狼毒种群的研究发现，狼毒株丛高度检测到极显著的负定向选择梯度，表明在该研究种群，狼毒株丛越矮，越有利于其繁殖成功和适合度实现。但是，狼毒株高的选择差并不显著，这可能是因为该性状同时受其他因素的正向选择作用影响，从而导致其总的选择作用（即选择差）统计不显著。

狼毒株高受到显著的负定向选择作用可能与其生存的高海拔特殊生境密切相关。许多研究表明，高山植物容易受资源限制、各器官间资源分配权衡以及传粉者数量和传粉效率降低（吴云，2015）等因素影响，倾向于减少其营养器官的生物量和资源投入，相应地提高其繁殖相关性状的资源投入（Zhao，2006；Milla & Reich，2011）。同样，张茜等（2013，2015）研究认为，狼毒株高降低能有效减少植株水分的散失，并将其资源投入到繁殖器官（如花大小及产量），从而有利于繁殖成功。因此，在高寒草地恶劣生境下（如资源限制），株丛相对较高的狼毒个体虽然在一定程度上能提高其传粉者吸引力，但株丛变高同时会增加个体的资源投入，这将不利于狼毒最终的繁殖适合度实现。

6.4.5 狼毒的花表型整合

植物功能性状之间的不同组合与权衡反映了植物对环境变化的适应（杨冬梅，2012）。当植物的两个性状通过互作影响个体的繁殖适合度时，该性状组合（Trait combination）将受到相关选择作用（Conner，2004），进而可导致植物表型性状及其功能的整合（Ordano，2008）。花作为植物的繁殖器官，是由许多构件（Module）（如花萼、花冠、雌蕊和雄蕊等）或相关性状群（Pleiades）构成的复杂器官。研究表明，由传粉者介导的花性状选择能促进花部性状功能的整合，即适应性花表型整合，促使不同花构件能协同调节，提高其与传粉者的匹配性（Olson & Miller，1958），实现传粉效

率的最大化。孙淑范（2022）通过对高寒草甸狼毒的花适应性研究发现，该植物的花冠口宽和花冠筒长度的组合性状在种群内受到负的相关选择作用。换言之，在该狼毒自然种群，花冠口较大的短管花和花冠口较小的长管花都具有相对的适合度优势，因此这种相关选择将促进狼毒的花冠口大小与花筒长度两性状的相关性演化，即表型整合。分析认为，狼毒如此的花性状选择反映了该植物对不同功能群昆虫传粉的分化适应，其花冠口宽、冠筒短的花更适合长喙鳞翅目昆虫传粉，而花冠口小、冠筒长的花更适合缨翅目昆虫蓟马传粉。此外，在高寒草甸狼毒另一种群，株丛相对较矮、花筒较长和花序小花数较多的个体越有利于获得更高的繁殖适合度而受到选择（骆望龙等，2021）。

6.4.6 狼毒株丛大小的适应性

多年生植物在其生活史过程中，既要最大可能地产生种子延续后代，又要保证亲代的存活，并在以后的生长季节继续繁殖，因此会存在营养生长和有性繁殖之间的权衡（张林静等，2007）。李佳欣等（2021）研究发现，在花序（适合度）水平，狼毒株丛分枝数（即花序数）具有显著的负定向选择差和选择梯度；相反，在株丛（即个体）水平，株丛分枝数同时具有显著的正定向选择梯度和非线性选择梯度。说明，狼毒株丛越大、个体花序数越多时，花序的平均雌性适合度将显著降低；但是，狼毒个体总的繁殖适合度随花序数增多而增大，当增大到一定程度时将趋于饱和。这与花产量性状的选择模式极为相似。总体看，狼毒株丛增大、花序数增多，能显著提高个体的花展示及其繁殖交配机会，如小花数和雌、雄性配子数等，这均有利于个体的繁殖成功和适合度提升。另外，花序数增多势必会造成个体繁殖投入（或繁殖代价）的增大，进而导致个体的适合度收益随花序数增大而降低，即个体适合度随株丛分枝数增多呈现出饱和趋势。植物繁殖代价的增大部分地由植物对其繁殖支持结构的资源投入增大而引起（何玉惠等，2009；Reekie，1998）。普遍认为，植物的繁殖分配随个体增大而减少，是植物个体增大所引起的繁殖代价增大的直接后果。许多研究表明，植物的繁殖分配随着营养器官生物量（个体大小）的增大而减小；换言之，植物个体越大，对繁殖的绝对投入会越高，但其相对的繁殖分配越低；然而，小个体与之相反，其繁殖分配则相对较高（张林静，2007；Wyatt，1992）。因此，狼毒个体的繁殖适合度随分枝数增多而趋于饱和，表明狼毒当年的繁殖适合度收益随株丛增大而逐渐降低。

6.4.7 狼毒花期与花寿命的适应性

植物的开花时间即花期是影响植物繁殖成功的最重要因素。开花太早，植株无法积累足够资源，进而会限制种子的产出；开花太晚，生长季太短，植物没有足够的时间发育成熟，同样影响其种子产量（刘乐乐等，2012；Elzinga et al.，2007）。花期除了影响植物的生育期，对于虫媒传粉植物，花期还决定了该植物是否能与其传粉昆虫活动时间相遇，从而影响其传粉与繁殖成功。通常情况下，在不同年度或整个生长季内，植物的传粉昆虫类群和访花频率会发生波动，从而导致植物传粉和繁殖效率在不同年度、季节、甚至在不同花期的变化（Hirao et al.，2006；Kudo，2021）。反过来，影响植物繁殖成功的这些因素会对其花期施加选择压，促使其发生适应性进化。

李佳欣等（2021）研究发现，在高寒草甸狼毒自然种群，其花序的始花期和株丛的盛花期都具有显著的线性选择梯度，表明狼毒的开花时间受到定向选择作用，开花较晚的花序和盛花期较晚的个体具有较高的雌性适合度。狼毒属于虫媒传粉植物，其传粉昆虫活动频率的高低，将直接影响其传粉效率和繁殖成功。调查发现，该研究种群中对狼毒晚花期个体的选择作用与该种群在开花后期传粉者活动频次升高有关。除了传粉昆虫活动频次的变化，植物在不同花期传粉者类群及其访花行为的变化也会对其繁殖适合度产生影响。Hirao et al.（2006）对牛皮杜鹃（*Rhododendron aureum*）的研究发现，该植物在不同花期其传粉昆虫的访花行为不同。迟开花种群的传粉昆虫相较早花种群，具有较高的同株异花传粉，从而使得晚花植物的自交率上升、近交衰退严重，进而导致其适合度下降。狼毒是典型的异交植物，其传粉者类群多样（详见第5章），晚开花个体具有相对较高的适合度，也可能与该种群在开花后期传粉者类群比例及其访花行为变化有关。

花寿命不仅决定植物被传粉者访问的概率，同时会影响自身的花粉移出和外来花粉落置（即授粉）的机会（高江云等，2009）。许多研究表明，在传粉昆虫多样性低、数量少和活动频率低的环境中，花寿命的延长在一定程度上能弥补传粉昆虫的不足，增加个体的授粉机会，提高其繁殖适合度（Bingham & Orthner，1998）。因此，较长的花寿命被认为是高山植物弥补传粉者限制的一种重要策略（彭德力等，2012）。李佳欣等（2021）对高寒草地狼毒的研究发现，狼毒花序的平均开花寿命不仅具有显著的定向选择梯度，而且还具有极显著的非线性选择梯度。这一结果表明，狼毒花序花寿命延长总体上有利于个体的繁殖适合度实现，但随着花寿命延长，其适合度收益逐渐降低。换言之，当狼毒花序的花寿命在一定范围时，其花寿命延长能显著提高个体的繁殖适合度，当超出这一范围，花序花寿命的延长不再显著提升其雌性适合度，即个体适合度随花序花寿命延长而趋于饱和。研究发现，植物通过延长花寿命获得更多交配机会的同时，也会增加其维持花开放的资源投入，即增加繁殖代价，最终影响植物的适合度实现（张志强和李庆军，2009）。因此，当狼毒单花或花序花寿命过长时，反而会消耗过多的资源，影响其适合度，从而使得花寿命性状具有饱和的适合度曲线。另外，李佳欣等（2021）通过狼毒花序水平的适合度估测，其株丛花序数与花序开花持续时间的组合性状检测到显著的负相关选择，表明狼毒分枝数越少（即个体越小）、花序开花时间越长时，单个花序的雌性适合度越高。这一结果进一步暗示，狼毒株丛花序数增多、花序花寿命维持与狼毒花序的平均适合度之间存在明显的资源权衡。Castro et al.（2008）对远志属植物*Polygala vayredae*的研究中发现，在传粉者缺乏的情况下，花寿命延长尽管能保障该植物的受精机会，但是在花寿命后期受精的花朵，其结籽率和种子重量等指标均显著降低，进一步表明花寿命延长对植物雌性繁殖适合度不利的影响。

参考文献

高江云，杨自辉，李庆军，2009. 毛姜花原变种花寿命对两性适合度的影响[J]. 植物生态学报，33（1）：89-96.

何玉惠，赵哈林，刘新平，等，2009. 不同类型沙地长穗虫实的繁殖分配及其与个体大小的关系[J]. 干旱区研究，26（1）：59-64.

李海东，任宗昕，吴之坤，等，2015. 二型花柱植物海仙花报春花部性状随地理梯度的变异[J]. 生物多样性，23（6）：747-758.

李佳欣，张勃，夏建强，等，2021. 高寒草地瑞香狼毒的开花物候特征及花寿命[J]. 草业科学，38（10）：1958-1965.

刘乐乐，刘左军，杜国祯，等，2012. 毛茛状金莲花不同花期的花特征和访花昆虫的变化及表型选择[J]. 生物多样性（3）：317-323.

骆望龙，2020. 高寒退化草地狼毒的繁育系统特征及其适应性研究[D]. 兰州：甘肃农业大学.

骆望龙，李佳欣，孙淑范，等，2020. 不同海拔狼毒种群花性状变异及交配系统特征的研究[J]. 草原与草坪，40（4）：27-33.

骆望龙，夏建强，李佳欣，等，2021. 高寒退化草地狼毒繁殖性状的选择及其适应性[J]. 草业学报，30（4）：121-129.

彭德力，张志强，牛洋，等，2012. 高山植物繁殖策略的研究进展[J]. 生物多样性，20（3）：286-299.

孙海芹，李昂，班玮，等，2005. 濒危植物独花兰的形态变异及其适应意义[J]. 生物多样性，13（5）：376-386.

孙淑范，2022. 东祁连山高寒草甸狼毒的传粉生态及其花性状选择研究[D]. 兰州：甘肃农业大学.

吴云，刘玉蓉，彭瀚，等，2015. 高山植物全缘叶绿绒蒿在不同海拔地区的传粉生态学研究[J]. 植物生态学报，39（1）：1-13.

谢立红，黄庆阳，曹宏杰，等，2019. 五大连池火山色木槭叶功能性状特征[J]. 生物多样性，27（3）：286-296.

杨冬梅，章佳佳，周丹，等，2012. 木本植物茎叶功能性状及其关系随环境变化的研究进展[J]. 生态学杂志，31（3）：702-713.

尹明宇，朱绪春，刘慧敏，等，2018. 西伯利亚杏种质资源花表型变异[J]. 西北农林科技大学学报（自然科学版），46（2）：91-103.

张勃，2010. 鼠尾草花表型的进化生态学研究[D]. 北京：中国科学院研究生院.

张国鹏，杨明柳，程贤训，等，2017. 高山植物花形态特征对花温度积累的影响[J]. 广西植物，37（7）：822-828.

张林静，石云霞，潘晓玲，2007. 草本植物繁殖分配与海拔高度的相关分析[J]. 西北大学学报（自然科学版）（1）：77-80，90.

张茜，赵成章，董小刚，等，2015. 高寒退化草地不同海拔狼毒种群花大小与叶大小、叶数量的关系[J]. 生态学杂志，34（1）：40-46.

张茜，赵成章，马小丽，等，2013. 高寒草地狼毒种群繁殖分配对海拔的响应[J]. 生态学杂志，32（2）：247-252.

张志强，李庆军，2009. 花寿命的进化生态学意义[J]. 植物生态学报，33（3）：598-606.

ASHMAN T L，MAJETIC C J，2006. Genetic constraints on floral evolution：a review and evaluation of patterns[J]. Heredity，96：343-352.

BINGHAM R A，ORTHNER A R，1998. Efficient pollination of alpine plants[J]. Nature，391（6664）：238-239.

BLOCH D，ERHARDT A，2008. Selection toward shorter flowers by butterflies whose probosces are shorter than floral tubes[J]. Ecology，89（9）：2453-2460.

CAMPBELL D R，WASER N M，PRICE M V，et al.，1991. Components of phenotypic selection：pollen export and flower corolla width in Ipomopsis aggregata[J]. Evolution，45：1458-1467.

CASTRO S，SILVEIRA P，NAVARRO L，2008. Effect of pollination on floral longevity and costs of delaying fertilization in the out-crossing *Polygala vayredae* Costa（Polygalaceae）[J]. Annals of Botany，102（6）：1043-1048.

CONNER J K，HARTL D L，2004. A primer of ecological genetics[M]. Massachusetts：Sinauer Associates.

CONNER J K，RUSH S，JENNETTEN P，1996. Measurements of natural selection on floral traits in wild radish（Raphanus raphanistrum）. I. Selection through lifetime female fitness[J]. Evolution，50：1127-1136.

CONNER J K，RUSHM S，KERCHER S，et al.，1996. Measurements of natural selection on floral traits in wild radish（Raphanus raphanistrum）. Ⅱ. Selection through lifetime male and total fitness[J]. Evolution，50：1137-1146.

CONNER J K，1996. Understanding natural selection：an approach integrating selection gradients，multiplicative fitness components，and path analysis[J]. Ethology Ecology and Evolution，8（4）：387-397.

CRESSWELL J E，1998. Stabilizing selection and the structural variability of flowers within species[J]. Annals of Botany，81（4）：463.

DARWIN C，1862. On the various contrivances by which british and foreign orchids are fertilised by insects[M]. London：John Murray：202.

DARWIN C，WALLACE A R，1858. On the tendency of species to form varieties；and on the perpetuation of varieties and species by natural means of selection[J]. Journal of the Linnean Society of London，Zoology，3：45–62.

DIETRICH L，KOERNER C，2014. Thermal imaging reveals massive heat accumulation in flowers across a broad spectrum of alpine taxa[J]. Alpine Botany，124（1）：27–35.

ELZINGA J A，ATLAN A，BIERE A，et al.，2007. Time after time：flowering phenology and biotic interactions[J]. Trends in Ecology & Evolution，22（8）：432–439.

GÓMEZ J，2000. Phenotypic selection and response to selection in *Lobularia maritima*：importance of direct and correlational components of natural selection[J]. Journal of Evolutionary Biology，13（4）：689–699.

HARDER L D，JOHNSON S D，2009. Darwin's beautiful contrivances：evolutionary and functional evidence for floral adaptation[J]. New Phytologist，183（3）：530–545.

HEDHLY A，HORMAZA J I，HERRERO M，2005. The effect of temperature on pollen germination，pollen tube growth，and stigmatic receptivity in peach[J]. Plant Biology，7（5）：476–483.

HIRAO A S，KAMEYAMA Y，OHARA M，et al.，2006. Seasonal changes in pollinator activity influence pollen dispersal and seed production of the alpine shrub *Rhododendron aureum*（Ericaceae）[J]. Molecular ecology，15（4）：1165–11733.

HODGINS K A，BARRETT S C，2008. Natural selection on floral traits through male and female function in wild populations of the heterostylous daffodil *Narcissus triandrus*[J]. Evolution，62（7）：1751–1763.

IRWIN R E，2000. Morphological variation and female reproductive success in two sympatric *Trillium* species：evidence for phenotypic selection in *Trillium erectum* and *Trillium grandiflorum*（Liliaceae）[J]. American Journal of Botany，87（2）：205–214.

IRWIN R E，2006. The consequences of direct versus indirect species interactions to selection on traits：pollination and nectar robbing in *Ipomopsis aggregata*[J]. American Naturalist，167（3）：315–328.

JOHNSON S，STEINER K，1997. Long-tongued fly pollination and evolution of floral spur length in the *Disadraconis complex*（Orchidaceae）[J]. Evolution，51：45–53.

KETTLEWELL B，1973. The evolution of melanism：the study of a recurring necessity[M]. Oxford：Oxford University Press.

KINGSOLVER J G，PFENNIG D W，2007. Patterns and power of phenotypic selection in nature[J]. Bioscience，57（7）：561–572.

KUDO G，2021. Habitat-specific effects of flowering advance on fruit-set success of alpine plants：a long-term record of flowering phenology and fruit-set success of Rhododendron aureum[J]. Alpine Botany，131：53–62 .

LANDE R，ARNOLD S J，1983. The measurement of selection on correlated characters[J]. Evolution，37（6）：1210–1226.

LAVERTY T M，1994. Bumblebee learning and flower morphology[J]. Animal Behaviour，47：531–545.

MARTIN B，1994. Bateman's principle and plant reproduction：the role of pollen limitation in fruit and seed set[J]. Botanical Review，60（1）：83–139.

MILLA R，REICH P B，2011. Multi-trait interactions，not phylogeny，fine-tune leaf size reduction with increasing altitude[J]. Annals of Botany，107（3）：455–465.

MUCHHALA N，THOMSON J D，2009. Going to great lengths：selection for long corolla tubes in an extremely specialized bat-flower mutualism[J]. Proceedings of the Royal Society B：Biological Sciences，276（1665）：2147–2152.

NILSSON L A，1988. The evolution of flowers with deep corolla tubes[J]. Nature，334：147–149.

OHASHI K，YAHARA T，1998. Effects of variation in flower number on pollinator visits in *Cirsium purpuratum*（Asteraceae）[J]. American Journal of Botany，85（2）：219–224.

OLSON E C, MILLER, R L, 1958. Morphological integration[M]. Chicago, USA: University of Chicago Press.

ORDANO M, FORNONI J, BOEGE K, et al., 2008. The adaptive value of phenotypic floral integration[J]. New Phytologist, 179: 1183-1192.

REEKIE E G, 1998. An explanation for size-dependent reproductive allocation in Plantago major[J]. Canadian Journal of Botany, 76（1）: 43-50.

SLETVOLD N, GRINDELAND J M, GREN J, 2010. Pollinator-mediated selection on floral display, spur length and flowering phenology in the deceptive orchid *Dactylorhiza lapponica*[J]. New Phytologist, 188（2）: 385-392.

STEBBINS G L, 1970. Adaptive radiation of reproductive characteristics in angiosperms, I: pollination mechanisms[J]. Annual Review of Ecology and Systematics, 1: 307-326.

TOLAND Ø. 2001. Environment-dependent pollen limitation and selection on floral traits in an alpine species[J]. Ecology, 82（8）: 2233-2244.

TRUNSCHKE J, SLETVOLD N, ÅGREN J, 2020. Manipulation of trait expression and pollination regime reveals the adaptive significance of spur length[J]. Evolution, 74（3）: 597-609.

VERMA S K, ANGADI S G, PATIL V S, et al., 2011. Growth, yield and quality of chrysanthemum（*Chrysanthemum morifolium* Ramat.）cv. *raja* as influenced by integrated nutrient management[J]. Karnataka Journal of Agricultural Sciences, 24: 681-683.

WYATT R E, 1992. Ecology and evolution of plant reproduction[M]. Ecology and evolution of plant reproduction.

ZHANG B, LI Q J, 2014. Phenotypic selection on the staminal lever mechanism in *Salvia digitaloides*（Labiaceae）[J]. Evolutionary Ecology, 28（2）: 373-386.

ZHAO Z G, DU G Z, ZHOU X H, et al., 2006. Variations with altitude in reproductive traits and resource allocation of three tibetan species of ranunculaceae[J]. Australian Journal of Botany, 54（7）: 691-700.

7　狼毒种群生态学特征

种群（Population）指一定时间内占据一定空间的同种生物的所有个体，是生物存在和繁殖的基本单位，也是生物进化和物种保护的基本单位（黄瑞复，2000）。一个物种可以包括许多种群，不同种群之间存在着明显的空间隔离，长期隔离的结果有可能发展为不同的生态型、生态种、亚种，甚至产生新的物种（Pannell，2012）。植物种群生态学（Plant population ecology）是研究植物种群的数量动态、特性、分化以及种群与环境间相互关系的科学，研究的基本内容包括种群结构、种群生态、种群动态、种群进化等（Krebs，2015）。

近年来，植物种群生态学通过与种群遗传学以及种群水平上整体的植物生理学相互交叉，试图理解植物种群在生态学规模和进化规模上的意义，从过去主要对结果的描述走向对机理成因的解释，从生活史对策或生态对策的高度解译植物种群与环境的关系（钟章成和曾波，2001）。狼毒作为草原退化的指示性物种，近年来因其在天然草地大面积扩张引起了学者的高度关注。同时，国内外学者围绕狼毒种群分布、区系、年龄结构、个体生态和群落生态等作了比较深入的研究，为狼毒的种群生态学奠定了基础。

7.1　狼毒年龄判定与龄级划分

狼毒为多年生草本植物，其直根肥大、粗壮，木质化，40 ~ 50cm，最长可达1m以上；茎直立，丛生，20 ~ 50cm，基部常木质化。狼毒地上茎在越冬后绝大部分枯死，仅基部存活，其个体年龄能通过观察地下根颈分枝特征进行断定。

7.1.1 狼毒根颈分枝特征

狼毒的地下部分可分为根颈（Root-crown）和根系（Root system）两部分（图7-1）。根颈部的形态为多年积累形成的多级“二叉式”分枝，根茎顶端着生地上茎，并具有多数往年老茎的残茬。每一回茬状分枝后留下的痕迹，其形态类似一个“节”，是新枝和老枝的“分界线”。根颈分枝数和总长度随着生长年限的增加而增加。根颈最下端有一环状“凹痕”，该处为幼苗期的“子叶着生点”（图7-2），是根颈与根系之间的分界线（邢福，2016）。

根据狼毒根颈形态特征，邢福等（2004）将其分枝方式命名为“类二叉分枝”（Quasi-dichotomous branching），以区分于真正的“二叉分枝”（Dichotomous branching）和“假二叉分枝”（False dichotomous branching）。二叉分枝，即某些低等植物（如网地藻）和少数高等植物（如地钱、石松、卷柏等）由顶端分生组织一分为二的分枝；假二叉分枝，即某些高等植物由于顶芽停止发育而其下部的两个“对生”侧芽同时发育为新枝，新枝顶芽的生长活动也同母枝一样，再生一对新枝，如此反复的分枝方式。

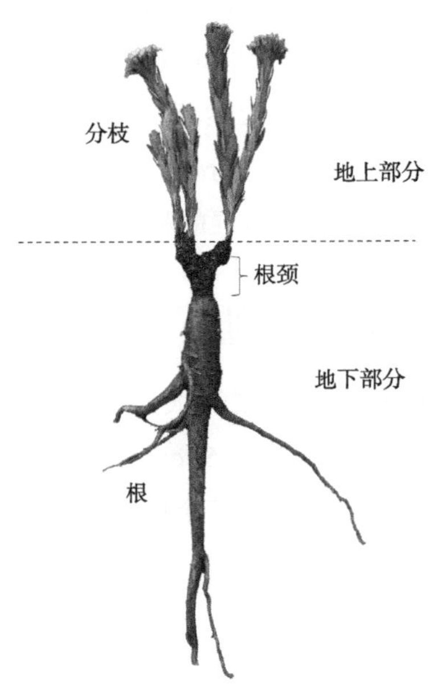

图7-1 狼毒植株形态及主要功能器官示意图

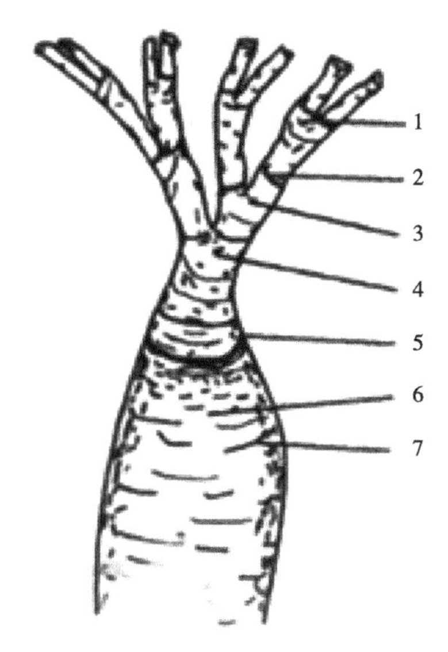

1. 第三回分枝；2. 环状痕；3. 第二回分枝；4. 第一回分枝；5. 子叶着生点；6. 主根；7.皮孔

图7–2 狼毒根颈分枝顺序及其与主根结合处的形态（邢福，2016）

7.1.2 狼毒个体年龄判定

邢福等（2004）通过观察自然种群中近千株狼毒个体的根颈部形态学特征，归纳和总结出了判定狼毒个体实际年龄的“类二叉分枝”法，其具体步骤如下。

（1）从根茎下端的第一回“类二叉分枝”开始，沿着固定的根颈分枝向上依次计数分枝回数，直至数到当年枝条为止。每一回分枝对应一个年份。

（2）据观察，种子萌发成幼苗，当年仅形成一个地上茎，且不分枝。由于一年生幼苗的茎非常细弱，越冬后全部枯死。来年则由根系顶端重新萌发新枝，新枝条通常只有1个，极少长出2个枝条。从形态上看，二年生植物的茎要比一年生植物的茎粗壮得多，但是越冬后其地上部分也几乎全部枯死，仅有茎基部很短的一段茎尚存活；春季返青后，该植株由此残留的茎基部再生出新的地上茎。通过对2 ~ 4年生植株的观察，发现绝大多数个体是在生长的第3年才形成“第一回”类二叉分枝。因此，邢福等（2004）认为，狼毒个体的实际年龄应为“类二叉分枝回数加2”。

狼毒根颈虽然表现出“类二叉分枝”基本规律，但在个体年龄判断中因一些例外情况可能出现误判。例如对老龄狼毒个体，其根颈增粗生长比较明显，周皮老化较为严重，根颈环状常常模糊不清，“二叉”分枝中常出现缺少一个“叉”（茎）的现象，因此可能导致年龄判定不准。遇到这种情况，应注意寻找枝痕，作为辅助判断的重要形态标志（邢福，2016）。

7.1.3 狼毒不同龄级划分

“类二叉分枝”法虽然能相对准确地判断狼毒个体的年龄，但是采用该方法判断个体年龄时，需将狼毒根部挖开观察其根颈形态。因此，在野外自然种群调查中，无法采用此方法直接判定狼毒个体的年龄。研究表明，狼毒分枝数与其年龄密切相关，一般来说，年龄较大的狼毒个体具有更多的分枝数（Guo et al.，2021）。因此，在实践中，常根据株丛分枝数将狼毒划分为不同的年龄等级（彩图7-1）。

Guo et al.（2021）根据狼毒植株的分枝数量，将自然种群的狼毒个体分为10个年龄等级（Ⅰ～Ⅹ），具体方法和相关参数见表7-1。狼毒Ⅰ龄级个体，一般指当年生幼苗（幼年期），仅有一个细小而短的地上枝，株高3～8cm，当年不开花（彩图7-1Ⅰ）。狼毒Ⅱ龄级个体，分枝数1～2枝，比Ⅰ龄期个体稍粗壮，该龄级个体处于成年营养期，偶见开花（彩图7-1Ⅱ）。Ⅲ龄级以上的狼毒个体与Ⅰ、Ⅱ龄级狼毒个体的主要区别是其开花的必然性，即Ⅲ龄级以上的个体每年都开花（彩图7-1Ⅲ），Ⅲ龄级个体的分枝数为3～10枝。Ⅳ～Ⅷ龄级个体，每增加10个分枝，增长一个龄级（彩图9Ⅳ～Ⅷ）。

除此之外，植株高度（HoP）、单枝开花数（FNpB）、根颈直径（DoC）、根颈长度（LoC）、根颈嵌入土壤深度（EDoC）、植株地下总长度（TUL）、单位面积叶质量（LMA）以及不同器官的碳（C）、氮（N）、磷（P）含量等指标也可作为狼毒龄级判断的辅助指标。例如Ⅰ龄和Ⅱ龄级狼毒个体之间只有植株高度存在显著差异，其他性状参数和养分含量差异不大。大龄级狼毒个体，如Ⅲ～Ⅹ级，其FNpB、DoC、EDoC、TUL、叶N等指标均显著升高（Guo et al.，2021）。在实践中，狼毒植株龄级需根据具体的生境条件（例如气候和环境因素等），结合研究目的进行综合判断和划分。比如有些分布在重度退化草地的狼毒种群，因土壤养分贫乏、水分匮缺，一些发育3～5年甚至6年的狼毒个体也只有少数几个枝条，因此如果仅根据个体分枝数判断植株龄级容易做出误判。在此情况下，需结合狼毒个体的根颈形态做出合理的判断。

表7-1 狼毒个体不同年龄等级的界定（Guo et al.，2021）

年龄等级	分枝数	植株高度（cm）	是否开花
Ⅰ	1	3.4～8	否
Ⅱ	1～2	13.6～24	偶见
Ⅲ	3～10	17～24	是
Ⅳ	11～20	15～20.5	是
Ⅴ	21～30	17～25	是
Ⅵ	31～40	17～26	是
Ⅶ	41～50	15～24	是
Ⅷ	51～60	21～27	是
Ⅸ	61～100	19.5～27	是
Ⅹ	>100	20～31	是

7.2 狼毒种群年龄结构

种群的年龄结构（Age structure）是种群内不同年龄组个体的数量分布，是种群的重要特征之一。了解植物种群年龄结构特征可以用来解读该植物种群当前的生存状况，并预测其未来的发展。因此，对退化草地狼毒种群年龄结构特征的研究，有助于了解该植物种群的发展动态，能为天然草地狼毒的科学防控提供理论依据。

邢福等（2004）采用“类二叉分枝法”，在内蒙古东部退化草原糙隐子草（*Cleistogenes squarrosa*）群落，通过观察狼毒的根颈形态及其分枝研究了狼毒种群的年龄结构。研究中选取了3种不同类型的退化草地，其植被和土壤特征参见第2章表2-1。结果表明，在重牧、过牧和极牧3个不同放牧演替阶段的天然草地，狼毒种群中个体的最大年龄依次为15龄、16龄和19龄。狼毒的不同龄级中，8龄级的个体数最多，该龄级个体在这3个不同演替阶段草地的种群中分别占18.71%、24.20%和19.06%。在重牧阶段的草地，狼毒种群中缺失1龄和2龄个体；在过牧和极牧阶段，狼毒种群中均缺失1龄个体。老龄植株（13龄以上者）个体数，在重牧、过牧和极牧3个演替阶段的种群中分别占4.83%、2.84%和14.02%。通过种群年龄结构和存活曲线判断，该研究狼毒种群处于“初始衰退型”阶段，说明随着放牧干扰的加剧，狼毒种群年龄结构呈现老龄化趋势。

郭丽珠等（2020）以狼毒株丛分枝数划分其龄级，在河北沽源国家草地生态系统野外科学观测研究站，调查研究了狼毒种群的年龄结构特征。结果表明，其研究狼毒种群中，幼苗个体数量最多，认为该狼毒种群的年龄结构呈现“增长型”模式。分析认为，草原退化程度差异是导致狼毒种群年龄结构差异的关键因素之一。邢福等（2004）所研究草地的退化程度远比郭丽珠等（2020）研究样地的退化程度严重。随草地退化程度加剧，其可食牧草越匮乏，从而导致家畜在寻找食物过程中的行走时间和步数增多，进而对草原的践踏增强，造成狼毒幼龄个体损伤和死亡，最终导致狼毒幼株数量减少。因此，随草地退化程度加剧，狼毒种群中幼龄个体的占比随之降低，导致其年龄结构呈现老龄化特征。

7.3 狼毒种群分布格局

种群空间分布格局（Distribution pattern）是指种群个体在水平位置上的分布样式，它是种群自身生物学特性与外部环境相互作用的结果（Gittins，1985；王鑫厅等，2011）。种群空间分布格局一直是生态学研究的热点，对揭示植物种群的内部结构、扩散规律、更新机制、种内种间关系以及种群对外部环境的生态适应机制有着较大的意义（高福元和赵成章，2013；任珩等，2022）。

7.3.1 种群分布格局类型

种群空间分布格局不仅随物种的不同而异，而且受种间种内互作、种子

散布方式和生境异质性（Barot et al.，1999）以及干扰（Wolf & Harrison，2010；Rayburn & Monaco，2011）等因素的影响，因此呈现出不同的分布类型特征。植物种群分布格局受其统计特征的影响，常表现出聚集分布、随机分布和均匀分布3种类型（Barot et al.，1999）。当种群内个体间竞争较为强烈（Phillips & Macmahon，1981）或内部表现出负向（相互排斥）关系时，呈现出均匀分布；当种群环境异质性较高，其个体存活与斑块联系紧密（Beatty，1984）或个体间存在正向（相互有利）关系时，呈现出聚集分布；当种群内不同个体间无明确关系时，呈现出随机分布（Molles，1985）。

7.3.2 狼毒种群分布格局特征

高福元等（2014）应用点格局分析方法，研究了祁连山北坡高寒退化草地不同海拔狼毒种群的空间分布格局特征。研究中，狼毒株丛按其分枝数分为4个不同株级：Ⅰ级株丛（1～10枝）、Ⅱ级株丛（11～20枝）、Ⅲ级株丛（21～30枝）、Ⅳ级株丛（30以上），分析了不同海拔狼毒种群内不同个体组成、各株级的空间分布格局及其关联性。结果表明，随着海拔升高，Ⅰ、Ⅱ级狼毒株丛个体数减少，Ⅲ、Ⅳ级狼毒株丛个体数增多（表7-2）。Ⅲ、Ⅳ级狼毒株丛在各海拔梯度种群，主要以随机分布为主，Ⅰ、Ⅱ级狼毒株丛在低海拔地区小尺度上表现为聚集分布，随海拔升高聚集强度增强，聚集尺度减小，而在较大尺度上表现为随机分布。

邢福和宋日（2002）在内蒙古阿鲁科尔沁旗草原研究了不同放牧演替阶段草地狼毒种群各株级的分布格局特征。研究中，狼毒株丛按其分枝数划分为3个株级：Ⅰ级株丛1～10个分枝、Ⅱ级株丛11～20个分枝、Ⅲ级株丛21～30个分枝。结果表明，在重牧、过牧、极牧3个不同放牧演替阶段的草地，狼毒种群内的Ⅰ级株丛，均为聚集分布，Ⅱ级、Ⅲ级株丛均为随机分布。在重牧和过牧阶段的草地，狼毒株丛的株径12～13cm，平均分枝数11～12枝，种群总体呈聚集分布，而在极牧阶段的草地，狼毒株丛的株径18cm左右，平均分枝数接近20枝，种群总体呈现随机分布特征（表7-3）。

表7-2　不同海拔梯度狼毒种群中不同株级个体组成（高福元等，2014）

海拔（m）	株级（株）			
	Ⅰ	Ⅱ	Ⅲ	Ⅳ
2 700	124	21	4	3
2 800	108	17	5	3
2 900	92	15	5	4
3 000	74	13	6	5

表7-3　狼毒种群总体与各级株丛分布格局测定结果（邢福和宋日，2002）

演替阶段	株丛级与总体	平均株丛径（cm）	每丛分枝数	扩散系数DI）	泊松分布的χ^2拟合检验	负二项分布的χ^2拟合检验	分布格局类型
重牧阶段	Ⅰ	5.28 ± 0.35	5.05 ± 0.24	1.518 9**	P<0.01	P>0.05	聚集
	Ⅱ	13.25 ± 1.23	13.84 ± 0.41	0.929 5	P>0.05	P<0.05	随机
	Ⅲ	19.67 ± 1.39	30.42 ± 1.73	0.951 1	P>0.05	P<0.05	随机
	总体	12.31 ± 1.31	11.45 ± 0.79	1.377 6**	P<0.01	P>0.05	聚集
过牧阶段	Ⅰ	6.6 ± 1.06	6.41 ± 0.22	1.306 2**	P<0.01	P>0.05	聚集
	Ⅱ	12.50 ± 0.50	14.65 ± 0.32	0.977 6	P>0.05	P<0.05	随机
	Ⅲ	23.60 ± 1.25	29.38 ± 1.57	0.991 8	P>0.05	P<0.05	随机
	总体	13.11 ± 1.28	12.35 ± 0.62	1.196 4**	P<0.01	P>0.05	聚集
极牧阶段	Ⅰ	2.50 ± 0.50	6.01 ± 0.27	1.251 9**	P<0.01	P>0.05	聚集
	Ⅱ	17.00 ± 1.05	14.59 ± 0.31	0.945 3	P>0.05	P<0.05	随机
	Ⅲ	33.00 ± 1.50	47.04 ± 5.17	0.991 6	P>0.05	P<0.05	随机
	总体	18.18 ± 2.35	19.84 ± 1.83	1.067 9	P>0.05	P>0.05	随机

注：**代表t检验达0.01显著水平。

7.3.3　狼毒种群分布格局影响机制

狼毒属典型的非克隆植物，其繁衍完全依靠种子进行（邢福，2002）。

近年来，狼毒种群的分布区域不断扩大，尤其在高海拔草原地区定居、繁殖和扩散，形成了不同退化程度的狼毒型草地。探究不同生境下狼毒种群的分布格局特征，对理解该植物种群定居的生境选择、扩散原因和机理具有重要的意义。

许多研究表明，在狼毒自然种群内，小株级个体常呈现出聚集分布特征，而中株、大株级倾向于随机分布。小株级个体聚集分布，一方面是由狼毒有限的种子散布能力，即近母株种子散布特征所决定（邢福和宋日，2002）；换言之，狼毒种子散布在母株周围是造成幼小植株聚集分布的主要原因。另一方面，狼毒幼小个体适应环境的能力差，聚集分布有利于其互助成长（赵成章等，2010），故而呈现聚集分布特征；相反，大株级个体能独自适应不良环境，因此呈现出随机分布特征（高福元等，2014）。高福元等（2014）通过进一步分析不同大小狼毒个体的空间关联性发现，狼毒Ⅰ级株丛与Ⅲ、Ⅳ级株丛以及Ⅱ级株丛与Ⅳ级株丛，在小尺度上均表现出正关联关系，说明，种群内的小株级个体倾向于分布在大株丛周围。另外，随海拔升高，不同株级之间的这种正关联性发生的尺度减小，表明狼毒种群对环境变化具有明显的响应机制，在各海拔高度种群内较大成株对幼小植株均呈现出保护作用（侯兆疆等，2013），而且随海拔升高，这种保护作用越显强烈。高福元等（2014）研究认为，高海拔狼毒种群能够通过减少繁殖、减弱同龄级个体间的竞争以及提高种群聚集强度等策略来适应不良环境，这是该物种能够在高海拔地区生存—繁殖—扩散的内在机制，也是狼毒能够在高寒恶劣生境退化草地形成优势种的重要条件。

除了受海拔影响，狼毒种群空间分布格局还与草地退化程度密切相关。研究表明，放牧干扰或草地退化程度影响草地群落狼毒的种内和种间竞争关系，进而影响其分布格局。总体上，随草地退化程度加剧，狼毒种群表现出由聚集分布向非聚集分布过渡的趋势（骆望龙等，2021）。在未退化草地，狼毒种群尚未成为群落优势种，其个体幼小，缺乏对资源和空间的竞争优势，且抵御种间竞争压力、风沙灾害和放牧干扰的能力相对较弱（任珩等，2015），因此，群落内狼毒的竞争主要以种间竞争为主，种内个体间的竞争较弱，为了提高存活机会狼毒个体倾向于聚集分布，有利于其相互依存。随草地退化加剧，草地群落中狼毒种群规模逐渐扩大，其个体年龄和体积也不断增大，独立抵御各种干扰的能力明显增强，导致个体间相互庇护的依赖性降低（赵成章等，2010；任珩和赵成章，2013）。但同时，随狼毒种群发展，其个体间的竞争加剧，生态位开始重新分配，种群内开始发生自疏效应，原来呈聚集分布的斑块开始变得稀疏并进一步扩散。在这种密度制约作用下，狼毒种群数量逐渐趋于稳定，其空间分布格局由聚集分布转变为随机分布或均匀分布（邢福，2002；任珩和赵成章，2013；任珩等，2015）。邢福等（2002）通过研究不同放牧强度下狼毒种群的空间分布特征发现，在重度放牧和过度放牧阶段的草地，狼毒种群总体呈现出聚集分布特征，而在极度放牧阶段的草地，狼毒种群为随机分布。分析认为，在极度放牧的退化草地，放牧干扰严重抑制了其他牧草的生长，但是狼毒自身耐干旱、耐践踏，又不会被家畜采食，其株丛较大且生长茂盛。因此，在这类退化草地，狼毒的种间竞争优势明显，同时种内个体间的竞争也不强烈，总体呈现出随机分布特征。

7.4　狼毒种群更新与演化

植物种群更新是指植物成熟种子在各种生物和非生物因子作用下到达适宜的环境中萌发并建成幼株的全部过程（De-Carvalho et al.，2017）。植物种群更新过程主要包括种子形成、种子散布以及种子在适宜生境中顺利萌发并建成幼株3个阶段。因此，是否能产生充足且生命活力强的种子（或繁殖体）以及种子能否顺利到达适宜其萌发定居的微生境是决定植物种群更新能否成功的两个关键环节，任一环节出现问题都可能会导致植物种群更新受阻（Maron et al.，2019）。影响植物种群更新的因素很多，如土壤种子库状况、种子萌发特性、生境条件等。在自然条件较为严酷的生境中，一些植物常表现出“机会主义”的萌发策略（黄振英等，2000）。例如在荒漠地区，气候与土壤持续性干旱是阻碍植物种子萌发的关键因素，能够长时间满足种子萌发条件的“机会”并不多见，甚至有些植物的种子在许多年间才会遇到一次适宜的萌发机会。因此，有些植物种群会在某一年出现一次种子的大量萌发，完成其种群更新（Gutterman，1994）。

狼毒属典型的非克隆植物，有性繁殖（即种子）是其种群更新的唯一途径。如果长期没有产生足够的种子或通过种苗进行补充，其种群必然会衰退

甚至消亡。根据狼毒种子萌发特性及其生境特点分析，狼毒的种群更新也表现出“机会主义”特征，即在满足萌发条件的年份会出现一次种子的大量萌发和幼苗补充。换言之，狼毒种子的萌发和幼苗更新可能具有“随机性”或者“周期性”（邢福，2016）；相应地，狼毒种群的增长也会呈现出明显的“波动性”。夏建强（2021）通过对狼毒种苗定居的生境选择研究发现，狼毒当年成熟种子在同年度（秋季）不会立即萌发，而在第二年返青后会选择时机萌发出苗。土壤种子库的狼毒种子，当埋藏太深（>2cm）时不会萌发出苗或出苗很少，即狼毒种群更新时以土壤浅（表）层种子的出苗补充为主。另外，夏建强（2021）观察发现，高寒草地狼毒只有在返青期特定时间定植的种子才会萌发出苗。据此推测，狼毒种群会选择特定的时间窗口（即定居或萌发窗口期）完成种苗补充更新，表现出明显的机会主义特点。另外，从种苗更新的生境选择看，大株丛狼毒尽管能庇护其种苗萌发，但并非其定居的适宜生境。在高寒草地，狼毒种群倾向于选择凋落物等覆盖较少的草地空斑，完成其种苗定居和更新（夏建强等，2021）。

从草地退化演替的角度看，狼毒种群在演化过程中表现出如下变化特征。在入侵草地群落初期，狼毒种群相对于草地建群种处于竞争劣势，种内个体间表现出相互协作的关系，以提高种群总体竞争能力，确保个体的存活概率。例如狼毒个体聚集呈斑块状分布，一方面可以提高对群落有限资源的争夺能力，另一方面可以压迫其他草地植物的生存空间。随狼毒种群或斑块发展，草地原生群落明显退化，狼毒种群开始采取种内竞争和种间竞争结合的策略以维持种群在草地群落中的地位（任珩等，2015）。种内竞争策略将会导致狼毒种群或斑块内发生自疏效应，种群中弱小个体数量减少，种群密度降低，从而保证优质个体的生长和发育，提升种群的稳定性。随种群规模和个体增大，狼毒的种间竞争能力也大大增强，进而加剧了对草地群落资源、空间的争夺和侵占。在此阶段，如果草地群落受放牧等干扰而持续退化演替，狼毒种群密度会随之下降，其株丛进一步变大。同时，狼毒种群也会因为群落环境恶化而得不到幼苗更新和补充，从此会进入老龄化衰退阶段。

7.5 狼毒遗传多样性与谱系地理

遗传多样性是指一个生物物种不同个体之间（包括种群内和种群间）

遗传结构的变异性。遗传多样性的高低决定着一个物种对环境变化的适应能力，因此反映了一个物种（或种群）的进化潜力大小。一个物种不同种群的遗传结构通常呈现出不同程度的分化，在一定程度上反映了不同种群在各自生境条件的趋异进化和局域适应。谱系地理学研究，主要探讨物种的演化与地质历史（如冰川、地理隔离事件等）之间的关系，旨在阐明现代物种地理分布及其遗传多样性分布格局形成的历史原因。青藏高原作为世界上最年轻、面积最大和平均海拔最高的高原，其复杂的地质历史、独特的地貌和环境特征，深刻地影响了东亚乃至全球的生物多样性格局，该地区也成了全球生物多样性热点区域之一。狼毒广泛分布于青藏高原及邻近地区，被认为是开展植物种群遗传分化和谱系地理学研究的良好材料（张永洪，2007）。

7.5.1 狼毒种群遗传多样性

张永洪（2007）基于叶绿体DNA（cpDNA）序列分析，研究了中国分布范围内26个代表性狼毒种群的遗传多样性及其地理分化。基于cpDNA rpL16和trnL-F序列的遗传分析表明，在狼毒26个代表性种群的130个个体中，共发现了12个单倍型。狼毒总体上表现出较高的单倍型多态性（h=0.955）和核苷酸多态性（π=0.047）。在物种水平上，狼毒总的遗传多样性较高（Ht=0.834），而在种群内的遗传多样性很低（Hs=0.015），种群间的遗传分化程度较大，遗传分化系数Gst=0.982。同样，基于AFLP分子标记的遗传分析得到了相类似的结果。在物种水平上，狼毒总的遗传多样性高于种群内的遗传多样性，不同种群间表现出强烈的遗传分化。

种群遗传学理论认为，一种植物总的遗传多样性水平受地理分布范围以及该植物的繁育系统特征和种子散布机制等因素影响，而植物不同种群间的遗传分化程度与种群间地理隔离以及基因流大小密切相关。当一个物种不同种群间因地理隔离而基因流受阻时，隔离种群容易受遗传漂变或特定生境条件选择而发生遗传分化。种子散布是植物种群间基因流发生的主要方式之一，Petit et al.（2003）认为，种群间分化较为强烈的物种通常具有较低的种子传播能力。邢福等研究发现，狼毒具有“近母株”种子散布特征，即种子成熟后主要掉落在母株周围较为限定的区域，这种种子散布方式决定了该植物的种子流基本限制在了种群内部。因此，种子散布能力的局限性可能是狼毒种群间遗传分化较高的原因之一。另外，从花粉流的角度看，狼毒繁殖主要靠昆虫的异花传粉而完成，其传粉媒介包括两类，一类是鳞翅目昆虫（如蝶类和蛾类），另一类是缨翅目的蓟马（Zhang et al.，2011；Zhang et al.，2021）。这两类昆虫的长距离飞行能力和活动范围相对有限，因而限制了狼毒种群间花粉流的发生。在此情况下，彼此地理隔离的不同种群极易发生局域的适应性进化（Local adaptation）和遗传漂变过程，从而导致了狼毒种群间的遗传分化。

7.5.2 狼毒的谱系地理

Zhang et al.（2010）基于母系遗传的叶绿体DNA单倍型遗传分析表明，分布在内蒙古、河北、青海、西藏部分地区以及四川部分地区的狼毒种群共有一个单倍型，而分布在横断山区的不同种群则拥有大部分的单倍型。显然，在北方地区狼毒不同种群的遗传分化水平极低，而在南部横断山区种群间的遗传分化较为强烈。普遍认为，一个物种的进化历史越长，其不同谱系间积累的变异将越多。因此，单倍型多态性通常与一个物种的进化历史相关联。张永洪（2007）研究认为，狼毒物种的分化时间并不算长，其南部种群较高的单倍型多态性与横断山区复杂多样的生境类型密切相关，该地区山岭与河谷交错的地理条件以及第四纪冰期时代的气候骤变为狼毒谱系间单倍型变异的积累提供了条件。北方地区狼毒种群的单倍型较为单一、遗传多样性低，一方面可能是因为北方地区的地势相对平缓，种群的生境条件（如草原）较为一致，不利于种群的遗传变异积累及其分化；另一方面，可能是北方种群在扩散过程中受奠基者效应影响，从而保持了相对较低的遗传多样性水平。

Hu et al.（2022）基于染色体水平的基因组测序分析，研究了狼毒的基因组遗传分化（Genomic divergence）。结果发现，分布在中国境内的狼毒种群可分为4支不同的遗传谱系（Genetic lineages）：青藏高原谱系、中国北方谱系、横断山北部谱系和横断山南部谱系，它们分别对应于特定的、具有鲜明气候环境差异的地理分布类群。这4个地理谱系在分化过程中一直存在着连续的基因交流，在不同谱系相邻区域，谱系间杂交和质基因渐渗（Plastome introgression）频繁发生。基因组分化过程中基因组岛的形成与基因交流频率并未表现出显著相关性，也与其分化时间无显著关联。另外，与谱系局域适应性相关的特异正选择基因既可存在于基因组岛内，也可存在于基因组岛外。狼毒不同谱系的基因组分化，除了受地理隔离因素影响外，局域适应性选择在其分化和维持过程中发挥着重要作用。

参考文献

高福元，赵成章，2013. 高寒退化草地狼毒种群株丛间格局控制机理[J]. 生态学报，33（10）：3114-3121.

高福元，赵成章，卓马兰草，2014. 高寒退化草地不同海拔梯度狼毒种群分布格局及空间关联性[J]. 生态学报，34（3）：605-612.

郭丽珠，赵欢，吕进英，等，2020. 退化典型草原狼毒种群结构与数量动态[J]. 应用生态学报，31（9）：2977-2984.

侯兆疆，赵成章，李钰，等，2013. 高寒退化草地狼毒种群地上生物量空间格局对地形的响应[J]. 生态学杂志，32（2）：253-258.

黄瑞复，2000. 生态遗传学在生物多样性保护中的作用[J]. 生物多样性（1）：13-16.

黄振英，GUTTERMAN Y，2000. 油蒿与中国和以色列沙漠中的两种蒿属植物种子萌发策略的比较[J]. 植物学报（1）：71-80.

骆望龙，张勃，方强恩，2021. 狼毒的种群生态与繁殖生物学研究进展[J]. 浙江农林大学学报，38（1）：193-204.

任珩，赵成章，2013. 高寒退化草地狼毒与赖草种群空间格局及竞争关系[J]. 生态学报，33（2）：435-442.

任珩，赵成章，任丽娟，2015. 基于Ripley的K（r）函数的“毒杂草”型退化草地狼毒与西北针茅种群空间分布格局[J]. 干旱区资源与环境，29（1）：59-64.

任珩，赵文智，王志韬，等，2022. 沙丘生境沙鞭（*Psammochloa villosa*）种群空间分布格局[J]. 中国沙漠（4）：1-10.

王鑫厅，侯亚丽，刘芳，等，2011. 羊草+大针茅草原退化群落优势种群空间点格局分析[J]. 植物生态学报，35（12）：1281-1289.

夏建强，2021. 高寒退化草地狼毒种苗定居的微生境选择研究[D]. 兰州：甘肃农业大学.

夏建强，张勃，李佳欣，等，2021. 高寒草地凋落物覆盖对狼毒生长微环境及种苗定居的影响[J]. 草地学报，29（9）：1909–1915.
邢福，2002. 东北退化草原狼毒种群生活史对策研究[D]. 长春：东北师范大学.
邢福，2016. 草地有毒植物生态学研究[M]. 北京：科学出版社：72–82.
邢福，郭继勋，魏春雁，2004. 退化草原狼毒个体年龄判定方法及其种群年龄结构的研究[J]. 应用生态学报（11）：2104–2108.
邢福，宋日，2002. 草地有毒植物狼毒种群分布格局及动态[J]. 草业科学，19（1）：16–19.
张永洪，2007. 瑞香狼毒的繁育系统、分子进化及地理分布格局形成的研究[D]. 昆明：中国科学院昆明植物研究所.
赵成章，高福元，王小鹏，等，2010. 黑河上游高寒退化草地狼毒种群小尺度点格局分析[J]. 植物生态学报，34（11）：1319–1326.
钟章成，曾波，2001. 植物种群生态研究进展[J]. 西南师范大学学报（自然科学版），26（2）：230–236.
BAROT S，GIGNOUX J，MENAUT J C，1999. Demography of a savanna palm tree：predictions from comprehensive spatial pattern analyses[J]. Ecology，80（6）：1987–2005.
BEATTY S W，1984. Influence of microtopography and canopy species on spatial patterns of forest understory plants[J]. Ecology，65（5）：1406–1419.
DE-CARVALHO A L，D'OLIVEIRA M V N，PUTZ F E，et al.，2017. Natural regeneration of trees in selectively logged forest in western Amazonia[J]. Forest Ecology and Management，392：36–44.
GITTINS R，1985. Canonical analysis：a review with applications in ecology[M]. New York：Springer-Verlag：131–141.
GUO L，ZHAO H，ZHAI X，et al.，2021. Study on life histroy traits of *Stellera chamaejasme* provide insights into its control on degraded typical steppe[J]. Journal of Environmental Management，291（4）：112716.
GUTTERMAN Y，1994. Strategies of seed dispersal and germination in plants inhabiting deserts[J]. The botanical review，60（4）：373–425.
HU H，YANG Y，LI A，et al.，2022. Genomic divergence of *Stellera chamaejasme* through local selection across the Qinghai-Tibet plateau and northern

China[J]. Molecular Ecology，31（18）：4782–4796.

KREBS C J，2015. One hundred years of population ecology：successes，failures and the road ahead[J]. Integrative Zoology，10（3）：233–240.

MARON J，HAJEK K，HAHA P，et al.，2019. Seedling recruitment correlates with seed input across seedsizes：implications for coexistence[J]. Ecology，100（12）：e02848.

MOLLES M，2015. Ecology：concepts and applications[M]. New York：McGraw-Hill Education：618.

PANNELL J R，2012. The ecology of plant populations：their dynamics，interactions and evolution[J]. Annals of botany，110（7）：1351–1355.

PETIT R J，AGUINAGALDE I，DE BEAULIEU J L，et al.，2003. Glacial refugia：hotspots but not melting pots of genetic diversity[J]. science300（5625）：1563–1565.

PHILLIPS D L，MACMAHON J A，1981. Competition and spacing patterns in desert shrubs[J]. The Journal of Ecology，69（1）：97–115.

RAYBURN A P，MONACO T A，2011. Linking plant spatial patterns and ecological processes in grazed great basin plant communities[J]. Rangeland Ecology & Management，64（3）：276–282.

WOLF A T，HARRISON S P，2010. Effects of habitat size and patch isolation on reproductive success of the serpentine morning glory[J]. Conservation biology，15（1）：111–121.

ZHANG B，SUN S F，LUO W L，et al.，2021. A new brood-pollination mutualism between *Stellera chamaejasme* and flower thrips *Frankliniella intonsa*[J]. BMC Plant Biology，21：562.

ZHANG Y H，VOLIS S，SUN H，2010. Chloroplast phylogeny and phylogeography of *Stellera chamaejasme* on the Qinghai-Tibet plateau and in adjacent regions[J]. Molecular Phylogenetics and Evolution，57（3）：1162–1172.

ZHANG Z Q，ZHANG Y H，SUN H，2011. The reproductive biology of *Stellera chamaejasme*（Thymelaeaceae）：a self-incompatible weed with specialized flowers[J]. Flora，206（6）：567–574.

8　狼毒化感作用及定居对土壤的影响

化感作用（Allelopathy）是指植物或微生物的代谢分泌物对环境中其他植物或微生物有利或不利的作用（Rice，1984；阎飞等，2000）。化感作用的本质是不同物种间的生化互作（Chemical interaction），既包括正向（积极）作用，也包括负向（消极）作用。因此，化感作用研究是揭示生物种间关系的一个重要的途径，对于探究和理解生态学领域的物种分布、种间相互作用条件和物种多样性维持3个核心问题具有重要意义（Hierro & Callaway，2021）。化感作用广泛存在于自然或人工生态系统当中，例如在自然植被的形成与演替、植物种子萌发与幼苗生长、农业生产中的间混套作与轮作等过程中都存在化感作用（阎飞等，2000；邢福，2016）。植物一般通过根系分泌和凋落物代谢分解产生化感物质，进而对周围其他植物产生影响。研究显示，植物释放的化感物质能够改变自身的根源系统、土壤微生物结构、土壤养分供应、植物生物量和生物化学过程等（富瑶，2008），进而会影响土壤生态环境、群落结构与功能以及植被演替。

近年来，因全球气候变化和人为因素干扰，我国天然草原出现严重退化。毒草化是草原退化的主要表现形式之一，对草地生产力、群落结构和生态系统平衡已造成很大威胁。因此，了解草原有毒植物的入侵机制及生态影响成为草原生态保护领域关注的主要科学问题，狼毒的化感作用和生态功能研究也越来越多地受到关注。研究显示，在草地群落中，有毒植物定居后，能通过根系分泌化感物质、凋落物分解等途径改变草地土壤环境，如土壤理化性质、酶活性以及微生物群落结构等，进而影响草地植物的生长发育、物种组成和群落演替。狼毒作为我国草原地区典型的有毒植物，探究其种群定居对草地土壤理化性质、养分循环与利用以及微生物群落结构等方面的影响，对于揭示狼毒在草地群落入侵和扩散的生境选择，进而理解其生态影响具有重要的科学意义。目前的研究表明，狼毒对草地群落其他植物会产生显著的化感作用，同时对草地土壤理化性质、养分循环与利用以及微生物群落结构等均能产生显著影响。

8.1 狼毒的化感物质与化感作用

8.1.1 狼毒的化感物质

狼毒的化感物质复杂多样，主要有萜类、香豆素类、木脂素类和黄酮类等化合物（张伟等，2016）。其中，萜类化合物包括尼地吗啉、胡拉毒素、萨布毒素A、单纯杆菌素，以及化合物Stelleramaefin A和B、Neostekkin、Compound I和Stelleramacrin等（冯宝民和裴月湖，2001）；据推测，这类化合物可能是狼毒对动物产生毒性的主要物质（于保青等，2008）。香豆素类化合物成分较多，有虎耳草素、异虎耳草素、异佛手柑内酯、6-甲氧基白芷素、伞形花内酯和瑞香苷等（Jin et al.，1999），狼毒能通过调节这些化感物质的种类、数量以及释放途径等方式抑制其他植物，调节土壤微生物群落，从而适应不同的生态环境（Cheng et al.，2017）。在狼毒的香豆素类化合物中，伞形花内酯可能是其主要的化感物质，它的降解与否在狼毒与其他植物的竞争中扮演着重要角色（Guo et al.，2016）。狼毒的木脂素类化感物质有4种成分，分别是松树脂醇二甲醚、lirioresinol-B、pinoresinol和罗汉松树脂酚（Ikegawa，1996）。狼毒的黄酮类化感物质成分包括狼毒素、异狼毒素、新狼毒素A和B（Neochamaejasmin A、B）、7-甲氧基狼毒素、狼毒色原酮、表枇杷素、芫花醇B、Euchamaejasmin A以及狼毒素的甲基衍生物（Chamaejasmin A、B和C）等（Grey-Wilson，1995）。这类黄酮类化感物质的存在，一方面能保护狼毒免遭昆虫或植食性动物的侵害，另一方面能帮助其对抗病菌以及与之竞争的其他植物，有利于狼毒在退化草地的成功入侵和扩散（Yan et al.，2015）。

8.1.2 狼毒的化感作用

狼毒的化感作用主要通过根系分泌和残体腐解释放化感物质而发生。Cheng et al.（2022）研究发现，狼毒在其入侵草地群落不同阶段，其主要化感物质如新狼毒素B、狼毒色原酮和异新狼毒素A（Mesoneochamaejasmin

A）等的释放，总体呈现出先上升后下降的趋势，当狼毒种群盖度超过50%时，其根系化感物质的分泌会逐渐减弱。另外，狼毒不同器官产生化感作用的强度以及对不同类植物的化感作用不尽相同。总体上，狼毒株级越大化感作用越强，其根的化感（抑制）作用强于茎叶（周淑清，2009），对豆科植物的抑制性强于禾本科植物（程巍等，2017）。郭鸿儒（2016）研究表明，狼毒对禾本科、豆科和毛茛科植物均具有一定的化感作用，其根浸提液不仅能影响这些植物的种子萌发，而且还能抑制其根系与幼苗的生长。

周淑清等（1993）以紫花苜蓿（*Madicago sativa*）为材料，研究了狼毒不同器官组织，如根、茎和叶粉碎物在土壤腐解过程中对苜蓿幼苗的影响。结果表明，狼毒根对苜蓿幼苗干重、株高、叶面积以及叶绿素相对含量的抑制作用显著强于茎叶，且随狼毒根用量的增加抑制作用增强。季丽萍（2015）研究表明，狼毒根提取液处理能通过干扰紫花苜蓿内源激素的正常代谢，损害其幼苗生长，例如降低紫花苜蓿的赤霉素和玉米素核苷含量，增强脱落酸合成关键酶基因*NCED4*表达、提高脱落酸含量等。王慧等（2011）研究发现，狼毒根对新麦草（*Psathyrostachys juncea*）和无芒雀麦（*Bromus inermis*）的幼苗生长均产生抑制作用，其茎叶对无芒雀麦具有抑制效应，但对新麦草的幼苗生长却表现出促进作用。富瑶（2008）研究发现，狼毒根提取液能导致蓬子菜（*Galium verum*）和荩草（*Arthraxon hispidus*）种子在萌发过程中脯氨酸含量升高，可溶性蛋白和可溶性糖含量降低。

Zhu et al.（2020）通过狼毒根分泌物（Root exudate）添加与丛枝菌根真菌（Arbuscular mycorrhizal fungi，AMF）接菌，研究了狼毒的化感作用及其与丛枝菌根真菌互作对羊草生长发育和土壤化学性质的影响。结果表明，狼毒根分泌物添加对羊草（*Leymus. chinensis*）的分株数、地上生物量和组织总氮含量皆产生显著影响，其影响效应呈现出浓度依赖特征，即低浓度表现出促进作用，而高浓度表现出抑制效应。同时，高浓度的狼毒根分泌物添加能提高土壤pH值、降低其电导率，降低土壤速效氮（AN）、速效磷（AP）、全氮（TN）和总碳（TC）含量；然而，低浓度的狼毒根分泌物能显著提高土壤的速效磷含量。另外，该研究表明，丛枝菌根真菌本身及其与狼毒根分泌物的互作对羊草生长未产生显著影响。进一步分析认为，狼毒的根分泌物主要通过改变土壤pH值和养分有效性来影响羊草的生长发育，而丛枝菌根真菌可以改变狼毒根分泌物对土壤养分的影响，进而调节狼毒的化感效应以及狼毒与羊草之间的相互作用。

花粉化感是一类特殊的化感作用，是指一种植物的花粉通过传粉媒介授置于其他植物的柱头，进而通过化感作用抑制其他植物的花粉萌发和种子繁殖的现象。狼毒具有泛化的传粉系统，在草地群落中，狼毒可通过传粉昆虫将其花粉带到其他植物的柱头，进而可能通过花粉化感作用对其他植物的有性繁殖产生影响。孙庚等（2010）研究了狼毒花粉的水浸提液对几种草地植物的化感影响。通过室内的花粉萌发试验结果表明，狼毒花粉水浸提液处理能显著抑制大花秦艽（*Gentiana macrophylla* var. *fetissowii*）、湿生扁蕾（*Gentianopsis paludosa* var. *paludosa*）、鳞叶龙胆（*Gentiana squarrosa*）、椭圆叶花锚（*Halenia elliptica* var. *elliptica*）、高原毛茛（*Ranunculus tanguticus* var. *tanguticus*）和鹅绒委陵菜（*Potentilla anserina*）6种植物的花粉萌发，其花粉萌发率随浸提液浓度增大呈现非线性下降趋势。同样，野外试验结果显示，狼毒花粉浸提液处理能显著降低与狼毒同花期的4种植物，如大花秦艽、湿生扁蕾、鳞叶龙胆和椭圆叶花锚的繁殖适合度，这些植物的结实率随浸提液处理浓度的增大也呈现出非线性下降趋势。据此推测，狼毒可能通过花粉流的途径对周围其他同花期植物的有性繁殖产生化感影响。

目前，有关狼毒化感作用的研究已有不少，但值得注意的是，大多数研究仍处于现象描述阶段，例如狼毒花粉的化感效应等仍缺乏直接的研究证据支持。最新研究认为，狼毒根际土壤微生物群落可能会对其化感作用产生影响（Jin et al.，2022）。一方面，微生物物种可通过降解化感物质使其毒性变小或完全分解降低其化感效应（Inderjit，2005）；因此，如果原生土壤微生物不能降解入侵植物所分泌的化感物质，最终会导致化感化合物积累，影响邻近其他植物（Inderjit & Van der Putten，2010）。另一方面，土壤微生物也可以将植物的化感物质转化为更具毒性的其他化合物（副产品），以此加剧其化感效应（Kai et al.，2016）。因此，进一步研究狼毒的化感化合物与土壤微生物群落之间的相互作用，将有助于理解狼毒的化感作用机理以及狼毒定居对土壤环境和其他邻近植物的生态影响。

8.2 狼毒定居对土壤化学性质的影响

狼毒主要通过根系分泌或凋落物分解等途径产生化感物质，从而能改变其根部的微生物群落结构（Koukoura，2003；程济南等，2021），影响土壤pH值和酶活性（张静，2012；安冬云，2015），进而影响土壤养分循环，导致土壤养分含量发生变化（Koukoura，2003；Liu et al.，2020）。研究发现，在有狼毒定居的草地群落中，狼毒生长斑块内的土壤pH值、全氮、速效钾、速效磷等含量与狼毒未定居区土壤之间存在显著差异（鲍根生等，2019，崔雪等，2020）。狼毒根际土壤的pH值、土壤养分含量以及微生物多样性，在高寒草原随海拔梯度呈现出一定的规律性变化，进一步分析发现，狼毒根际土壤的理化性质与土壤真菌具有较强的关联性，而土壤酶活性与细菌群落组成和多样性密切相关（程济南等，2021）。

目前，大多数研究通过比较狼毒定居区与非定居区土壤理化性质和微生物群落结构等的差异性，探讨狼毒定居对草地土壤环境的影响，而在时间尺度上探讨狼毒定居对其根区土壤环境影响的研究较少。汪睿等（2022）利用狼毒定居时间越久其株丛变得越大（即分枝数越多）的特点，以不同大小狼毒株丛代替狼毒定居的时间梯度，研究了狼毒定居对其根区土壤环境和化学养分含量的影响。本章主要阐述了该研究中有关狼毒定居对其根区土壤pH值以及N、P、K养分含量和分布特征影响的相关结果。最后，基于现有的研究，综述了狼毒定居对土壤微生物（真菌和细菌）群落影响的相关进展。

8.2.1 狼毒根区土样采集与分析

8.2.1.1 狼毒株丛的选取

研究选取了祁连山东缘高寒退化草甸狼毒种群，在其盛花期（7月中旬）根据株丛分枝数在种群中随机选取不同大小的狼毒90株；其中，小株丛、中株丛和大株丛各30株左右。狼毒株级的划分参照郭丽珠等（2020）的方法，分枝数（即花序数）0 ~ 30枝为小株丛（S），31 ~ 60枝为中株丛（M），60枝以上为大株丛（L）。株丛选取时，为了避免不同狼毒株丛之间的相互影响，选择生境相对一致，周围60cm范围内无其他狼毒株丛的单株个体作为研究对象。

8.2.1.2 土样采集

以所选取的狼毒株丛为中心，用内径为3.5cm的土钻分别沿3个方向（图8-1左）在狼毒根区（离根30cm范围内的区域）采集贴根处（0～5cm）和不同离根距离（20cm和30cm）处地下10～20cm土层（主根周围）的土壤（图8-1右）。因为小株丛狼毒的冠幅小于10cm，大株丛的冠幅在15～25cm，因此，株丛外围30cm处的土壤可作为根区外土壤，即对照。

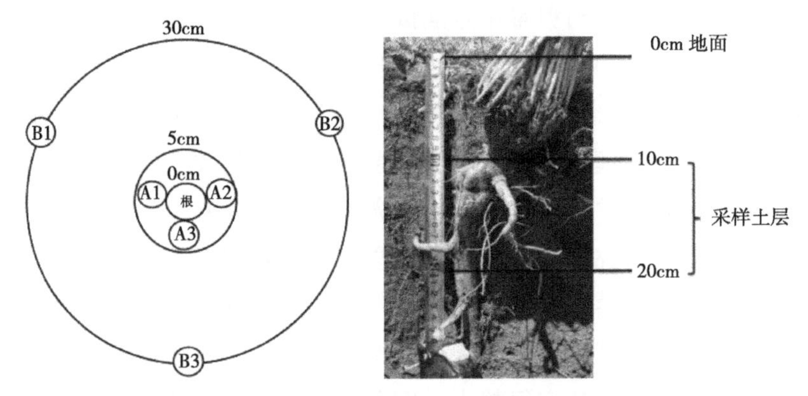

图8-1 土样采集示意图（左）和狼毒主根（右）

8.2.1.3 土壤化学性质的测定

土壤pH值使用土壤墒情测定仪（杭州美农仪器有限公司，型号MN-TYS），在野外进行实时测定；土壤全氮含量使用凯氏定氮法测定，土壤全钾和速效钾含量使用火焰光度计法测定，土壤全磷含量使用钼锑抗比色法测定（鲍士旦，2000）；土壤速效磷含量采用高锰酸钾氧化脱色-葡萄糖还原法进行测定（张德罡，1995）。

8.2.2 狼毒定居对土壤pH值的影响

8.2.2.1 狼毒根区土壤酸度的（水平）空间差异

狼毒根区贴根与外围土壤pH值存在显著差异，且在不同株级狼毒根区表现不同，结果如图8-2所示。小株丛狼毒，根区土壤pH值由内向外逐渐降低，即贴根土壤（0～5cm）>中部土壤（离根20cm）>外围土壤30cm，但是，彼此之间差异不显著（图8-2A）。中株丛和大株丛狼毒，根区土壤pH

值由内向外显著升高，主要表现为贴根处<离根20cm<离根30cm。其中，中株丛狼毒，贴根土壤pH值显著低于外围土壤（离根30cm），但与根区中部土壤（离根20cm）pH值之间差异不显著（图8-2B）；大株丛个体，贴根土壤的pH值显著低于根区中部土壤，中部土壤的pH值显著低于外围土壤（图8-2C）。相应地，狼毒根区土壤pH值的空间异质程度，即外围土壤与贴根土壤pH值的差异程度：大株丛与中株丛之间无显著差异，但是，大株丛和中株丛均显著大于小株丛（P=0.012，P=0.004，图8-2D）。结果表明，在狼毒株丛根区，贴根土壤的酸度总体高于外围土壤，且差异程度随株丛增大而增大。

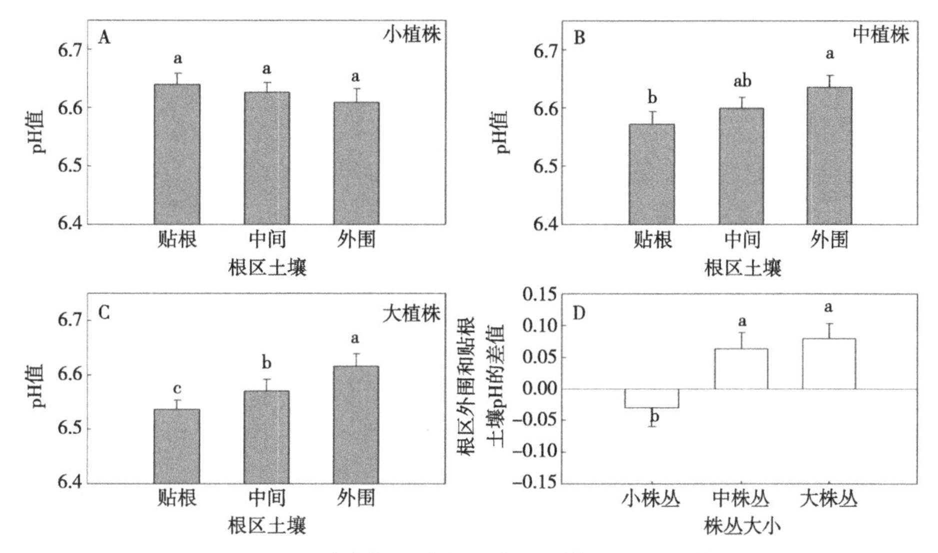

图8-2　狼毒根区贴根与外围土壤pH值的比较

注：不同小写字母表示处理间存在显著差异（$P<0.05$），下同。

8.2.2.2　狼毒根区土壤酸度与株丛大小的关系

狼毒根区土壤酸度与株丛大小（分枝数）之间的关系，如图8-3所示。狼毒株丛根区，贴根土壤的pH值与株丛分枝数之间具有显著的负相关关系（R^2=0.1271，P<0.001，n=90）（图8-3A），总体表现为：小株丛贴根土壤的酸度显著低于中株丛和大株丛（P=0.015，P=0.002），而中株丛和大株丛之间差异不显著（图8-3B）。然而，根区外围土壤pH值与狼毒株丛分枝数之间无显著相关性（P=0.770，n=90），（图8-3C），即根区外围土壤的pH

值在不同大小株丛之间未表现出显著差异（图8-3D）。结果表明，随狼毒定居时间延长（即株龄增大），其根区土壤pH值显著降低，土壤酸度越强；另一方面，狼毒定居对土壤酸度的影响，主要发生在根系周围，而对株丛外围土壤的影响不大。

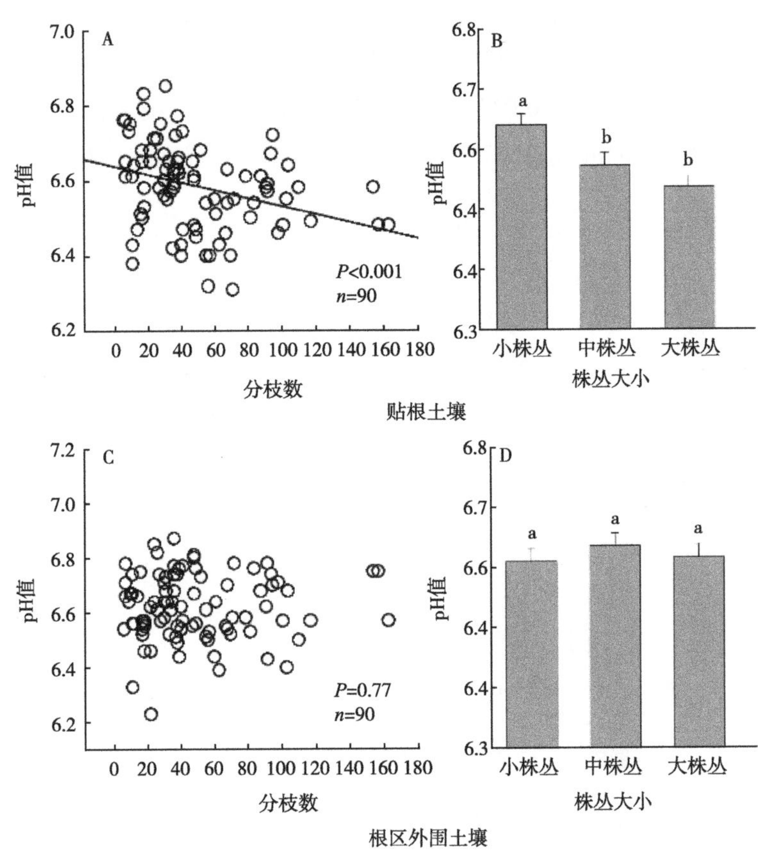

图8-3　狼毒根区土壤pH值与株丛大小的关系

8.2.2.3　狼毒定居对土壤酸度的影响机制

土壤pH值是影响土壤养分存在状态、转化过程及其有效性的重要指标（黄刚等，2007）。目前，有关狼毒定居对土壤酸度的影响研究，其结果不尽一致。张静等（2012）研究认为，狼毒能通过根系分泌和地上凋落物分解产生酸性化感物质，因此能降低其根区土壤的pH值。孙天舒（2013）通过比较草地群落狼毒定居区与非定居区土壤的理化性质发现，狼毒定居区表层

（0～10cm）土壤的pH值显著低于非定居区土壤，而深层（10～30cm）土壤pH值差异不显著。汪睿等（2022）研究发现，狼毒定居主要影响其根区贴根土壤的酸度，而对根区外围土壤酸度的影响不大。总体上，贴根土壤酸度显著高于外围土壤，而且，贴根土壤的pH值随株丛的增大而显著降低；然而，外围土壤的pH值与株丛大小无显著相关性。分析认为，狼毒根区土壤酸度降低与其根部化感物质的积累存在密切关联性，随狼毒定居时间延长（即株龄增大），其贴根土壤较外围土壤能积累更多的酸类物质，从而导致土壤酸度显著降低，同时也增大了与外围土壤pH值之间的差异性。这一结果在某种程度上支持了狼毒可能通过根系分泌酸性化感物质影响土壤酸度的假说。Ebrahimi et al.（2019）通过比较不同年龄梭梭对其生境土壤pH值的影响发现，随着梭梭年龄增大，生境土壤中的阴离子含量逐渐增多，土壤pH值也随之降低。因此，狼毒定居后土壤酸度的降低也可能与土壤中化感物质的积累和阴离子增加有关。

另一些研究表明，有毒植物的化感物质能提高土壤的pH值，即降低土壤酸度。例如加拿大一枝黄花的化感物质包括萜烯和类黄酮等，可以增加土壤的pH值（Zhang et al.，2009）。Zhu et al.（2020）通过研究狼毒根分泌物对土壤化学性质的影响发现，狼毒根分泌物呈碱性，pH值高达9.28，因而高浓度的根分泌物处理能显著降低土壤酸度。分析认为，狼毒的根含有类黄酮、萜烯和生物碱等化合物（Jiang et al.，2002；Yan et al.，2014），是其分泌物呈碱性，并能降低土壤酸度的主要原因（Zhu，2020）。同样，崔雪等（2020）通过比较不同优势种草地群落的土壤化学性质发现，有狼毒定居的草地群落，其土壤pH值显著高于无狼毒定居群落土壤的pH值。

8.2.3 狼毒定居对土壤全氮的影响

8.2.3.1 狼毒根区土壤全氮的（水平）空间差异

狼毒株丛根区，不同离根区域土壤的全氮含量存在显著差异，且不同大小的狼毒根区表现不同，结果如图8-4所示。总体上，狼毒根区不同区域土壤的全氮含量表现为：贴根（0～5cm）土壤最高，中间土壤（离根20cm）次之，外围土壤（离根30cm）最低。在小株丛根区，贴根土壤的全氮含量为

6.64g/kg，显著高于根区中间和外围土壤；其中，根区中间土壤的全氮含量为6.01g/kg，外围土壤为6.11g/kg，二者差异不显著（图8-4A）。中株丛个体，贴根土壤的全氮含量为6.19g/kg，比中间土壤高0.14g/kg，二者之间差异不显著；外围土壤的全氮含量为5.66g/kg，显著低于贴根土壤（$P<0.01$），而与中间土壤差异不显著（图8-4B）。大株丛狼毒根区，贴根、中间和外围土壤的全氮含量分别为6.14g/kg、5.75g/kg和5.34g/kg，彼此之间皆存在显著差异（$P<0.01$，图8-4C）。

狼毒根区土壤全氮含量的空间差异程度在不同株级之间也存在显著差异（图8-4D）。大株丛根区，外围与贴根土壤全氮含量的差异性最大，显著高于中等大小株丛和小株丛。中株丛和小株丛根区土壤全氮含量的空间差异程度相当，二者之间差异不显著。这一结果表明，狼毒定居能降低株丛根区外围土壤的全氮含量，并汇聚全氮养分在其贴根土壤；因而导致狼毒根区土壤全氮养分的空间差异，且空间异质程度随株级增大而变大。

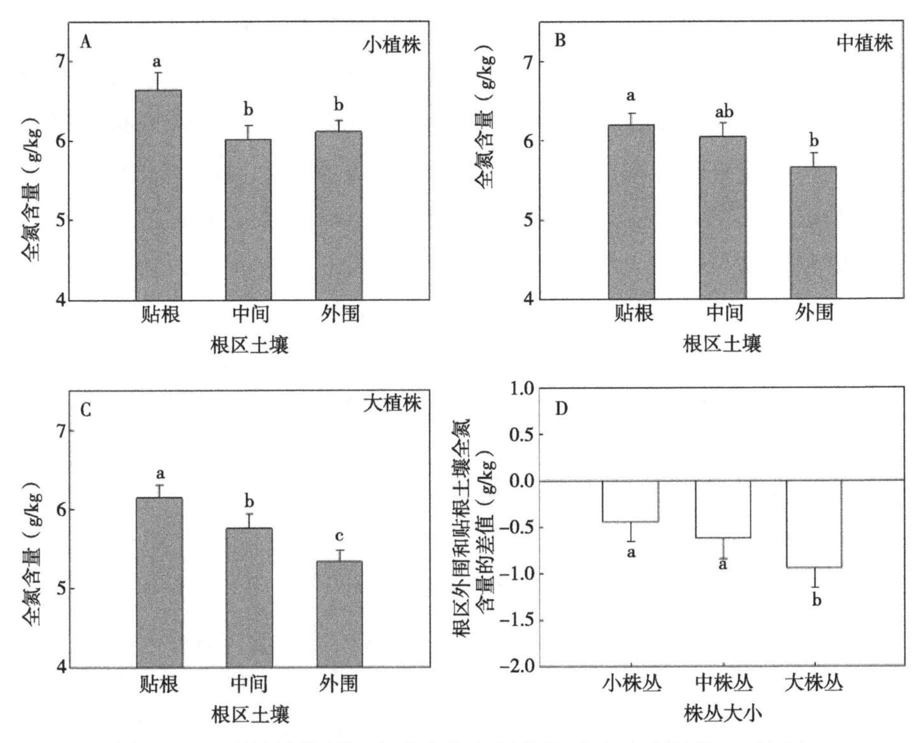

图8-4　狼毒根区贴根与外围土壤全氮含量的比较（汪睿，2022）

8.2.3.2 狼毒根区土壤全氮与株丛大小的关系

狼毒根区土壤的全氮含量，随株丛分枝数（即个体大小或定居时间）的变化规律，如图8-5所示。狼毒根区贴根土壤的全氮含量与株丛分枝数之间无显著相关性（P=0.138 5，n=270，图8-5A）。相应地，土壤全氮含量在不同株级之间也无显著差异（P>0.10）（图8-5B）。狼毒根区外围土壤的全氮含量与株丛分枝数之间呈显著负相关关系（P=0.022，n=270，图8-5C），相应地，土壤的全氮含量在不同株级之间也存在显著差异（图8-5D）。其中，小株丛外围土壤的全氮含量最高，平均为6.18g/kg，显著高于中株丛和大株丛（P<0.01）；中株丛外围土壤的全氮含量为5.66g/kg，略高于大株丛，但二者之间差异不显著。

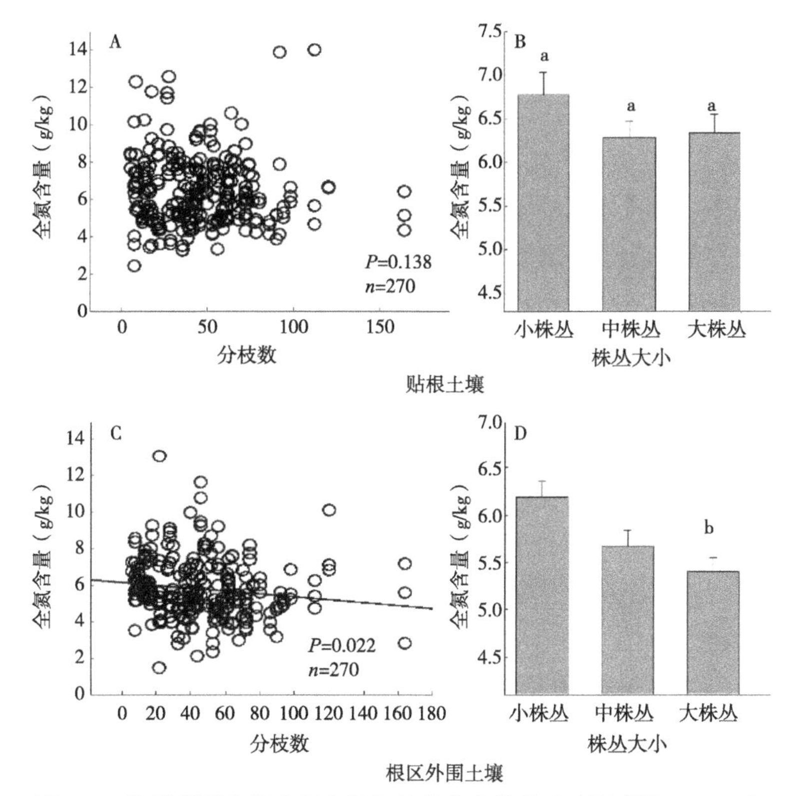

图8-5　狼毒根区土壤全氮含量与株丛大小的关系（汪睿等，2022）

8.2.3.3 狼毒定居对土壤全氮的影响机制

土壤全氮含量是衡量土壤氮素供应状况的重要指标，直接影响植物的生长发育（张述强，2021）。研究发现，狼毒产生的化感物质浓度较低时能提高土壤的全氮含量，而浓度较高时则会降低土壤全氮含量（Zhu et al., 2020）。崔雪等（2020）通过比较不同优势种草地群落的土壤化学性质发现，相比无狼毒定居区，低密度狼毒定居区土壤的全氮含量有所提升；然而，高密度狼毒定居区，土壤的全氮含量显著降低。孙天舒（2013）通过比较草地群落狼毒定居区与非定居区土壤的化学性质发现，狼毒定居区根际土壤（10～30cm土层）的全氮含量显著高于非定居区土壤，其浅层（0～10cm）土壤全氮含量也相对较高，但差异不显著。Sun et al.（2009）研究了狼毒定居对高寒草甸土壤氮素养分循环的影响，结果表明，在两种不同地境类型的高寒草甸群落中，狼毒定居区（斑块内）表层土壤（0～15cm）的全氮、硝态氮和氨态氮含量均显著高于狼毒非定居区，土壤氮转化效率（如矿化作用和硝化作用等）和微生物的呼吸作用在狼毒定居土壤中也显著高于非定居区土壤，结果见第1章表1-2。然而，在下层土壤（15～30cm）中，氮含量在狼毒定居区和非定居区土壤中未表现出明显差异。分析认为，狼毒定居后比同域其他植物能产生更多且氮含量更高的凋落物，是导致其土壤化学性质变化的主要机制之一。

汪睿（2022）研究表明，狼毒根区外围（离株30cm）土壤的全氮含量与株丛大小（即分枝数）之间存在显著的负相关性。总体上，小株丛根区外围土壤的全氮含量显著高于中株丛和大株丛，说明狼毒定居时间越久，其根区（外围）土壤的全氮含量将变得越低。拱健婷等（2015）通过对比不同年龄瑞香狼毒对其他植物的化感作用发现，狼毒株丛越大，其根系分泌和凋落物分解后产生的化感物质越多。据此推测，狼毒中株丛和大株丛根区全氮含量的降低可能与其土壤中化感物质的积累密切相关。此外，汪睿等（2022）的研究结果也表明，狼毒根区外围土壤的全氮含量总体上低于贴根土壤，且株丛越大，二者差异越明显。进一步分析发现，狼毒根区贴根土壤的全氮含量随株丛大小无显著变化，但是外围土壤的全氮含量随株丛变大而显著降低。这表明，狼毒定居对其近根区土壤全氮含量的影响不大，但是能显著降低根区外围土壤的全氮含量。据此认为，狼毒定居通过根系分泌化感物质对土壤全氮含量的影响较小，但能通过其他途径影响根区外围土壤的全氮养分。狼毒根区外围土壤全氮含量的降低，一方面可能与其冠区凋落物分解及

其所致的化感物质积累密切相关。尤其是大株丛狼毒，其地上冠幅明显大于小株丛，因而在其根区外围积累的凋落物和化感物质也相对较高，对土壤中全氮含量的影响也最大。另一方面，狼毒具有较大的竞争优势，其根区外围土壤全氮含量的降低可能与狼毒株丛的竞争性吸收有关，尤其是大株丛，随定居时间越久，其外围土壤中的全氮水平将变得越低（汪睿等，2022）。

8.2.4 狼毒定居对土壤钾素的影响

8.2.4.1 狼毒根区土壤钾素的（水平）空间差异

在狼毒根区，土壤全钾含量在水平方向不同区域土壤之间存在差异，且在不同大小狼毒根区表现不同，结果如图8-6所示。总体看，土壤全钾含量在贴根土壤（离根0～5cm）中最高，中间土壤（离根20cm）次之，在根区外围土壤（离根30cm）最低。大株丛狼毒根区，贴根土壤的全钾含量为10.21g/kg，显著高于根区外围土壤（P=0.004），而与根区中间土壤差异不显著（图8-6C）。小株丛和中株丛个体，其根区土壤全钾含量在水平方向不同区域之间无显著差异（图8-6A、B）。相应地，狼毒根区外围土壤与贴根土壤全钾含量的差异性在大株丛最大，而在中株丛和小株丛相对较小，但在不同株级之间差异不显著（图8-6D）。

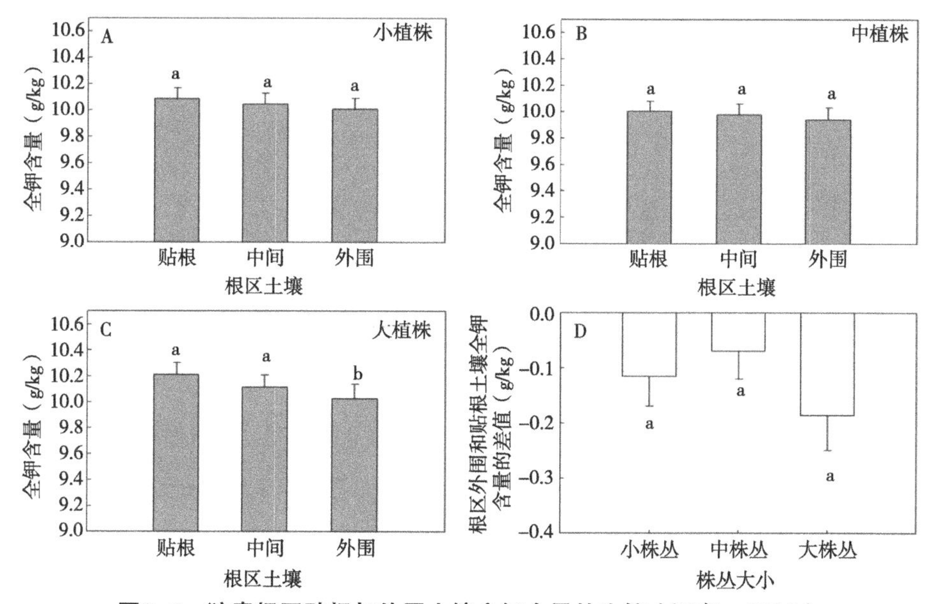

图8-6 狼毒根区贴根与外围土壤全钾含量的比较（汪睿，2022）

在狼毒根区，土壤的速效钾含量在水平方向不同区域土壤也存在明显差异，且在不同大小的狼毒根区表现不同，结果如图8-7所示。在小株丛和中株丛根区，土壤的速效钾含量在不同区域之间差异不显著（图8-7A、B）。大株丛根区，贴根土壤的速效钾含量为327.2mg/kg，显著高于根区中间和外围土壤。其中，根区外围土壤的速效钾含量最低，为286.8mg/kg，比贴根土壤低12.3%（图8-7C），与根区中间土壤差异不显著。相应地，在大株丛狼毒根区，土壤的速效钾含量在水平方向的差异性最大，其根区外围与贴根土壤的差异值显著高于中株丛和小株丛根区土壤的差异值（图8-7D）。

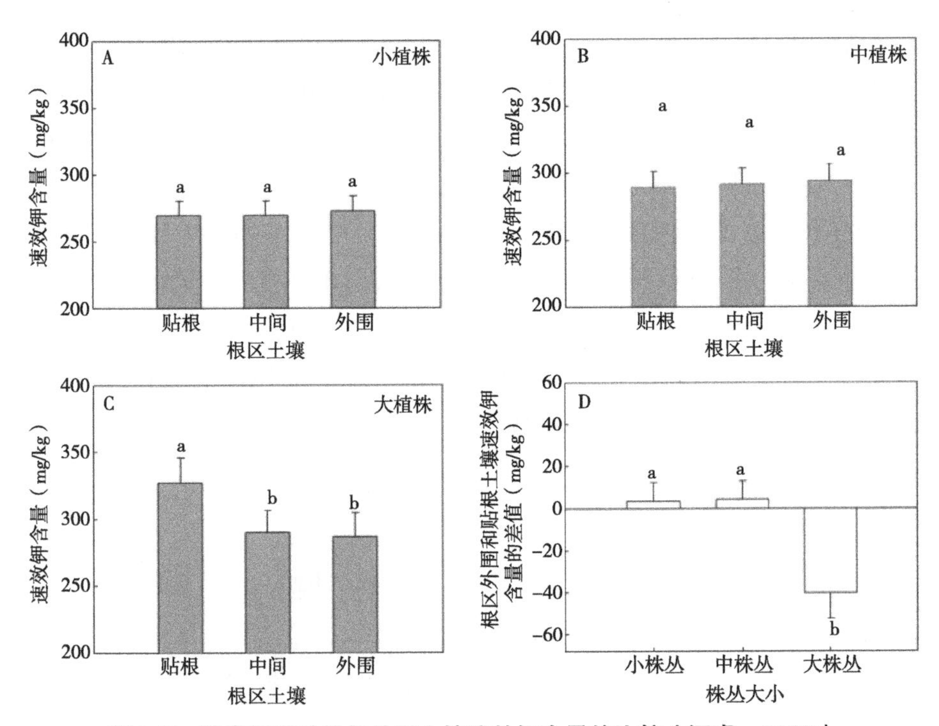

图8-7 狼毒根区贴根与外围土壤速效钾含量的比较（汪睿，2022）

8.2.4.2 狼毒根区土壤钾素与株丛大小的关系

狼毒根区土壤全钾含量，随株丛大小（即定居时间）的变化规律，如图8-8所示。在狼毒根区，贴根土壤和外围土壤中的全钾含量与株丛分枝数之间均无显著的相关关系（P=0.221，P=0.460）（图8-8A、C）；相应地，其全钾含量在不同株级之间也无显著差异（P>0.05）（图8-8B、D）。这说

明，狼毒定居后，随定居时间延长、株级变大，对根区土壤的全钾含量无显著影响。

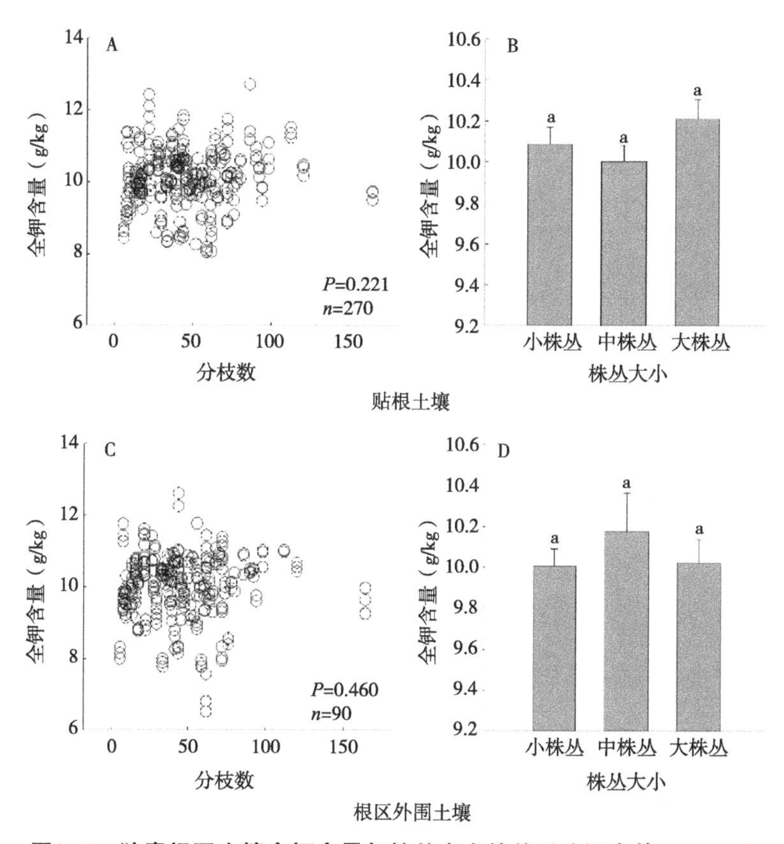

图8-8　狼毒根区土壤全钾含量与株丛大小的关系（汪睿等，2022）

狼毒根区土壤的速效钾含量，随株丛定居时间（即株级大小）的变化规律，如图8-9所示。狼毒根区贴根土壤的速效钾含量与株丛分枝数之间呈显著正相关关系（$P<0.001$，$n=270$，图8-9A）。相应地，贴根土壤的速效钾含量在不同株级之间也存在显著差异（图8-9B）。其中，大株丛根区，贴根土壤的速效钾含量最高，小株丛最低，二者之间差异显著；中株丛贴根土壤的速效钾含量居中，与大株丛和小株丛之间皆无显著差异。狼毒根区外围土壤的速效钾含量与株丛分枝数无显著相关性（$P=0.051$，$n=270$，图8-9C）。相应地，根区外围土壤的速效钾含量在不同株级之间也无显著差异（$P>0.05$）（图8-9D）。

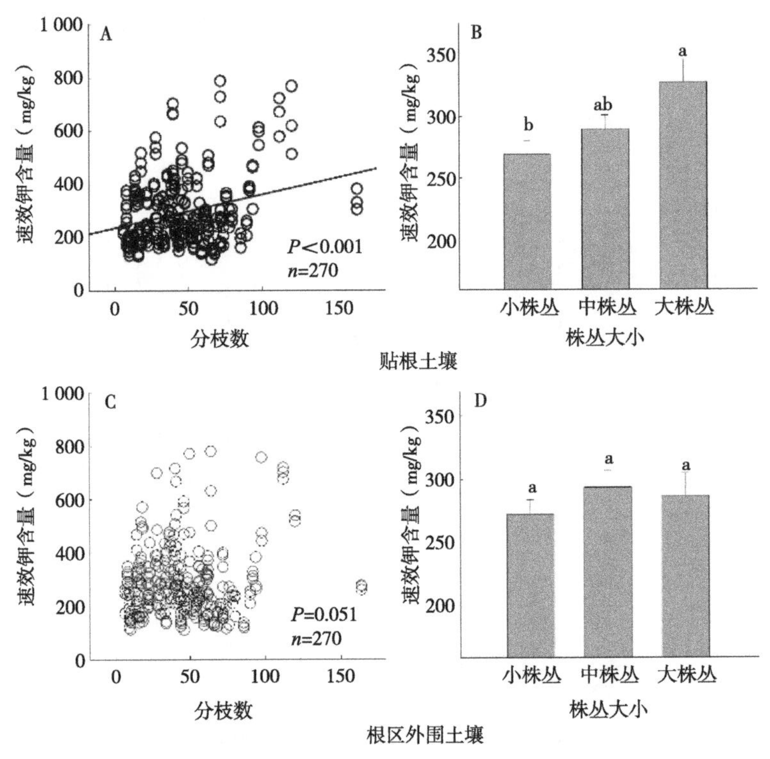

图8-9　狼毒根区速效钾含量与株丛大小的关系（汪睿等，2022）

8.2.4.3　狼毒定居对土壤钾素的影响机制

钾素是植物生长所必需的大量元素之一，它不仅能够增加植物的抗逆性，还能减少植物蒸腾，减缓逆境对植物的伤害（常丽新，2000）。张静等（2012）研究发现，狼毒定居后，其根系微环境中能沉积大量根分泌物以及根组织脱落物，从而改变根周围土壤的养分含量。张红林（2014）通过研究青海湖地区狼毒种群的分布特征发现，狼毒分布与草地10～30cm土壤全钾含量呈正相关，说明狼毒的定居可能会提升草地土壤的钾素养分。同样，孙天舒（2013）通过比较草地群落狼毒定居区与非定居区土壤的化学性质发现，在狼毒定居区，无论是根际土壤还是丛间土壤，其10～30cm土层的速效钾含量显著高于狼毒非定居区土壤，其浅层（0～10cm）土壤的速效钾含量也相对较高，但差异不显著。总体表明，狼毒定居表现出土壤“富钾”的功能或趋势。

研究发现，土壤钾素含量与植物产生的化感物质密切相关。狼毒根系分泌和凋落物分解产生的弱酸性化感物质，能提高土壤微生物活性，这些微生物可释放土壤中黑云母晶片边缘的钾离子，进而增加土壤的速效钾含量（梁成华等，2002）。汪睿（2022）通过研究狼毒定居对高寒草地土壤化学性质的影响发现，土壤全钾含量在狼毒根区水平方向无明显的空间差异，与狼毒定居时间（即株丛大小）也无显著相关性，说明狼毒定居对土壤全钾含量的影响不大。但是，土壤的速效钾含量与狼毒株丛大小显著正相关，且在根区水平方向存在明显的空间差异。在狼毒大株丛根区，贴根土壤的速效钾含量显著高于根区外围土壤；但是，在小株丛和中株丛根区，贴根土壤与外围土壤的速效钾含量差异不大。另外，贴根土壤中的速效钾含量随狼毒株丛定居时间，即株级增大而显著升高，但是根区外围土壤中的速效钾含量，随株丛大小改变无明显变化。这一结果表明，狼毒定居后，土壤中速效钾含量的变化可能主要受狼毒根系分泌物的影响，而受株丛冠区凋落物分解的影响不大。拱健婷等（2015）研究表明，狼毒株丛越大，其根区产生的化感物质越多。据此推测，狼毒定居后，根区土壤尤其是近根土壤中速效钾含量的提高，可能与根区化感物质积累提高了土壤微生物活性，进而促进了土壤中钾离子的释放有关。

8.2.5　狼毒定居对土壤磷素的影响

8.2.5.1　狼毒根区土壤磷素的（水平）空间差异

狼毒根区土壤的全磷含量在水平方向不同区域（即不同离根距离）的差异性，如图8-10所示。总体看，根区贴根土壤（离根0～5cm）和外围土壤（离根30cm）的全磷含量，略高于中间土壤（离根20cm），其差异程度在不同株级狼毒根区表现不同（$P>0.05$）。大株丛狼毒根区，贴根土壤中的全磷含量（0.62g/kg）显著高于中间土壤（0.58g/kg）（$P<0.05$），而与根区外围土壤的全磷含量无显著差异（图8-10C）。然而，中株丛和小株丛狼毒根区，在水平方向不同区域土壤中全磷含量均无显著差异（图8-10A、B）。狼毒根区外围土壤与贴根土壤全磷含量的差异程度，在不同株级之间无显著差别（图8-10D）。

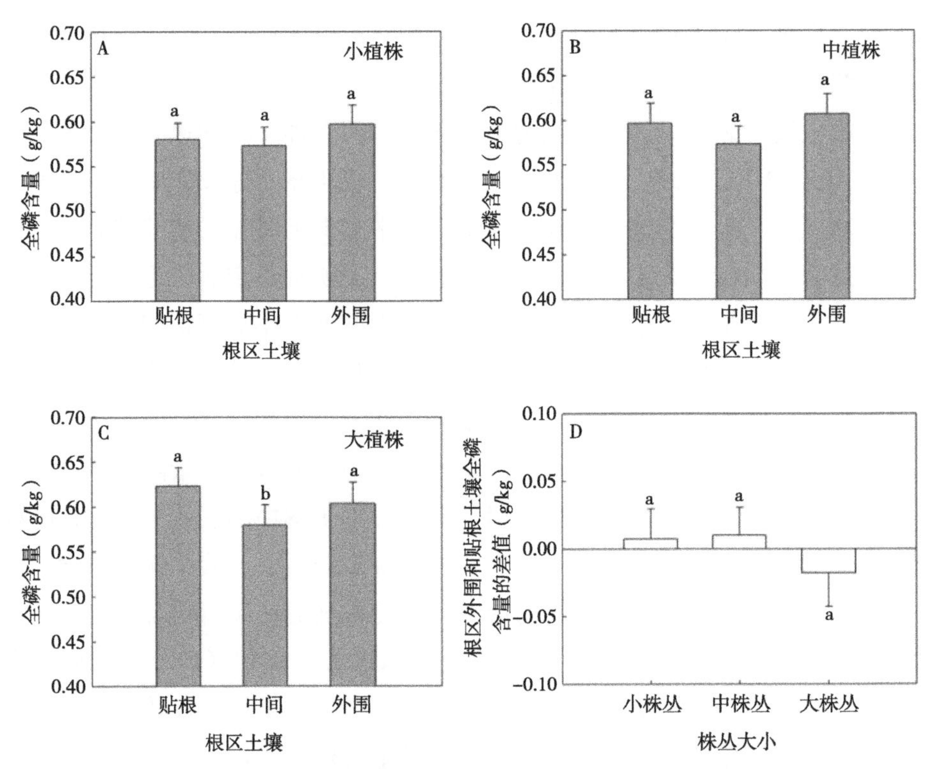

图8-10　狼毒根区贴根与外围土壤全磷含量的比较（汪睿，2022）

在狼毒根区，土壤的速效磷含量在不同离根区域土壤存在明显差异，且差异程度在不同大小株丛根区表现不同，结果如图8-11所示。小株丛根区，外围土壤的速效磷含量最高，为16.9mg/kg，分别比根区中间土壤和贴根土壤的速效磷含量高7.4%和9.4%（图8-11A）。狼毒中等株丛，其根区土壤的速效磷含量在水平方向不同区域之间无显著差异（图8-11B）。大株丛狼毒根区，贴根土壤的速效磷含量为15.36mg/kg，略高于根区中间土壤（15.01mg/kg），二者之间差异不显著（$P>0.05$）；根区外围土壤的速效磷含量最低，为13.63mg/kg，显著低于近根区土壤（包括根区中间和贴根土壤）的速效磷含量（图8-11C）。结果表明，在不同大小的狼毒根区，土壤速效磷含量呈现出不一样的空间变异格局，大株丛根区，外围土壤的速效磷含量低于近根区土壤；然而，在小株丛根区，外围土壤的速效磷含量高于近根区土壤（图8-11D）。

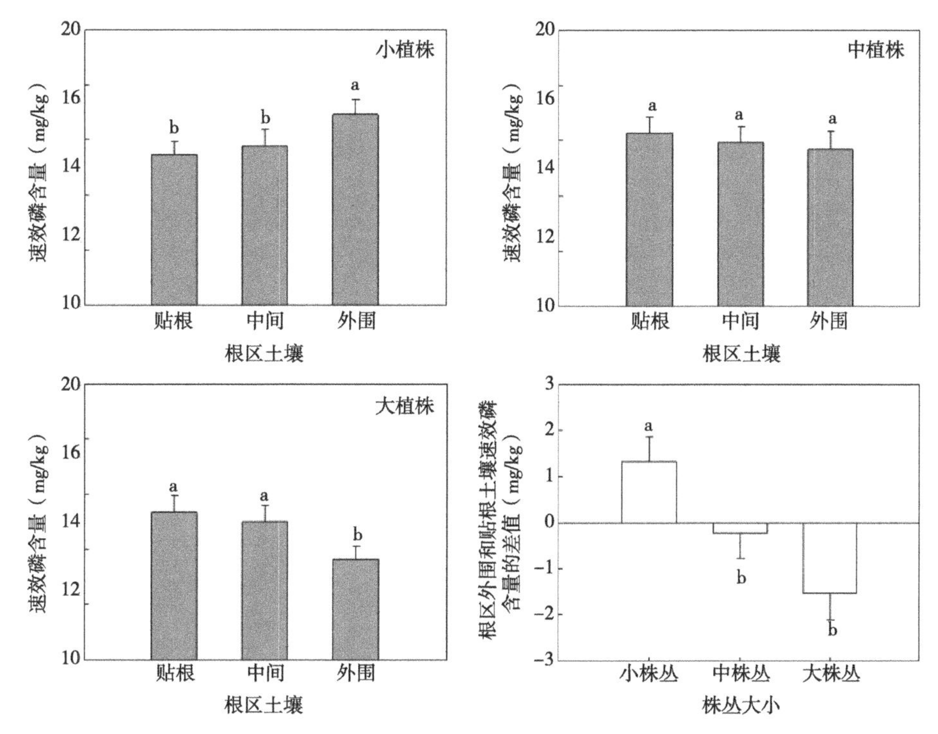

图8-11　狼毒根区贴根与外围土壤速效磷含量的比较（汪睿，2022）

8.2.5.2　狼毒根区土壤磷素与株丛大小的关系

狼毒根区土壤的全磷含量与株丛大小（即定居时间）的关系，如图8-12所示。在狼毒根区，无论是贴根土壤，还是根区外围土壤，其全磷含量与株丛分枝数之间均无显著线性关系（图8-12A、C）。相应地，土壤全磷含量在不同株级之间也无显著差异（P>0.05）（图8-12B、D）。

狼毒根区土壤的速效磷含量，随株丛大小（即定居时间）的变化规律，如图8-13所示。狼毒根区，贴根土壤的速效磷含量与株丛分枝数之间无显著的相关性（图8-13A）。相应地，土壤速效磷含量在不同株级之间也无显著差异（图8-13B）。狼毒根区外围土壤的速效磷含量，随株丛分枝数增大而显著降低（P<0.001，n=270，图8-13C）。相应地，根区外围土壤的速效磷含量在不同株级之间也呈现出显著差异（图8-13D）。其中，小株丛外围土壤的速效磷含量最高，平均为19.3mg/kg，中株丛平均为17.8mg/kg，大株丛外围土壤的速效磷含量最低，平均为16.4mg/kg。

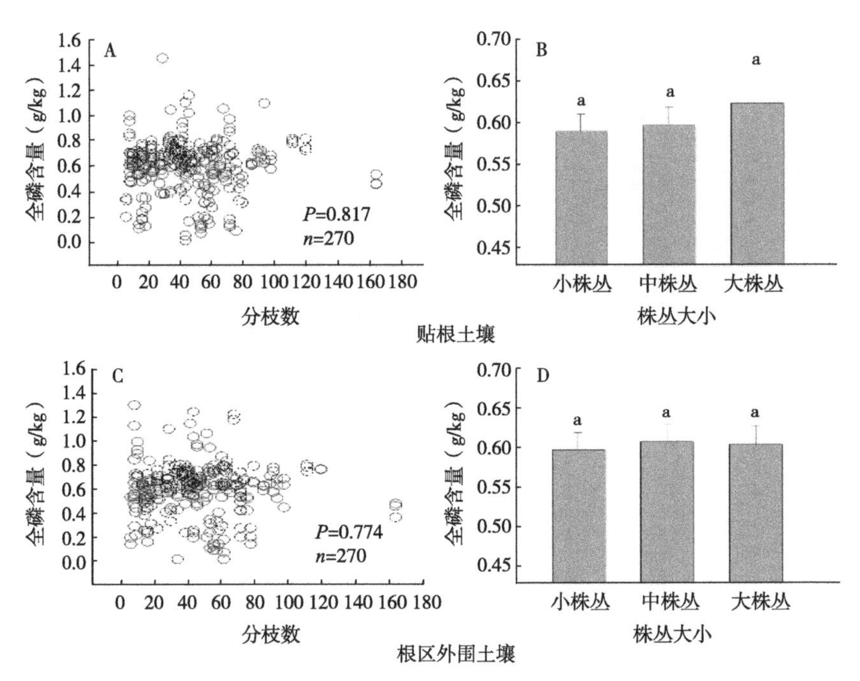

图8-12　狼毒根区土壤全磷含量与株丛大小的关系（汪睿等，2022）

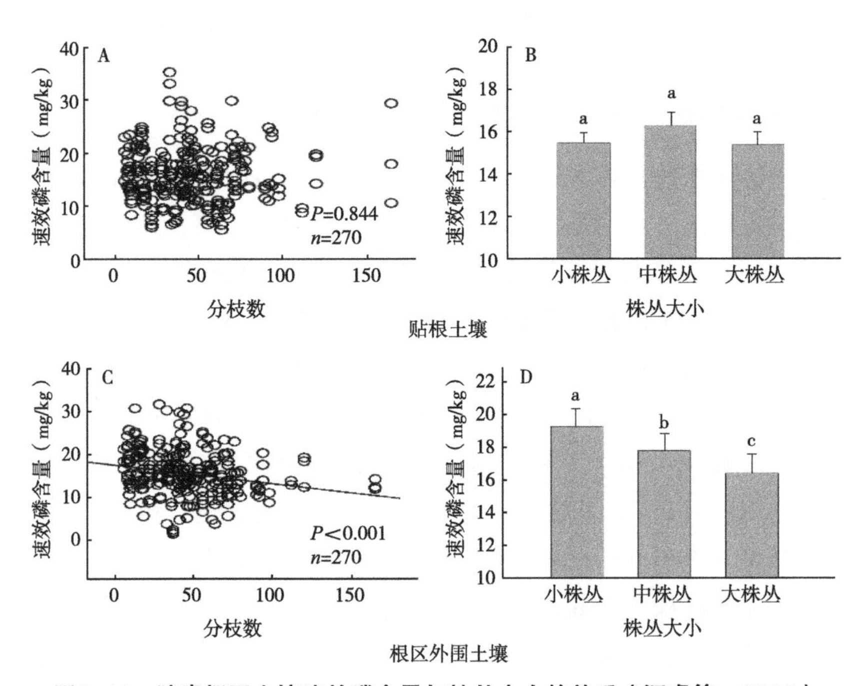

图8-13　狼毒根区土壤速效磷含量与株丛大小的关系（汪睿等，2022）

8.2.5.3 狼毒定居对土壤磷素的影响机制

磷是植物的营养三要素之一，也是植物体内重要的化合物组分（张林，2009）。研究发现，磷素是土壤中的一类限制性元素，在自然淋溶、风蚀等因素的长期作用下会导致土壤中磷素的流失。在植物群落中，地上部的草本、灌木等植被及其凋落物可减弱地表侵蚀和水分径流，对保存土壤磷素具有一定的积极作用（Tarafdar & Jungk，1987）。有研究表明，植被凋落物分解产生的化感物质能增强土壤中的磷酸酶和植酸酶等活性，这些酶可通过活化与土壤矿物表面铁、铝化合物结合的大分子有机磷，进而增加土壤中的速效磷含量（翟政，2021；He et al.，2019；Maranguit et al.，2017）。

汪睿等（2022）通过研究高寒草地狼毒定居对其根区土壤化学性质和养分含量的影响发现，土壤全磷含量在狼毒根区水平方向未表现出明显的空间差异，狼毒定居时间（即株丛大小）对土壤全磷含量也未产生显著影响。但是，土壤速效磷含量在狼毒根区呈现出明显的空间差异性，根区外围土壤的速效磷含量随株丛增大而显著降低，然而，贴根土壤的速效磷含量随株丛大小变化不明显。这一结果表明，狼毒定居后，通过根系分泌物对其近根土壤的速效磷含量影响不大，但是通过凋落物分解或可抑制土壤中有机磷的活化，进而影响根区外围土壤的速效磷养分。因此，该研究未发现狼毒定居后可通过化感作用提高土壤速效磷含量的证据。相反，狼毒定居能在一定程度上降低土壤中的速效磷含量。Sun et al.（2009）通过比较高寒草甸狼毒斑块与开放区域土壤的化学性质发现，土壤全磷和无机磷含量在狼毒定居区和非定居区土壤中未表现出规律性变化（第1章表1-2）。

与此相反，孙天舒（2013）通过比较草地群落狼毒扩散区与非扩散区土壤的磷素养分发现，在狼毒定居区，无论是根际土壤还是丛间土壤，其全磷含量皆显著高于狼毒非定居区土壤；然而，土壤速效磷含量在狼毒定居区尤其是根际土壤中也相对较高，但与非定居区差异不显著。分析认为，狼毒扩散区土壤磷素养分的提高，可能是因为狼毒定居后根系微生物活性增强、土壤中的脲酶和磷酸单酯酶的活性提高，促进了土壤母质中磷元素的释放，例如促使土壤中的难溶性磷酸盐向易溶性低价态磷酸盐转化，进而增加了土壤中的磷素含量。

8.3 狼毒定居对土壤微生物群落的影响

土壤是植物赖以生长的物质基础，也是不同植物之间或植物与其他生物（如微生物）相互作用的媒介。很多植物定居以后，根系可以分泌一些次生代谢产物，从而会改变土壤的微生物群落结构；反过来，微生物群落结构的改变又可能影响土壤的理化性质，进而反作用于植物的生长发育（董思斯，2014）。研究发现，植物根区土壤中往往栖居着大量的微生物，庞大的微生物群体与植物根系有着复杂密切的相互作用和联系。

入侵植物之所以能广泛扩散部分地被认为是由于入侵者逃离了原生土壤微生物环境及其对土壤微生物的正反馈效应所引起。同时，入侵者进一步抑制了入侵地群落中本土植物的生长（Callaway et al.，2004；Rout & Callaway，2012；Maron et al.，2014）。换言之，土壤的微生物群落环境以及与植物的互作关系在一定程度上决定了植物的入侵和扩散能力及其生态适应性。因此，植物与微生物的互作关联及其生理生态功能受到了学者的广泛关注和越来越多的研究。在草地生态系统中，土壤微生物组成及其多样性能较好地反映草地生态环境的变化过程和程度。近年来，狼毒在高寒草原迅速扩散蔓延，草地生态系统退化加剧，对原本脆弱的草原生态环境造成严重破坏。已有研究发现，狼毒在生长过程中，可通过根部分泌一些次生代谢化合物，影响周围其他植物和微生物的生长和繁殖（王慧，2011）。探究狼毒定居对草地土壤微生物群落的影响，有助于阐明草地退化与狼毒种群入侵的生态关联，进而对理解狼毒种群的生态适应性、狼毒在退化草地的入侵扩散机制以及狼毒型草地群落的退化演替过程具有重要意义。

8.3.1 狼毒植株体内与根际的细菌群落

植物体含有各种各样的细菌，这些细菌栖息在不同的植物器官和组织中，包括根、茎、叶、种子和果实以及根际部位（Ryan et al.，2008）。植物内生细菌能够通过内生固氮活性、病原生物控制或其他方式直接或间接地促进植物生长和发育（Taurian et al.，2010；Beneduzi et al.，2013）。根际细菌能通过提高土壤矿物营养素的可用性、产生植物激素、植物毒性化合物降解以及抑制病原体等途径影响植物的生长（Singh，2004；Lugtenberg &

Kamilova，2009）。因此，了解植物相关细菌群落的结构和多样性特征以及植物不同部位细菌之间的关系，对揭示植物与相关细菌群落之间的互作关系，进而对理解植物的生态适应机制具有重要意义。

8.3.1.1 狼毒植株体内的细菌群落

Jin et al.（2014）采用16S rRNA基因克隆文库技术，比较分析了狼毒根、茎、叶器官及其根际土壤中的细菌群落结构和多样性。结果显示，在狼毒根际和植株体内共检测到200个分类操作单元（Operational taxonomic unit，OTU），且不同部位的细菌OTU丰度存在较大差异，结果见表8-1。通过对各样本细菌序列的多样性分析表明，狼毒植株从地下部分（根）到地上部分（茎和叶），细菌群落的物种丰富度总体呈增加趋势。叶子样本的物种丰富度最高，根样本的物种丰富度和多样性水平最低；但是，根样本中包含的序列数量较多，且序列在单个OTU的分布比较均匀（表8-1）。序列分组分析结果显示，变形菌门（43.2%）、厚壁菌门（36.5%）和放线菌门（14.1%）在狼毒植株不同器官样本以及根际土壤样本中均属于优势类群。从细菌系统发育树结果看，同一细菌类群在不同样本中的分布比例存在差异，例如厚壁菌门（Firmicutes）在根际土壤、根、茎和叶样品中分别占27.7%、12.6%、55.9%和48.2%，而放线菌门（Actinobacteria）在这4类样本中分别占8.0%、31.9%、9.8%和7.4%（Jin et al.，2014）。

表8-1 狼毒植株不同部位样本中细菌OTU多样性比较（Jin et al.，2014）

样本	序列数	OTU数量[a]	Chao 1[b]	Shannon[b]	Simpson[b]	均匀度[b]	覆盖率[b]
根际土壤	115	74	235.16	3.80	0.94	0.88	47.8
叶	116	51	288.88	2.67	0.76	0.68	62.1
茎	119	45	281.44	2.67	0.97	0.70	68.1
根	118	30	108.22	2.49	0.86	0.73	81.4

注：样本采集于兰州大学榆中校区（35°56′N，104°08′E）；[a]使用MOTHUR软件基于3%的序列差异确定OTU的数量；[b]各类多样性指数、Shannon均匀度以及覆盖率皆基于OTU数据计算所得。

Jin et al.（2014）的研究总体表明，狼毒植株体内的细菌多样性在不同器官（即根、茎、叶）之间无显著性差异性；然而，植株各器官中的细菌多样性显著低于根际土壤中的细菌多样性（$P<0.01$）。狼毒的根、茎、叶器官组织能被许多与根际土壤中相同的细菌家族定殖，说明狼毒植株在地上茎叶与地下根部定殖的许多细菌类群可能具有相似的来源。狼毒植株的茎叶靠近地面，这有利于细菌通过雨溅、大风和昆虫等途径从土壤转移到地上部分，同样地上部分的细菌也可以转移到土壤中（Behar et al.，2008）。有研究表明，植物根际土壤中的细菌可能首先在其根部定殖，然后通过木质部导管扩散到植物地上其他部分（Compant et al.，2011）。狼毒内生细菌在植株体内的连续分布可以在一定程度上证实这一结论。例如α-变形菌（Alphaproteobacteria）在狼毒根内非常丰富，在茎内相对丰富，但在叶内较少，表现出潜在的移动性。因此，有理由推测，狼毒植株体内的α-变形菌（Alphaproteobacteria）可能首先是从根部迁移到茎，然后再迁移到叶片部位（Jin et al.，2014）。

8.3.1.2　狼毒根际的细菌群落

Jin et al.（2018）采用16S rRNA基因克隆文库分析方法，研究了青藏高原不同海拔梯度狼毒根际的细菌群落特征。该研究从狼毒根际样本中共获得了316个序列，对其系统发育分析发现，狼毒根际土壤的细菌群落由9个细菌门组成。从门水平上看，放线菌门（Actinobacteria）最为丰富，占69.3%，其次是变形菌门（Proteobacteria），占20.6%。其他细菌门类包括绿弯菌门（Chloroflexi）、厚壁菌门（Firmicutes）、芽单胞菌门（Gemmatimonadetes）、酸杆菌门（Acidobacteria）、拟杆菌门（Bacteroidetes）和装甲菌门（Armatimonadetes），各自占根际土壤克隆不到2.9%。与根际土壤样本类似，狼毒根样本的细菌群落中主要的细菌门类同样为放线菌和变形杆菌，两类细菌占根样序列的96.5%以上。显然，放线菌和变形菌门不仅是狼毒根组织细菌群落中的优势类群，也是其根际土壤细菌群落的优势类群。有研究表明，这两类细菌可以主动定殖于植物根系并参与各种重要代谢过程（Jin et al.，2018），例如复杂分子的分解（Anderson et al.，2012）、固氮和促进植物生长（Palaniyandi et al.，2013）、植物病原体防控以及产生各种抗生素、植物激素（IAA）、生物活性化合物和次生代谢物等（Cui et al.，2015）。

在属水平上，不同海拔狼毒根际土壤的细菌群落结构存在差异。例如康奈斯氏杆菌属（*Conexibacter*）在低海拔地区较丰富，节杆菌属（*Arthrobacter*）在中高海拔地区较为丰富，诺卡氏菌属（*Nocardioides*）在高海拔地区更丰富；链霉菌则存在于不同海拔的大多数根际土壤中，且丰度相对较高。总体看，节杆菌属（*Arthrobacter*）和链霉菌属（*Streptomyces*）是广泛分布于不同海拔狼毒根部和根际土壤细菌群落的优势类群。节杆菌能在狼毒根际（包括根内）广泛分布，与该菌类具有较强的极端环境适应能力有关。研究表明，节杆菌属细菌能在极端环境中相对贫瘠、干旱的土壤中生长，一些物种可以长时间耐受剧烈的环境压力（Yao et al.，2015）。同样地，链霉菌属细菌能够通过形成孢子来承受极端环境压力（Tamreihao et al.，2016），因此也能广泛分布于各种土壤环境，而且能在不同植物的根系中有效定殖。链霉菌属一些物种能够生产多种具有生物活性的次生代谢产物，可用来控制土壤或种子传播的植物病害（Palaniyandi et al.，2013）。

海拔是影响微生物多样性的最重要因素之一（Faoro et al.，2010；Zhang et al.，2015）。海拔高度变化能导致气候和土壤物理化学因素的复杂变化，从而影响环境中细菌群落的多样性（Faoro et al.，2010；Corneo et al.，2013）。Jin et al.（2018）研究发现，狼毒根部内生细菌群落沿海拔梯度表现出单峰多样性模式，即中海拔区域比低海拔和高海拔区域具有更高的多样性。这种单峰多样性模式可以用中域效应（Mid-domain effect，MDE）理论进行解释，即物种通常在中海拔地区聚集分布（Colwell & Lees，2000；Wang et al.，2015）。狼毒根际（土壤）细菌群落的多样性随海拔升高呈现出小马鞍形变化模式，这与最常见的物种丰富度—海拔关系变化模式基本一致（Singh et al.，2012；Shen et al.，2015）。Jin et al.（2018）通过在门分类水平分析狼毒根际细菌群落结构与环境变量之间的关系发现，土壤磷、钾、pH值、纬度和海拔与狼毒根际土壤的细菌群落多样性呈正相关，进一步说明环境因素在形成青藏高原狼毒根际细菌群落随海拔特有的多样性模式中所起的重要作用（Jin et al.，2018）。Bass-Becking假说（Wang et al.，2015）强调，环境因子是影响微生物群落组成的主要因素，并认为微生物群落的海拔生物地理模式通常由各种环境参数所决定（或构成）。大量的研究也证实，植物根际土壤的细菌组成和多样性主要受土壤pH值、总氮、有效磷、有机质以及土壤水分有效性等因素的影响（Teixeira et al.，2010；Kourteva et al.，2003；Sundqvist et al.，2014）。

通常认为，植物根内细菌群落与根际土壤细菌群落相似，并且根内细菌应是周围根际土壤细菌群落的一个子集。根据此观点，植物根内细菌群落会受到根际土壤和环境的显著影响，其根部和根际土壤应具有相似的细菌群落组成模式。Jin et al.（2018）的研究表明，狼毒根际土壤样本细菌群落多样性在不同海拔皆高于狼毒根内细菌的多样性，其群落组成在根际和根内存在显著差异（$P<0.05$）。这一结果与之前Jin et al.（2014）的研究结果一致。分析认为，植物根际环境非常复杂，它能为微生物提供如氨基酸、有机酸和碳水化合物等多种碳源作为其能量来源（Wawrik et al.，2005）。然而，相比根际，植物的根能为细菌提供更为稳定的栖居环境。因此，作为微生物栖息地，其养分供应和物理化学等环境条件的差异性可能是导致根和根际土壤之间细菌群落组成的主要原因（Compant et al.，2011）。

8.3.2　狼毒植株体内与根际的真菌群落

植物体内除了有内生细菌，也含有各种各样的真菌。植物内生真菌可以存在于植物根部与其形成菌根共生体，也可以存在于叶片、叶柄和茎组织细胞或细胞间隙中（García et al. 2013；Oliveira et al.，2014）。研究发现，植物内生真菌可以通过产生毒素、赋予植物病原体抗性或提高植物对非生物胁迫的耐受性等方式提升植物的环境适应能力，也可保护植物免受食草动物的侵害（Hyde & Soytong，2008）。尽管植物中内生真菌广泛存在，但植物（根）—真菌共生体的生态意义，包括它们对植物适应性的贡献、内生菌与宿主相互作用方式及其导致彼此互惠受益的机制仍知之甚少（García　et al.，2013）。狼毒作为广泛分布于我国草原地区的典型有毒植物，同时作为一种重要的药理植物资源，了解其内生真菌群落组成和类型，对探究和理解狼毒的生态适应机制或通过其生物活性代谢物质研究进行医药开发具有重要意义。

Jin et al.（2013）利用组织培养的方法，在狼毒不同生长时期从根、茎、叶中均分离出了可培养内生真菌，证实了在狼毒不同器官和组织中均

有内生真菌定殖。结果显示，狼毒根中内生真菌的总定殖频率和物种丰富度均高于叶和茎。随后，Jin et al.（2015）在已有研究基础上，采用高通量测序分析方法，进一步对狼毒的根际、叶、茎和根中的真菌多样性进行了分析，结果见表8-2。该研究从狼毒根际（土壤）和植株体内（即内生）共获得了145个真菌OUT，分属于5个不同的真菌门类。所有样本总体分析表明，子囊菌门（Ascomycota）是其优势门类，有109个OUT，占总数的75.2%，20个属于担子菌门（Basidiomycota），占13.8%，14个属于接合菌门（Zygomycota），占9.7%；壶菌门（Chytridiomycota）和球囊菌门（Glomeromycota）仅有一个OUT，各占0.7%。狼毒根际土壤中，真菌群落的门类组成结构与整体分析结果表现出类似的分布格局，其优势门类仍为子囊菌，占65.5%，其次是担子菌门和接合菌门，分别占23.9%和10.6%。狼毒植株内生真菌群落中，优势门类子囊菌门占84.3%，接合菌门占9.4%，担子菌门占5.7%，壶菌门和球囊菌门占比均小于1%。

表8-2 狼毒植株不同部位样本中真菌OTU多样性比较（Jin et al.，2015）

样本	序列数	OTU数量[a]	Chao 1[b]	Shannon[b]	Simpson[b]	均匀度[b]	覆盖率[b]
根际土壤	113	47	105.37	3.20	0.91	0.83	72.6
叶	120	22	57.83	2.05	0.79	0.66	87.5
茎	114	18	25.38	1.93	0.78	0.67	92.1
根	117	58	124.36	3.33	0.90	0.82	64.1

注：[a]使用MOTHUR软件基于3%的序列差异确定OTU的数量；[b]各类多样性指数、Shannon均匀度以及覆盖率皆基于OTU数据计算所得。

不同部位真菌群落的多样性分析结果表明，狼毒地下部分（根际和根）的真菌群落物种多样性显著高于地上部分（叶和茎），而且真菌群落组成和丰富度受植物组织环境的强烈影响。换言之，狼毒的内生真菌群落表现出明显的组织特异性。在获得的30个真菌目类中，其中43%的目类（13个）出现在狼毒特定的组织环境中。例如7个真菌目类即锁掷酵母目（Sporidiobolales）、小壶菌目（Spizellomycetales）、蜡壳耳目（Sebacinales）、圆盘菌目（Orbiliales）、球囊霉目（Glomerales）、座囊菌纲（Dothideomycetes）和鸡油菌目（Cantharellales）仅从狼毒根样中获得；5个真菌目类即条黑粉菌目

（Urocystales）、革菌目（Thelephorales）、锤舌菌目（Leotiomycetes）、锈革孔菌目（Hymenochaetales）和锤舌菌纲（Leotiomycetes）仅从狼毒根际（土壤）样本中获得，而座囊菌纲（Dothideomycetes）的一个目类仅在狼毒的茎组织中检测到。仅有4个真菌目类即格孢腔菌目（Pleosporales）、肉座菌目（Hypocreales）、散囊菌目（Eurotiales）和煤炱目目（Capnodiales）同时出现在狼毒地上和地下不同组织以及根际土壤中，即不具有组织特异性。有关内生真菌在植物中的组织特异性分布现象，在绒毛草（*Holcus lanatus*）、大针茅（*Stipa grandis*）（Márquez et al.，2010；Su et al.，2010）以及欧洲常见的几种草地植物丝路蓟（*Cirsium arvense*）、长叶车前（*Plantago lanceolata*）和酸模（*Rumex acetosa*）中也有发现（Wearn et al.，2012）。植物内生真菌对其特定组织类型具有亲和力的原因反映在两方面，一方面是内生真菌具有从宿主不同组织利用资源的多样化的能力（Huang et al.，2008；Verma et al.，2014）；另一方面是内生真菌组合具有在植物特定受体组织内利用资源或存活的能力（不同的组织特征和化学性质）（Huang et al.，2008；Wu et al.，2013）。另外，狼毒的内生真菌群落在地下根组织中的丰富度显著高于地上部分的叶和茎；其中，茎和叶中的真菌群落在物种组成上表现出显著相关性。分析认为，狼毒具有多年生的根器官，而叶和茎仅为一年生，这可能是导致其根组织内真菌群落更为丰富的原因之一（Jin et al.，2015）。茎和叶器官中真菌群落物种组成的相关性主要是因为在两种器官组织定殖了一些同源的真菌类群。

8.3.3 狼毒定居对土壤细菌群落的影响

植物的根际维持着一个复杂的微生态系统，可以被多种细菌定殖（Ulrich et al.，2008）。植物根际土壤细菌群落在生态系统元素循环中发挥着重要作用，对植物健康生长和土壤肥力维持发挥着非常重要的作用（Li et al.，2014；Wu et al.，2015）。另外，植物根际细菌群落可通过直接作用如产生植物激素、提供矿物质营养（Padda et al.，2016；Terrazas et al.，2016），或通过间接作用如毒性化合物分解和病原体抑制等对植物生长发育产生积极影响（Ryan et al.，2008；Wu et al.，2015）。研究表明，植物根际土壤的细菌群落特征受植物种类、根系分泌物化学性质、土壤物理化性质以及生境气候因子等因素的复杂影响（Li et al.，2014；Wu et al.，2015）。

研究发现，狼毒的入侵定居能对草地土壤的细菌群落结构及其多样性产生显著影响。Cheng et al.（2022）通过比较狼毒不同入侵程度草地土壤的细菌群落特征发现，无论是在狼毒入侵还是非入侵草地，根际土壤细菌群落的优势门类皆为变形菌门（Proteobacteria）和酸杆菌门（Acidobacteria）。但是，狼毒的入侵定居能改变其菌群结构，表现出对变形菌门的富集和酸杆菌门的削弱；而且，随狼毒入侵程度加剧，根际土壤细菌群落的多样性水平总体呈现出上升趋势（表8-3；图8-14）。在属的水平上，在狼毒未入侵草地（狼毒盖度为0%），其根际土壤细菌群落中Gp4的丰度最高，占前30个物种的21.56%，其次是Gp6（14.3%）、Spartobacteriagenera incertae sedis（9.6%）和鞘脂单胞菌属（*Sphingomonas*，9.2%）。在狼毒入侵定居的各类草地，根际土壤中细菌群落中属的组成较为相似，即随狼毒入侵程度加剧变化不明显。根际细菌群落中，鞘氨醇单胞菌丰度最高，随狼毒盖度从高到低依次占群落的17.1%、15.5%、14.8%；Gp6的丰度次之，随狼毒盖度降低占群落的14.8%、14.7%和12.5%；此后是Gp4，随狼毒盖度从高到低依次占群落的10.4%、11.6%和10.8%（Cheng et al.，2022）。

表8-3　狼毒不同入侵程度草地根际土壤微生物群落的α多样性

微生物类群	狼毒入侵程度（盖度%）	OTU	Shannon指数	Simpson指数	Chao1指数	ACE指数	覆盖率（%）
真菌	未入侵（0）	938b	4.86b	0.026a	1 039.0b	1 028.3b	99.80
	初始（25）	1 387a	5.28a	0.013a	1 553.8a	1 525.8a	99.08
	中度（53）	1 429a	5.15a	0.017a	1 678.3a	1 665.5a	99.10
	重度（90）	1 634a	5.46a	0.010b	1 841.9a	1 844.8a	99.30
细菌	未入侵（0）	5 235b	6.84b	0.005b	8 413.6b	10 702.7c	94.60
	初始（25）	6 713a	7.12a	0.004a	10 251.6a	12 729.9b	94.40
	中度（53）	6 989a	7.19a	0.004a	10 912.2a	14 014.2a	94.10
	重度（90）	6 940a	7.26a	0.003a	10 914.7a	13 567.6a	93.80

注：表中数据引自Cheng et al.（2022），表中不同小写字母表示处理间存在显著差异（$P<0.05$）。

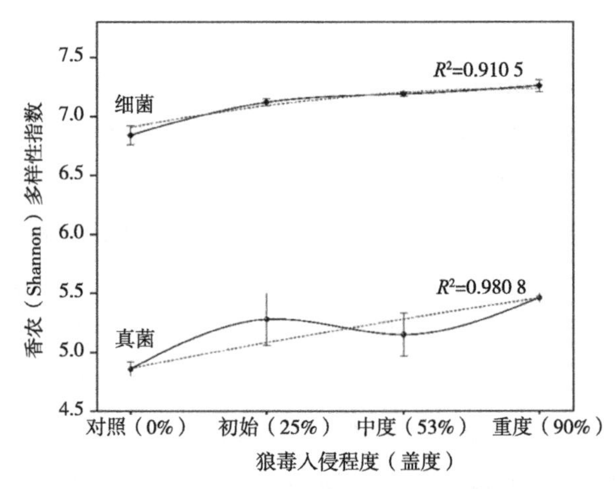

图8-14　根际土壤微生物香农（Shannon）多样性随狼毒入侵程度的变化（Cheng et al.，2022）

Jin et al.（2022）利用16S rRNA基因克隆文库技术，研究了青藏高原北部不同海拔地区狼毒根际土壤的细菌群落特征，结果表明，在不同海拔区域，狼毒根际细菌群落结构特征呈现出相似性，放线菌门（Actinobacteria）和变形菌门（Proteobacteria）细菌是其根际细菌群落的优势门类。研究显示，放线菌是植物根际微生物群落重要成员，一些放线菌可以保护其宿主免受病害侵袭，并能促进宿主植物生长；变形菌能显著促进土壤中氮、磷、硫和有机质等营养物质循环（Lv et al.，2014）。Jin et al.（2022）发现，在狼毒根际土壤的变形菌门群落中发现有许多根瘤菌目和假单胞菌目细菌。其中，根瘤菌目细菌能在固氮、有机物分解以及促进植物生长等方面发挥积极作用；假单胞菌目作为根相关（内生）细菌群落的重要成员，具有防止宿主植物遭受病原体感染、促进生长（Franke-Whittle et al.，2015）以及降解一些酚类化感物质（Zhang et al.，2010）等功能。Jin et al.（2022）通过进一步分析根际土壤细菌群落与化感物质、土壤酶活性和环境因子之间的关系发现，狼毒定居可通过向土壤分泌化感物质、改变土壤理化性质（如pH值和营养条件）和酶活性等途径影响根际土壤的微生物群落组成和多样性。

8.3.3.1　化感物质影响

化感物质不仅可以影响邻近植物的生长发育，还可以调节根部附近的土壤微生物群落（Kong et al.，2008；Zhalnina et al.，2018）。Jin et al.（2022）研究发现，狼毒产生的化感物质对其根际土壤细菌群落结构能产生显著影响。其中，放线菌门链霉菌目（Streptomycetales）细菌与化感物质新狼毒素B（Neochamaejasmin B）和异新狼毒素A（Mesoneochamaejasmin A）之间具有正相关关系，说明狼毒的这两类化感物质对其土壤中的链霉菌群落产生重要积极影响。分析认为，这两类化感物质可能抑制了土壤其他细菌群落生长，从而减缓了链霉菌与其他菌群的竞争，最终导致链霉菌的富集。因此认为，狼毒产生的黄酮类化合物不仅作为化感物质参与了狼毒与其他植物的相互作用过程，而且还在改变土壤细菌群落组成方面发挥着关键作用（Guo et al.，2011）。另外，狼毒的化感物质狼毒色原酮（Chamaechromone）和7-甲氧基新狼毒素A（7-methoxyneochamaejasmine A）与放线菌门的弗兰克氏菌目（Frankiales）呈负相关关系，说明这两种化感物质可以抑制Frankiales菌生长，或可能Frankiales菌能分解这两种化合物（Guo et al.，2011；Huang et al.，2017）。另外，Cheng et al.（2022）研究发现，狼毒的化感物质新狼毒素B和狼毒色原酮与根际土壤中的变形菌和放线菌呈正相关，即产生积极影响；但是，这两类化感物质与酸杆菌门（Acidobacteria）和浮霉菌门（Planctomycetes）呈负相关关系。

8.3.3.2 土壤酶活性影响

土壤酶活性能敏感地反映土壤环境的变化，指示土壤生物化学过程的强弱和方向，对土壤理化性质、土壤肥力和土壤生物条件产生显著影响（Cheng et al.，2022）。根际土壤酶活性不仅受根系分泌物影响，同时还取决于根际微生物的活性（Razavi et al.，2016）。Jin et al.（2022）研究发现，在狼毒根际土壤细菌群落中，放线菌门的4个细菌目即土壤红杆菌目（Solirubrobacterales）、放线菌目（Actinomycetales）、弗兰克氏菌目（Frankiales）和Gaiellales与大多数根际土壤酶活性相关。程济南等（2021）通过研究高寒草地狼毒对根际土壤微生物群落影响发现，土壤酶活性对根际土壤中细菌群落的组成和多样性有显著影响。土壤中的多酚氧化酶、过氧化物酶、脲酶、脱氢酶、蔗糖酶、酸性磷酸酶、碱性磷酸酶等酶类与土壤细菌群落均呈正相关关系。大量研究证实，一些植物定居后能向周围土壤中释放如黄酮类、芳烃和氨基酸等次生化合物，这些化合物可能会诱导新的土壤酶系统，并促进土壤某些特定微生物群落的生长（Macek et al.，2000）。Jin et al.（2022）研究发现，狼毒根际土壤的细菌群落（如放线菌）结构与土壤中的化感物质含量和酶活性同时表现出正相关关系。据此认为，这可能与狼毒通过分泌化感物质（如黄酮类化合物）影响土壤酶活性，进而影响其根际土壤细菌群落有关。

8.3.3.3 土壤理化性质影响

土壤物理和化学环境及营养条件是决定其细菌群落物种组成的重要因素之一（Jin et al.，2018）。大量研究表明，狼毒入侵定居能对草地土壤理化性质和营养环境条件产生显著影响。因此，狼毒也可通过改变土壤理化环境，影响土壤的微生物群落结构。Jin et al.（2022）研究发现，狼毒根际土壤中不同细菌群落可能受到一种或多种环境因素的影响。例如根瘤菌目主要受土壤pH值的影响，丙酸杆菌目（Propionibacteriales）主要受土壤有机碳和C/N比的影响，而土壤速效磷、全氮和水分含量等能影响土壤中的红杆菌目、放线菌目和Gaiellales等细菌类群。另外，Jin et al.（2022）还发现，狼毒根际土壤中总的细菌群落及其多样性与根际土壤中的有效磷含量存在显著的正相关性。有研究表明，植物具有适应性磷酸盐胁迫响应能力，因而能应对和适应因一些相关微生物存在造成的低正磷酸盐环境（Castrillo et al.，2017）。因此，Jin et al.（2022）认为，狼毒根际土壤有效磷含量与其总细菌群落及多样性呈现出正相关性可能与狼毒的该适应机制有关。程济南等（2021）研究发现，土壤理化环境能积极地（正向）影响狼毒根际土壤的真菌群落，而根际细菌群落与土壤环境如pH值、钾、磷、镁、钙以及水分含量等指标总体上呈负相关关系。

8.3.4 狼毒定居对土壤真菌群落的影响

土壤真菌作为土壤微生物中主要的成员，在植物凋谢物分解、土壤养分循环及其与宿主植物共生寄生等过程中发挥着重要作用。阐明狼毒的入侵定居对其根际土壤真菌群落的影响及相互关系，对揭示土壤真菌在狼毒入侵和扩散中的功能角色具有重要科学意义。大量研究表明，狼毒在草地群落入侵定居，能通过向根周土壤释放化感物质、改变土壤理化性质和酶活性等途径，影响根际土壤的真菌群落结构及其多样性。

Cheng et al.（2022）研究了狼毒型不同程度退化草地（即狼毒不同入侵程度）根际土壤的微生物群落特征，结果表明，狼毒的入侵和定居能导致草地根际土壤的真菌群落结构发生改变，在狼毒未入侵草地（狼毒盖度为0%），土壤真菌群落中的优势门类为担子菌门（Basidiomycetes）。然而，在有狼毒不同程度入侵的其他草地，其根际土壤中的优势真菌为子囊菌纲（Ascomycetes）。在属水平，狼毒未入侵草地根际土壤的优势真菌属为丝盖伞属（*Inocybe*），占27.61%，其次是丝膜菌属（*Cortinarius*）和*Archaeorhizomyces*属，分别占10.21%和6.21%。在有狼毒不同程度入侵的草地，其优势真菌属皆为*Archaeorhizomyces*，其次是蜡壳耳属（*Sebacina*）和丝盖伞属（*Inocybe*）。该研究还发现，狼毒根际土壤的微生物群落组成，在其不同程度入侵的草地高度相似，且随狼毒盖度增大，相似度增高。总体上，随狼毒入侵程度加剧，根际土壤的真菌群落，其α多样性水平相关指标如Shannon指数、Chao指数等呈增大趋势（表8-3；图8-14），而Simpson指数呈降低趋势（表8-3）。因此认为，狼毒的入侵能破坏原有的微生物群落结构，使其更有利于自身的生存和扩张。

Cheng et al.（2022）通过分析狼毒根际土壤的真菌群落与化感物质、土壤理化性质及其酶活性的相互关系发现，狼毒的化感物质新狼毒素B（Neochamaejasmin B）、狼毒色原酮（Chamaechromone）和二氢瑞香素B（Dihydrodaphnetin B）对子囊菌门和球囊菌门（Glomeromycota）能产生积极作用，即二者具有正相关性，然而对担子菌门能产生消极作用（即负相关）。这也可能是，狼毒入侵后其根际土壤真菌群落的优势门类从担子菌门转变为子囊菌门的主要原因。分析认为，狼毒首先可以通过分泌化感物质影响其土壤微生物群落结构，形成适合自身生长的根际微生物环境；反过来，土壤微生物可通过对狼毒化感物质（如黄酮类化合物）的代谢，进一步改变狼毒根际土壤的原生微生物环境，如物种组成、相对丰度和微生物活性等，以此改善其生存环境，增强其竞争能力。研究表明，土壤环境因子是决定土壤微生物群落组成的重要因素（Gong et al.，2020）。Cheng et al.（2022）的研究显示，狼毒入侵定居后，尤其在入侵初期阶段对土壤理化环境（如化学养分含量）及其酶活性皆有较大影响。但是，狼毒根际微生物群落与土壤理化性质改变未表现出明显的相关性。程济南等（2021）通过探究高寒草原狼毒的根际微生物群落结构与土壤理化环境之间关系发现，子囊菌门（Ascomycota）、接合菌门（Zygomycota）和担子菌门（Basidiomycota）是狼毒根际土壤真菌群落的优势门类；其群落多样性水平与土壤钾、磷、铁、钙、钼、海拔、土壤水分、过氧化物酶呈正相关，与土壤温度、多酚氧化酶、脱氢酶、蔗糖酶、碱性磷酸酶呈负相关。

He et al.（2019）在青海省祁连县高寒草甸，比较研究了狼毒入侵草地和未入侵草地土壤的真菌群落特征差异。结果发现，土壤真菌群落结构和多样性在狼毒入侵草地和未入侵草地之间存在显著差异。在狼毒入侵草地，其土壤真菌群落的α多样性水平总体上低于未入侵草地土壤。但是，在狼毒入侵草地内，土壤真菌群落组成与狼毒盖度的相关性并不大，而与土壤有机质密切相关。分析认为，两草地类型之间土壤真菌群落总体的多样性差异并非因为狼毒的入侵而引起，土壤理化环境如土壤有机质和磷含量是造成其真菌群落差异最密切的因素。狼毒入侵尽管对土壤总的真菌群落组成影响不大，但是能引起真菌群落中一些特定真菌物种或功能群的改变。例如在狼毒入侵草地，丛枝菌根真菌（AMF）的相对丰度显著低于未入侵草地，但是病原真菌的丰度显著高于未入侵草地。一些特定真菌物种，例如*Archaeorhizomyces*属和*Mortierella*属的一种真菌对狼毒入侵和非入侵草地土壤真菌群落差异性的贡献最大。He et al.（2019）认为，退化草地土壤肥力的降低可能使得狼毒相对于其他草地原生植物更具有竞争力，因此更容易入侵和定居，而非狼毒定居后改变了土壤环境（如营养条件），包括土壤的真菌群落。

刘咏梅等（2020）采用高通量测序技术和地统计学方法，比较研究了狼毒入侵草地与未入侵草地土壤的真菌群落组成和空间分布特征。结果显示，狼毒入侵能对高寒草甸土壤真菌群落结构及多样性水平产生显著影响。在狼毒入侵和非入侵草地，土壤真菌群落的α和β多样性均存在明显差异。与非入侵草地相比，狼毒入侵草地土壤真菌群落的物种丰富度下降、α多样性降低，而优势度显著增加。同时，土壤真菌群落的物种构成差异增大，其β多样性明显大于狼毒非入侵定居草地。刘咏梅等（2020）还发现，狼毒入侵对土壤真菌群落的空间格局有一定扰动效应，在狼毒入侵草地，土壤真菌群落多样性指数的斑块破碎化程度较高，其群落物种构成的空间异质程度明显增强。另外，狼毒盖度与土壤真菌α和β多样性指数的相关性在空间上未呈现出明显规律，表明区域尺度上狼毒盖度对土壤真菌多样性的空间分布影响不明显。因此认为，草地土壤真菌群落多样性的空间变异可能受地上植被和土壤环境的共同影响。

周攀（2015）在青海祁连县高寒草原狼毒自然种群，通过比较狼毒根际土壤和非根际土壤菌群结构特征，研究了狼毒定居生长对土壤微生物群落的影响。结果表明，狼毒定居生长对其根际土壤细菌群落的影响不明显，但是能够显著影响土壤真菌群落的组成和结构。在真菌门水平下，非根际土壤的优势真菌为子囊菌门，而根际土壤的优势真菌为担子菌门；在属水平下，狼毒根际土壤中，其优势种为担子菌门的珊瑚菌属和子囊菌门的*Archaeorhizomyces*属，各占所测定真菌总丰度的30%和10%，但这两类真菌在非根际土壤中却很少，几乎可忽略不计。因此推测，这两类真菌可能与狼毒的定居生长存在密切联系（周攀，2015）。

总体来看，目前有关狼毒入侵对草地土壤微生物群落的影响，在不同研究中结果不尽一致。一方面，不同研究样地的地理、气候和环境条件存在很大差异，因此会导致各研究草地土壤总体的微生物群落环境存在差异。另一方面，不同研究其目标和研究方法各异。例如取样的尺度和方法不同，一些是比较狼毒根际与非根际土壤，一些比较狼毒种群定居区（斑块）与非定居区土壤，较大尺度上则比较狼毒入侵草地与非入侵草地、或不同入侵程度草地之间的土壤微生物群落差异。以上这些因素均会造成不同研究中主要结果和结论的差异。总之，土壤微生物群落受气候、环境和植被等多重因素的复杂影响，在不同尺度上探究草地系统中狼毒与土壤环境、微生物以及其他植物各生态因素之间的互作关系，仍将是理解狼毒在退化草地的入侵和扩散机制及其生态后果的有效途径。

参考文献

安冬云，2015. 瑞香狼毒形态学特征及典型适生区土壤特性分析[D]. 北京：中国林业科学研究院.

鲍根生，王玉琴，宋梅玲，等，2019. 狼毒斑块对狼毒型退化草地植被和土壤理化性质影响的研究[J]. 草业学报，28（3）：51-61.
鲍士旦，2000. 土壤农化分析[M]. 3版. 北京：中国农业出版社.
常丽新，2000. 土壤钾的生物有效性和土壤供钾能力[J]. 河北农业科学（4）：64-69.
程济南，金辉，许忠祥，等，2021. 甘肃典型高寒草原退化植物瑞香狼毒对根际土壤微生物群落的影响研究[J]. 微生物学报，61（11）：3686-3704.
程巍，仲波，徐良英，等，2017. 不同年龄瑞香狼毒的根水提液对青藏高原高寒草甸4种常见植物的化感作用[J]. 生态科学，36（4）：1-11.
崔雪，潘瑶，王亚楠，等，2020. 退化草地瑞香狼毒对小尺度群落组成及土壤理化性质的影响[J]. 生态学杂志，39（8）：2581-2592.
翟政，田野，秦广震，等，2021. 杨树人工林林下植被对非生长季土壤磷素形态与转化的影响[J]. 生态学杂志，40（12）：3778-3787.
董思斯，2014. 冠中土壤微生物群落的组成鉴定及定量识别技术的研制[D]. 哈尔滨：哈尔滨工业大学.
冯宝民，裴月湖，2001. 瑞香狼毒中的化学成分研究[J]. 中国药学杂志，36（1）：21-22.
富瑶，2008. 科尔沁草地瑞香狼毒化感作用研究[D]. 沈阳：东北大学.
拱健婷，张子龙，2015. 植物化感作用影响因素研究进展[J]. 生物学杂志，32（3）：73-77.
郭鸿儒，2016. 瑞香狼毒（*Stellera chamaejasme* L.）化感物质及其生态作用机制[D]. 北京：中国科学院大学.
郭丽珠，赵欢，吕进英，等，2020. 退化典型草原狼毒种群结构与数量动态[J]. 应用生态学报，31（9）：2977-2984.
侯兆疆，赵成章，李钰，等，2013. 高寒退化草地狼毒种群地上生物量空间格局对地形的响应[J]. 生态学杂志，32（2）：253-258.
黄刚，赵学勇，张铜会，等，2007. 科尔沁沙地3种灌木根际土壤pH值及其养分状况[J]. 林业科学（8）：138-142.
季丽萍，2016. 瑞香狼毒营养成分分析及对紫花苜蓿的化感作用[D]. 西安：西北大学：46-47.
梁成华，魏丽萍，罗磊，2002. 土壤固钾与释钾机制研究进展[J]. 地球科学进展

（5）：679-684.

刘咏梅，赵樊，何玮，等，2020. 退化高寒草甸狼毒发生区土壤真菌多样性的空间变异[J]. 应用生态学报，31（1）：249-258.

孙庚，罗鹏，吴宁，2010. 瑞香狼毒对青藏高原东部高寒草甸主要物种花粉萌发和种子结实的花粉化感效应[J]. 生态学报，30（16）：4369-4375.

孙天舒，2013. 草地瑞香狼毒种群扩散对土壤养分有效性的影响[D]. 沈阳：东北大学.

汪睿，黄宗昌，夏建强，等，2022. 高寒草甸狼毒定居对其根区土壤pH和化学养分的影响[J]. 草业科学40（0）：1-9.

汪睿，2022. 狼毒定居对高寒草地土壤化学性质的影响[D]. 兰州：甘肃农业大学.

王慧，2011. 草地狼毒化感作用途径与强度的研究[D]. 呼和浩特：内蒙古农业大学.

王慧，卫智军，周淑清，等，2011. 狼毒对新麦草、无芒雀麦化感作用的研究[J]. 草业与畜牧（1）：17-20.

邢福，2016. 草地有毒植物生态学研究[M]. 北京：科学出版社.

阎飞，杨振明，韩丽梅，2000. 植物化感作用（Allelopathy）及其作用物的研究方法[J]. 生态学报（4）：692-696.

于保青，胥维昌，2008. 瑞香狼毒化学成分及活性的研究进展[J]. 农药，47（12）：863-866，895.

张德罡，马玉秀，1995. 草原土壤速效磷测定方法的比较[J]. 草业科学（3）：70-72.

张红林，2014. 青海湖狼毒种群分布机理研究[D]. 西宁：青海大学.

张静，2012. 高寒草甸退化草地毒杂草（狼毒）对土壤肥力的影响[D]. 西宁：青海大学.

张林，吴宁，吴彦，等，2009. 土壤磷素形态及其分级方法研究进展[J]. 应用生态学报，20（7）：1775-1782.

张伟，高建民，张爱东，等，2016. 瑞香狼毒次生代谢产物的研究进展[J]. 畜牧与饲料科学，37（8）：35-38.

周攀，2015. 瑞香狼毒对根际微生物群落的影响及在干旱胁迫下狼毒蛋白表达谱的变化[D]. 西安：西北大学.

周淑清，侯天爵，黄祖杰，1993. 狼毒水浸液对几种主要牧草种子发芽的影响[J]. 中国草地（4）：77–79.

周淑清，黄祖杰，王慧，等，2009. 狼毒在土壤里腐解过程中对红豆草生化他感作用的研究[J]. 草业科学，26（3）：91–94.

ANDERSON I，ABT B，LYKIDIS A，et al.，2012. Genomics of aerobic cellulose utilization systems in actinobacteria[J]. PLoS One，7：e39331.

BEHAR A，JURKEVITCH E，YUVAL B，2008. Bringing back the fruit into fruit fly-bacteria interactions[J]. Molecular ecology，17（5）：1375–1386.

BENEDUZI A，MOREIRA F，COSTA P B，et al.，2013. Diversity and plant growth promoting evaluation abilities of bacteria isolated from sugarcane cultivated in the South of Brazil[J]. Applied Soil Ecology，63：94–104.

CALLAWAY R M，THELEN G C，RODRIGUEZ A，et al.，2004. Soil biota and exotic plant invasion[J]. Nature，427（6976）：731–733.

CASTRILLO G，TEIXEIRA P J P L，PAREDES S H，et al.，2017. Root microbiota drive direct integration of phosphate stress and immunity[J]. Nature，543（7646）：513–518.

CHENG J，JIN H，ZHANG J，et al.，2022. Effects of allelochemicals，soil enzyme activities，and environmental factors on rhizosphere soil microbial community of *Stellera chamaejasme* L. along a growth-coverage gradient[J]. Microorganisms，10（1）：158.

CHENG W，ZHONG B，XU L Y，et al.，2017. Allelopathic effects of root aqueous extract of different age of *Stellera chamaejasme* on four common plants in alpine meadow of Tibet Plateau[J]. Ecological Science，36（4）：1–11.

COLWELL R K，LEES D C，2000. The mid-domain effect：geometric constraints on the geography of species richness[J]. Trends in ecology & evolution，15（2）：70–76.

COMPANT S，MITTER B，COLLI-MULL J G，et al.，2011. Endophytes of grapevine flowers，berries，and seeds：identification of cultivable bacteria，comparison with other plant parts，and visualization of niches of colonization[J]. Microbial ecology，62（1）：188–197.

CORNEO P E，PELLEGRINI A，CAPPELLIN L，et al.，2013. Microbial community structure in vineyard soils across altitudinal gradients and in different seasons[J]. FEMS Microbiology Ecology，84（3）：588-602.

CUI H Y，YANG X Y，LU D X，et al.，2015. Isolation and characterization of bacteria from the rhizosphere and bulk soil of *Stellera chamaejasme* L[J]. Canadian Journal of Microbiology，61（3）：171-181.

EBRAHIMI M，MOHAMMADI F，FAKHIREH A，et al.，2019. Effects of *Haloxylon* spp. of different age classes on vegetation cover and soil properties on an arid desert steppe in Iran[J]. Pedosphere，29（5）：619-631.

FAORO H，ALVES A C，SOUZA E M，et al.，2010. Influence of soil characteristics on the diversity of bacteria in the southern Brazilian Atlantic forest[J]. Applied and environmental microbiology，76（14）：4744-4749.

GARCÍA E，ALONSO Á，PLATAS G，et al.，2013. The endophytic mycobiota of *Arabidopsis thaliana*[J]. Fungal Diversity，60（1）：71-89.

GONG Z，XIONG L，SHI H，et al.，2020. Plant abiotic stress response and nutrient use efficiency[J]. Science China Life Sciences，63（5）：635-674.

GREY-WILSON C，1995. *Stellera chamaejasme*：an overview[J]. The New Plantsman，2（1）：43-49.

GUO H R，ZENG L M，YAN Z Q，et al.，2016. Allelochemical from the root exudates of *Stellera chamaejasme* L. and its degradation[J] . Allelopathy Journal，38（1）：103-112.

HE W，DETHERIDGE A，LIU Y，et al.，2019. Variation in soil fungal composition associated with the invasion of *Stellera chamaejasme* L. in Qinghai-Tibet plateau grassland[J]. Microorganisms，7（12）：587.

HIERRO J L，CALLAWAY R M，2021. The ecological importance of allelopathy[J]. Annual Review of Ecology Evolution & Systematics，52：25-45.

HUANG W Y，CAI Y Z，HYDE K D，et al.，2008. Biodiversity of endophytic fungi associated with 29 traditional Chinese medicinal plants[J]. Fungal diversity，33：61-75.

HYDE K D，SOYTONG K，2008. The fungal endophyte dilemma[J]. Fungal

Divers，33（163）：e173.

IKEGAWA T，IKEGAWA A，1996-04-09. Extraction of anticancer and antiviral substances from *Stellera chamaejasme* for therapeuticuse[P].

INDERJIT，2005. Soil microorganisms：an important determinant of allelopathic activity[J]. Plant Soil，274：227-236.

INDERJIT，VAN DER PUTTEN W H，2010. Impacts of soil microbial communities on exotic plant invasions[J]. Trends in Ecology & Evolution，25：512-519.

JIANG Z H，TANAKA T，SAKAMOTO T，2002. Biflavanones，diterpenes and coumarins from the roots of *Stellera chamaejasme* L[J]. Chemical & Pharmaceutical Bulletin，50，137-139.

JIN C D，MICETICH R G，DANESHTALAB M，1999. Phenylpropanoid glycosides from *Stellera chamaejasme*[J]. Phytochemistry（50）：677-680.

JIN H，GUO H，YANG X，et al.，2022. Effect of allelochemicals，soil enzyme activity and environmental factors from *Stellera chamaejasme* L. on rhizosphere bacterial communities in the northern Tibetan Plateau[J]. Archives of Agronomy and Soil Science，68（4）：547-560.

JIN H，YAN Z Q，LIU Q，et al.，2013. Diversity and dynamics of fungal endophytes in leaves，stems and roots of *Stellera chamaejasme* L. in northwestern China[J]. Antonie Van Leeuwenhoek，104（6）：949-963.

JIN H，YANG X Y，LU D X，et al.，2015. Phylogenic diversity and tissue specificity of fungal endophytes associated with the pharmaceutical plant，*Stellera chamaejasme* L. revealed by a cultivation independent approach[J]. Antonie Van Leeuwenhoek，108（4）：835-850.

JIN H，YANG X Y，YAN Z Q，et al.，2014. Characterization of rhizospere and endophytic bacterial communities from leaves，stems and roots of medicinal *Stellera chamaejasme* L. [J]. Systematic and Applied Microbiology，37（5）：376-385.

JIN H，YANG X，LIU R，et al.，2018. Bacterial community structure associated with the rhizosphere soils and roots of *Stellera chamaejasme* L. along a Tibetan elevation gradient[J]. Annals of Microbiology, 68（5）：273–286.

KAI M, EFFMERT U, PIECHULLA B, 2016. Bacterial-plant-interactions: approaches to unravel the biological function of bacterial volatiles in the rhizosphere[J]. Frontiers in microbiology, 7: 108.

KOUKOURA Z, MAMOLOS A P, KALBURTJI K L, 2003. Decomposition of dominant plant species litter in a semi-arid grassland[J]. Applied Soil Ecology, 23（1）：13–23.

KOURTEVA P S, EHRENFELDA J G, HÄGGBLOM M, 2003. Experimental analysis of the effect of exotic and native plant species on the structure and function of soil microbial communities[J]. Soil Biology and Biochemistry, 35（7）：895–905.

LI X Z, RUI J P, MAO Y J, et al., 2014. Dynamics of the bacterial community structure in the rhizosphere of a maize cultivar[J]. Soil Biology and Biochemistry, 68: 392–401.

LI Y C, LI Z, LI Z W, et al., 2016. Variations of rhizosphere bacterial communities in tea（*Camellia sinensis* L.）continuous cropping soil by high-throughput pyrosequencing approach[J]. Journal of applied microbiology, 121（3）：787–799.

LIU Y, LI Y M, LUO W, et al., 2020. Soil potassium is correlated with root secondary metabolites and root-associated core bacteria in licorice of different ages[J]. Plant and soil, 456: 61–79.

LUGTENBERG B, KAMILOVA F, 2009. Plant-growth promoting rhizobacteria[J]. Annual review of microbiology, 63（1）：541–556.

LV X, YU J, FU Y, et al., 2014. A meta-analysis of the bacterial and archaeal diversity observed in wetland soils[J]. The Scientific World Journal: 437684.

MACEK T, MACKOVA M, KAS J, 2000. Exploitation of plants for the removal of organics in environmental remediation[J]. Biotechnology advances, 18（1）：23–34.

MARANGUIT D, GUILLAUME T, KUZYAKOV Y, 2017. Land-use change affects phosphorus fractions in highly weathered tropical soils[J]. Catena, 149:

385–393.

MARON J L, KLIRONOMOS J, WALLER L, et al., 2014. Invasive plants escape from suppressive soil biota at regional scales[J]. Journal of Ecology, 102（1）: 19–27.

MÁRQUEZ S S, BILLS G F, DOMÍNGUEZ A L, et al., 2010. Endophytic mycobiota of leaves and roots of the grass *Holcus lanatus*[J]. Fungal Diversity, 41（1）: 115–123.

OLIVEIRA S F, BOCAYUVA M F, VELOSO T G R, et al., 2014. Endophytic and mycorrhizal fungi associated with roots of endangered native orchids from the Atlantic Forest, Brazil[J]. Mycorrhiza, 24（1）: 55–64.

PADDA K P, PURI A, CHANWAY C P, 2016. Effect of GFP tagging of *Paenibacillus polymyxa* P2b-2R on its ability to promote growth of canola and tomato seedlings[J]. Biology and Fertility of Soils, 52（3）: 377–387.

PALANIYANDI S A, YANG S H, ZHANG L, et al., 2013. Effects of actinobacteria on plant disease suppression and growth promotion[J]. Applied microbiology and biotechnology, 97（22）: 9621–9636.

RICE E L, 1984. Allelopathy[M]. 2nd ed. New York: Academic Press: 1–3.

ROUT M E, CALLAWAY R M, 2012. Interactions between exotic invasive plants and soil microbes in the rhizosphere suggest that everything is not everywhere[J]. Annals of Botany, 110（2）: 213–222.

RYAN R P, GERMAINE K, FRANKS A R, et al., 2008. Bacterial endophytes: recent developments andapplications[J]. FEMS microbiology letters, 278（1）: 1–9.

SHEN C C, NI Y Y, LIANG W J, et al., 2015. Distinct soil bacterial communities along a small-scale elevational gradient in alpine tundra[J]. Frontiers in microbiology, 6: 582.

SINGH B K, MILLARD P, WHITELEY A S, et al., 2004. Unravelling rhizosphere-microbial interactions: opportunities and limitations[J]. Trends in microbiology, 12（8）: 386–393.

SINGH D, TAKAHASHI K, KIM M, et al., 2012. A humpbacked trend in bacterial diversity with elevation on Mount Fuji, Japan[J]. Microbial ecology, 63（2）：429–437.

SU Y Y, GUO L D, HYDE K D, 2010. Response of endophytic fungi of *Stipa grandis* to experimental plant function group removal in Inner Mongolia steppe, China[J]. Fungal Diversity, 43（1）：93–101.

SUN G, LUO P, WU N, et al., 2009. *Stellera chamaejasme* L. increases soil N availability, turnover rates and microbial biomass in an alpine meadow ecosystem on the eastern Tibetan Plateau of China[J]. Soil Biology and Biochemistry, 41（1）：86–91.

SUNDQVIST M K, LIU Z F, GIESLER R, et al., 2014. Plant and microbialresponses to nitrogen and phosphorus addition across an elevational gradient in subarctic tundra[J]. Ecology, 95（7）：1819–1835.

TAMREIHAO K, NINGTHOUJAM D S, NIMAICHAND S, et al., 2016. Biocontrol and plant growth promoting activities of a *Streptomyces corchorusii* strain UCR3–16 and preparation of powder formulation for application as biofertilizer agents for rice plant[J]. Microbiological research, 192: 260–270.

TARAFDAR J C, JUNGK A, 1987. Phosphatase activity in the rhizosphere and its relation to the depletion of soil organic phosphorus[J]. Biology & Fertility of Soils, 3（4）：199–204.

TAURIAN T, ANZUAY M S, ANGELINI J G, et al., 2010. Phosphate-solubilizing peanut-associated bacteria: screening for plant growth-promoting activities[J]. Plant and Soil, 329（1）：421–431.

TEIXEIRA L C R S, PEIXOTO R S, CURY J C, et al., 2010. Bacterial diversity in rhizosphere soil from Antarctic vascular plants of Admiralty Bay, maritime Antarctica[J]. The ISME journal, 4（8）：989–1001.

TERRAZAS R A, GILES C, PATERSON E, et al., 2016. Plant-microbiota interactions as a driver of the mineral turnover in the rhizosphere[J]. Advances in applied microbiology, 95: 1–67.

ULRICH K, ULRICH A, EWALD D, 2008. Diversity of endophytic bacterial communities in poplar grown under field conditions[J]. FEMS microbiology ecology，63（2）：169–180.

VERMA S K，GOND S K，MISHRA A，et al.，2014. Impact of environmental variables on the isolation，diversity and antibacterial activity of endophytic fungal communities from *Madhuca indica* Gmel. at different locations in India[J]. Annals of Microbiology，64（2）：721–734.

WANG J T，CAO P，HU H W，et al.，2015. Altitudinal distribution patterns of soil bacterial and archaeal communities along Mt. Shegyla on the Tibetan Plateau[J]. Microbial ecology，69（1）：135–145.

WAWRIK B，KERKHOF L，KUKOR J，et al.，2005. Effect of different carbon sources on community composition of bacterial enrichments from soil[J]. Applied and Environmental Microbiology，71（11）：6776–6783.

WEARN J A，SUTTON B C，MORLEY N J，et al.，2012. Species and organ specificity of fungal endophytes in herbaceous grassland plants[J]. Journal of Ecology，100（5）：1085–1092.

WU L S，HAN T，LI W C，et al.，2013. Geographic and tissue influences on endophytic fungal communities of *Taxus chinensis* var. *mairei* in China[J]. Current microbiology，66（1）：40–48.

WU Z X，HAO Z P，ZENG Y，et al.，2015. Molecular characterization of microbial communities in the rhizosphere soils and roots of diseased and healthy *Panax notoginseng*[J]. Antonie Van Leeuwenhoek，108（5）：1059–1074.

YAN Z Q，GUO H G，YANG J Y，et al.，2014. Phytotoxic flavonoids from roots of *Stellera chamaejasme* L.（Thymelaeaceae）[J]. Phytochemistry，106：61–68.

YAN Z Q，ZENG L M，JIN H，et al.，2015. Potential ecological roles of flavonoids from *Stellera chamaejasme*[J]. Plant Signaling & Behavior，10（3）：e1001225.

YAO Y X，TANG H Z，SU F，et al.，2015. Comparative genome analysis reveals the molecular basis of nicotine degradation and survival capacities of *Arthrobacter*[J]. Scientific Reports，5（1）：1–10.

ZHANG B G，ZHANG W，LIU G X，et al.，2015. Variations in culturable terrestrial bacterial communities and soil biochemical characteristics along an

altitude gradient upstream of the Shule river，Qinghai-Tibetan Plateau[J]. Nature Environment & Pollution Technology，14（4）.

ZHANG C B，WANG J，QIAN B Y，et al.，2009. Effects of the invader Solidago canadensis on soil properties[J]. Applied Soil Ecology，43（2-3）：163-169.

ZHU X R，LI X T，XING F，et al.，2020. Interaction between root exudates of the poisonous plant *Stellera chamaejasme* L. and arbuscular mycorrhizal fungi on the growth of *Leymus Chinensis*（Trin.）Tzvel[J]. Microorganisms，8（3）：364.

9 天然草地狼毒的生态防控

在全球气候变化背景下，我国天然草原受局域极端气候（如高温、干旱等）影响以及过度开发、超载过牧等人为活动干扰发生了严重退化（Dong et al.，2015；Shen et al.，2016），对草原植被作为我国重要生态安全屏障的功能产生严重威胁（Wang & Cheng，2001；Zhao et al.，2010）。毒草化是继荒漠化后第二大草原灾害，据统计，在部分地区因毒草灾害造成的经济损失甚至超过了自然灾害造成的损失（赵玉宝等，2019）。狼毒作为退化草地有毒植物的典型代表，近年来在我国草原核心区，尤其在西部高寒草地迅速扩散蔓延，形成了以狼毒为优势种的大面积“狼毒型”退化草地。狼毒种群在草地群落与其他可食牧草争水、争肥、争空间，造成天然草地优良牧草减少、生产力下降，牧草质量和草地可持续利用效率显著降低。同时，家畜在放牧过程中存在误食毒草现象，因此毒草化会直接威胁家畜的采食安全。另外，狼毒等毒草的入侵能引起草地群落结构和功能改变，对草原生态系统平衡造成严重影响。因此，科学防控包括狼毒在内的有毒植物在天然草地肆意扩张，不仅是我国草地畜牧业经济健康发展的需要，也是我国生态文明建设背景下草原生态保护的重要内容，关系到我国生态、经济和社会的可持续发展。

9.1 狼毒的防控措施与现状

近年来，狼毒作为主要毒草在我国西部天然草地迅速蔓延，其造成的草场资源退化问题日益严峻，亟须采取有效手段进行防控。毒草传统的防控措施主要有人工防控、化学防控和生物防控等。然而，不同的防控措施之间存在各自的优缺点。在防控应用中应结合实际情况，例如对不同草地类型、草地退化程度以及草地不同利用方式等因素做出综合判断，采取合理的、有针对性的防控措施，才能达到最理想的效果。

9.1.1 人工防控

人工防控是狼毒最为传统的防控方式，包括人工挖除和人工机械割除。

人工挖除，顾名思义就是将狼毒整个植株连根一起挖除。这种方法的优点是能够彻底清除狼毒个体，但是其最大缺点是狼毒挖除过程中会破坏草地原生植被。因此，在狼毒分布较为密集的退化草地不宜于通过人工挖除进行防控；然而，在严重退化的草地，尤其是机械防除难以开展的区域，如果狼毒个体数量不太多、株丛大且分布较为稀疏时，可采用人工挖除的方法进行防控。在防控实践中，采用人工挖除防控狼毒的同时，还可结合草地修复技术如草地补种等，综合治理并促进草地植被快速恢复（李娜等，2020）。鉴于整株挖除对草地的破坏，实践中常采用改良的人工挖除方法。例如在狼毒返青期间可采用螺丝钻破坏狼毒根颈生长点，阻断其生长发育，达到防除的目的（吴国林和魏友海，2006）。

人工机械割除，即通过人工借以机械辅助将开花期狼毒的地上部分（即花序）割除，从而减少狼毒种子繁殖和扩散的人工防控方法。种子繁殖是狼毒扩繁和种群更新的唯一方式，因此对大面积处于盛花期的狼毒种群，通过人工割除其地上繁殖花序能有效降低其种子繁殖能力。据邓君等（2007）研究发现，该方法可以减少95%的狼毒结实即种子繁殖体，并且在连续割除3年后基本能够杜绝该种群幼苗的萌生（武静和李京忠，2020）。

采用人工方式防除狼毒，总体上对草地生态环境的影响较小，但具有一定的局限性。一是人工防除耗费人力、物力较多，且效率低，对一些特殊地带，人力无法进行有效挖除。二是人工挖除如果在狼毒成熟期作业容易造成狼毒种子散飞，导致二次扩散；如果在开花繁殖前作业，容易造成生长发育期草地的破坏。三是狼毒属于多年生植物，人工机械割除地上部分，第二年狼毒会继续生长繁殖。最为重要的是，频繁地人工挖除会破坏草地植被，造成草原沙化、退化和水土流失。

9.1.2 化学防控

化学防控是通过喷施对狼毒有杀伤作用的化学药剂进行狼毒防除的方法。化学防控是草原狼毒防除的有效手段之一，利用化学防控可以显著提升防除效率，有效控制狼毒在草地的扩散蔓延。目前，实践中所用的化学药剂是利用不同成分的化学物质合成的对狼毒有针对性作用的药剂，最常用的有灭狼毒、狼毒净、2，4-D丁酯乳油以及48%盖灌能乳油（通用名：绿草定）等。

赵晓军（2020）研究发现，灭狼毒防除大面积狼毒的最佳剂量为1.05L/hm^2。因为该药剂在使用过程中，不用加水直接喷洒药物原液，解决了草原上取水困难的难题，极大地提高了用药的工作效率，为草原大面积狼毒的防除提供了可能性。在灭狼毒药剂基础上，陈明等（2006）研究发现了一种新型除草剂——43.2%灭狼毒超低容量液剂。该药剂适宜剂量为1.05～1.35L/hm^2，最佳施药时期为狼毒现蕾至初花期。采用该药剂防除狼毒，防控速度快、效果明显，对非靶标植物影响较小，对大多数可食牧草安全，且对牲畜无毒害作用。采用绿草定防控时，一般在狼毒初花期进行，药剂喷施于狼毒茎叶，防控效果良好。康旭东（2008）研究发现，施用48%的盖灌能乳油（即绿草定）1.35L/hm^2，可以有效控制狼毒繁殖，植株死亡率91%，根部死亡率81%。

采用化学药剂防控狼毒，尽管效果显著，防除效率高，但也存在很多问题。化学防控最大的问题是生态安全以及对环境的污染。使用化学药剂会对草地土壤和空气造成污染，例如有机磷类除草剂毒性强，且在环境中难以降解，因而使用后药物残留大、环境污染严重。同时，这类药剂会对草地群落中的其他生物（包括牲畜），尤其是昆虫类造成毒害，不利于草地生物多样性的维持。因此，使用化学药剂防除狼毒时，尽量选用低毒、易降解的生态友好型药剂，同时控制好用药量及用药次数，从源头上降低其破坏性。另外，部分化学药剂的选择性差，防控狼毒的同时会对草地其他植物，尤其是可食牧草造成一定伤害，甚至可能会导致严重的草地退化。

9.1.3 生物防控

生物防控，即在有害生物的传入地，通过引入原产地的天敌因子重新建立有害生物与天敌之间的相互调节、相互制约机制，恢复和保持传入地的生态平衡。然而，在自然生态系统中，物种间的相互关系错综复杂，通过生物防控从系统外引入其他物种，在安全性评价不充分的情况下，很容易导致生物入侵，甚至会引起难以预料的生态后果。

有关狼毒的生物防控，研究相对匮乏。有研究表明，沙打旺对狼毒有明

显的抑制作用，因此，在狼毒入侵扩散严重的草地播种沙打旺，可能起到抑制狼毒生长和种群扩散的作用（于福科，2006）。姚拓等（2004）研究发现，狼毒栅锈菌对狼毒的种群数量具有较为明显的控制作用，被认为是极具研究前景的狼毒生物防控材料。但是，利用狼毒栅锈菌在自然条件下对狼毒的防控效果和生态安全性，仍缺乏相关研究和具体数据。应用生物防控途径防控狼毒，一旦实施成功，效果具有持久性。因而，在将来需结合狼毒防控实践，急需开展相关试验研究，发展和开发安全、有效的生物防控技术。

9.1.4 生态防控

狼毒的生态防控是指通过对生态系统中植物、微生物和生态环境要素的调控，抑制狼毒种群在草地群落入侵、发展和扩散的生态方法。有害生物入侵的生态防控机制包括原生（或土著）植物控制机制、植物—微生物反馈机制、化感作用机制和生态环境调控机制等（廖慧璇等，2021）。

利用土著植物进行生态替代是控制有害植物入侵的常用方法。替代控制是根据植物种间竞争或群落演替规律，用更有价值的植物种类自然取代有害植物物种的一种控制方式（Piemeisel & Carsner，1951）。在草地群落中，通过生态替代进行狼毒防控时，可采用生长发育快、适应性和竞争力强的可食性牧草作为狼毒的竞争植物，通过培育其生长抑制狼毒等毒杂草的入侵和扩散，最后替代狼毒成为草地优势植物，实现草地群落恢复。在毒杂草滋生的退化草地，除了可以人工种植和培育竞争性植物物种外，也可结合划区轮牧、围封育草等措施控制草地放牧强度，促使退化草地优良牧草快速生长，进而通过其竞争性生长压制毒杂草种群的扩张。

生态环境调控是指利用生态学和恢复生态学原理，通过改变群落中各种非生物因子间的关系来防控外来入侵植物的方法（廖慧璇等，2021）。它的实施需要从生态系统的总体功能出发，在了解生态系统的结构、功能、演替规律及生态系统与环境的基础上，对生态系统进行改造，以期控制甚至清除外来入侵植物（D′antonio & Meyerson，2002）。无论是草地原生植物还是入侵毒杂草，适宜的生境条件（如光照、水分和养分等）是保证其种群在草地群落生存和发展的基本条件。因此，可以根据入侵植物对土壤养分、光的喜好及利用情况，对生境中这些非生物因子进行改造使其不利于入侵植物的生长需求，进而削弱入侵植物的生长发育或竞争能力，从而达到生态防控的目的。试验表明，毒杂草适宜于低度施肥，而且毒杂草对施肥的反映通常不如优良牧草反映那么大，所以可以通过调节和控制施肥浓度相对地提升牧草的竞争力，以实现对毒杂草的竞争抑制（李威，2003）。

除了非生物环境因子，一些生物因子也会影响狼毒种群在草地群落的繁殖和扩散，因此，也可以通过调控草地群落相关生物因子对狼毒进行生态防控。Zhang et al.（2021）研究发现，狼毒的繁殖成功必须依赖于草地群落中的传粉昆虫，例如蝴蝶、蛾类以及缨翅目的蓟马等，其中，蓟马与狼毒之间存在传粉—孵育互惠（Brood-pollination mutualism）关系。因此，可以通过选择性地控制狼毒的主要传粉昆虫类群，抑制狼毒的种子繁殖，从而实现防控狼毒的目的。

9.2 狼毒型退化草地的生态防控对策

普遍认为，狼毒种群在退化草地的发生是草地群落逆向演替的结果，狼毒的出现是草地退化的结果，而非草地退化的根本原因（赵宝玉等，2015；鲍根生等，2019）。因此，从群落演替和生物多样性保护的角度，包括狼毒在内的毒杂草的出现，被认为是草地生态系统功能下降的一种自调控机制，对退化草地生物多样性维持（Cheng et al.，2014）、植被和生产力恢复产生积极影响。针对天然草地狼毒种群扩张，总体上应采取先“防”后“控”的防控策略。“先防”的核心任务是防止草原退化，“后控”的主要目标是有效遏制狼毒种群在退化草地持续扩散蔓延。具体防控过程中，应根据草地退化类型和狼毒入侵程度的不同，结合草地群落特征、狼毒种群发展阶段及其生活史特性，实施不同的防控方法与对策。

9.2.1 狼毒型轻度退化草地与防控

狼毒型轻度退化草地，其盖度高、生产性能良好，狼毒种群在草地群落呈点状零星分布（彩图9-1A）。在这类退化草地，狼毒种群的发展表现出以下几个特征：首先，在轻度退化或未退化草地，以禾本科牧草为优势种的植物类群生长旺盛，在群落中的竞争优势很强，能有效抑制狼毒等毒害草的生长和繁殖；其次，草地植被相对完整，草皮未破损，草地凋落物较厚，狼毒

通过土壤种子库种子萌发和种苗定居进行种群更新的唯一途径受到阻遏；最后，狼毒属于典型的自交不亲和植物，其种子繁殖需要有效传粉媒介（如蝴蝶和蛾子等）为其传粉才得以完成，因而，在狼毒传粉昆虫（如蝴蝶、蛾子和蓟马等）活动能力和活动范围有限的情况下，低密度的种群分布能有效降低狼毒个体的繁殖适合度（即种子产量）。

轻度退化草地狼毒种群的防控，主要是坚持合理利用草地，有效控制放牧强度，通过维持草地植被盖度和高度有效抑制狼毒种苗更新，将狼毒种群始终控制在低密度水平，降低狼毒的种子繁殖效率和种群更新能力。

9.2.2 狼毒型中度退化草地与防控

狼毒型中度退化草地，其盖度较大，狼毒种群密度总体较高，但成株密度相对较低，为草地群落次优势种（彩图9-1B）。此类退化草地，由于环境气候变化或过度放牧，草地生产力明显下降，原生禾草类可食牧草的竞争优势降低，草地群落掉落物减少，草地植被遭受不同程度的破损并形成裸露秃斑，为狼毒等毒害草的入侵和扩散提供了机会和适宜的群落环境。在这类草地，禾草类等可食牧草仍占据相对优势地位，其竞争优势总体不低，狼毒种群中处于开花繁殖阶段的成年株丛数量比例相对较低，但是有相当一部分未开花个体处于“隐形”发育状态。因此，狼毒种群在草地群落处于“竞争性”发育阶段。在该类型草地，狼毒的入侵和危害看似不太严重，实则处于蓄势待发状态。

这类中度退化草地狼毒种群的防控，其主要任务是通过提升禾类草等可食性牧草的竞争优势，抑制土壤种子库狼毒种子萌发和幼苗定居，压制现有狼毒株丛发育和种群发展，将处于开花阶段的狼毒成年个体尽可能控制在较低密度水平。

9.2.3 狼毒型重度退化草地与防控

狼毒型重度退化草地，其盖度与中度退化草地相当，但是狼毒种群密度很高，为草地群落优势种（彩图9-1C）。该类型退化草地，狼毒种群中开花株丛与未开花株丛的密度均较大，种群发展迅速，在草地群落具有绝对竞争优势，呈现出整体暴发态势。受狼毒种群扩张影响，草地群落中可食牧草比例显著下降，牧草质量很低。此类退化草地的狼毒种群，其种苗更新快，土壤种子库的大部分种子正在萌发或已完成幼苗定居；同时，种群中能产生大量的新种子补充种子库，随后可及时萌发参与狼毒种群的更新。

在重度退化草地群落，狼毒种群已处于明显的竞争优势地位。因此，对这类草地来说，想通过生态防控措施遏制现有狼毒种群发展尤为困难。在该阶段，狼毒防控的主要策略是“断其后路，育草治毒”；换言之，其防控的主要任务是控制成年株丛繁殖结籽，阻断狼毒的土壤种子库补给和种群更新；同时，在草地群落培育强竞争性牧草，遏制狼毒幼株发育。

9.2.4 狼毒型极度退化草地与防控

狼毒型极度退化草地，其盖度和生产力均很低，狼毒是草地群落的主要建群种（彩图9-1D）。狼毒种群密度有低有高，植株个体以大（或中）型株丛为主，年龄结构偏老龄化。在这类退化草地，因为狼毒株丛的分枝数（花序）很多，其个体和种群的花展示很大，狼毒的种子繁殖效率较高，种子散落后能形成强大的土壤种子库。因为草地原生植被严重退化，狼毒种群自身通过幼苗更新也很困难，草地群落总体呈现出以大株丛狼毒为中心的斑块状分布特征。这类极度退化草地，如继续发生退行性逆向演替，老龄的狼毒株丛也会逐渐消失，草地群落盖度会继续下降，草地会进一步退化形成裸地、沙地或黑土滩。该退化草地一旦有植被恢复机会，狼毒种子库将会大量集中萌发，再次呈现出暴发的景观态势。

这类退化草地恢复，其首先任务是修复植被，提高草地盖度。因此，狼毒防控时不能简单地铲除狼毒株丛或斑块，以免破坏草地仅有的植被覆盖，也不利于草地生物多样性维持和植被自然恢复。狼毒防控时需结合草地植被修复，一方面通过封育、人工补种等措施，辅助培育竞争性可食牧草，增加草地盖度，同时抑制狼毒种子萌发和幼苗定居；另一方面最大限度地遏制现有狼毒株丛的种子繁殖，阻断土壤种子库补给途径，降低其种群更新潜力。

总之，天然草原毒杂草化防控的关键在于预防，即保持草地群落结构和功能稳定，防止其逆行性退化演替。因此，通过建立生态系统的管理方法和制度，科学合理地利用草地资源，预防健康草地退化，遏制退化草地进一步恶化，促进已退化草地恢复是草原生态保护的总体方针和策略。针对未退

化草地，总体上要严格控制放牧强度，杜绝局域性超载过牧，保持草地再生与自然恢复能力，维持草地群落结构和功能稳定，防止毒杂草入侵和草原逆行演替。针对退化严重的狼毒型草地，进一步加深对狼毒种群发展动态以及狼毒型草地群落演替规律的理解，开发出基于草地生态系统管理的综合防控方法以及退化草地植被修复技术，将成为草原生态保护修复研究领域的主要目标。

参考文献

鲍根生，王玉琴，宋梅玲，等，2019. 狼毒斑块对狼毒型退化草地植被和土壤理化性质影响的研究[J]. 草业学报，28（3）：51-61.

陈明，胡冠芳，刘敏艳，2006. 2种新型除草剂防除天然草地狼毒和棘豆试验研究[J]. 草业学报（4）：76-80.

邓君，刁治民，雷青娟，等，2006. 青海省瑞香狼毒的研究现状、综合利用及防治对策[J]. 安徽农业科学（3）：555-557.

康旭东，2008. 高寒牧区化除狼毒草试验探索[J]. 新疆畜牧业（2）：63-64.

李娜，王后福，王淑玲，等，2019. 加强草原生态系统建设实现绿色畜牧业发展[J]. 畜牧兽医科技信息（5）：160-161.

李威，2003. 青海草地毒草与生物防治[J]. 青海草业（2）：22-23，33.

廖慧璇，周婷，陈宝明，等，2021. 外来入侵植物的生态控制[J]. 中山大学学报（自然科学版），60（4）：1-11.

吴国林，魏有海，2006. 青海草地毒草狼毒的发生与防治对策[J]. 青海农林科技（2）：63-64.

武静，李京忠，2020. 青海省瑞香狼毒的防控措施及开发利用[J]. 安徽农学通报，26（7）：129-131.

姚拓，寇建村，刘英，2004. 狼毒栅锈病调查及其用于控制狼毒的初步研究[J]. 中国生物防治（2）：142-144.

于福科，2006. 沙打旺抑制瑞香狼毒的化感作用机理[D]. 杨凌：中国科学院水利部水土保持研究所.

赵宝玉，路浩，吴晨晨，等，2019. 尉亚辉我国西部天然草原有毒植物资源调查与高值化利用研究进展[C]. 陕西省毒理学会防控毒物危害与优化生态环境研讨会论文集：6-10.

赵宝玉，尉亚辉，魏朔南，等，2015. 我国天然草原毒害草灾害与防控策略[C]. 2015中国草原论坛论文集：1-16.

赵晓军，2020. 应用新型除草剂防除草原狼毒的效果[J]. 畜牧兽医科技信息（8）：38-39.

CHENG W，SUN G，DU L F，et al.，2014. Unpalatable weed *Stellera chamaejasme* L. provides biotic refuge for neighboring species and conserves plant diversity in overgrazing alpine meadows on the Tibetan Plateau in China[J]. Journal of Mountain Science，11：746-754.

D'ANTONIO C，MEYERSON L A，2002. Exotic plant species as problems and solutions in ecological restoration：a synthesis[J]. Restoration Ecology，10：703-713.

DONG S K，WANG X X，LIU S L，et al.，2015. Reproductive responses of alpine plants to grassland degradation and artificial restoration in the Qinghai-Tibetan Plateau[J]. Grass and Forage Science，70（2）：229-238.

KANG X D，2008. To explore the test of chemical control *Stellera chamaejasme* in Alpine Pastoral[J]. Xinjiang Animal Husbandry（2）：63-64.

PIEMEISEL R L，CARSNER E，1951. Replacement control and biological control[J]. Science，113：14-15.

SHEN X，LIU B，LU X，2016. Effects of land use/land cover on diurnal temperature range in the temperate grassland region of China[J]. Science of the Total Environment，575：1211-1218.

WANG G X，CHENG G D，2001. Characteristics of grassland and ecological changes of vegetations in the Source Regions of Yangtze and Yellow Rivers[J]. Journal of Desert Research，21：101-107.

ZHANG B，SUN S F，LUO W L，et al.，2021. A new brood-pollination mutualism between *Stellera chamaejasme* and flower thrips *Frankliniella intonsa*[J]. BMC Plant Biology，21：562.

ZHAO B Y，LIU Z Y，LU H，et al.，2010. Damage and control of poisonous weeds in western grassland of China[J]. Agricultural Sciences in China，9（10）：1512-1521.

A. 植株（株丛）；B. 花序；C. 小花；D. 花序（去部分小花）；E. 互生叶；F. 叶（正）；G. 叶（背）；H. 根

彩图1-1 狼毒（*Stellera chamaejasme*）的形态特征

A. 种子萌发（胚根突破种皮）；B. 出苗（子叶出土）；C. 幼苗期

彩图3-1 狼毒种子萌发和种苗发育

彩图3-2 狼毒在高寒草地原生境裸露（A）与凋落物覆盖（B）土壤中的萌发和出苗

A. 种子采集装置；B. 待成熟种子；C. 土壤种子库种子

彩图3-3　狼毒种子采集与不同种子形态

彩图4-1　狼毒不同颜色的花（序）形态及花结构

彩图4-2 狼毒花序不同开花阶段

A ~ E. 蝴蝶；F ~ G. 蛾子；H. 蓟马

彩图5-1 狼毒不同的传粉昆虫类群（孙淑范，2022）

彩图5-2 蓟马的生活史发育阶段与狼毒开花物候之间的关系

彩图7-1　狼毒种群中不同年龄等级（株级）的个体

A. 轻度；B. 中度；C. 重度；D. 极度

彩图9-1　狼毒型不同退化草地类型